智能控制与 MATLAB 实用技术

刘 杰 李允公 刘 宇
李小号 戴 丽 刘劲涛 编著

U0221293

科学出版社
北 京

内 容 简 介

本书从机电一体化设备智能控制的实际应用出发,结合 MATLAB 仿真技术,以挖掘机器人开发为主要应用实例,对模糊控制、神经网络控制和遗传算法及其 MATLAB 仿真进行比较系统的论述,其中包含一些最新应用的研究成果。本书通俗易懂,注重理论联系实际,兼顾学术性与实用性,内容丰富,具有较高的参考价值。

本书可作为高等院校相关专业本科高年级学生及研究生的教材,也可供从事机电一体化设备的开发人员以及相关专业的工程技术人员参考。

图书在版编目(CIP)数据

智能控制与 MATLAB 实用技术/刘杰等编著. —北京:科学出版社, 2017.3

ISBN 978-7-03-052092-0

Ⅰ. ①智… Ⅱ. ①刘… Ⅲ. ①智能控制–研究 Ⅳ. ①TP273

中国版本图书馆 CIP 数据核字(2017)第 050251 号

责任编辑:余 江/责任校对:郭瑞芝
责任印制:张 伟/封面设计:迷底书装

科 学 出 版 社 出版
北京东黄城根北街 16 号
邮政编码:100717
http://www.sciencep.com
固安县铭成印刷有限公司 印刷
科学出版社发行 各地新华书店经销
*
2017 年 3 月第 一 版 开本:787×1092 1/16
2022 年 7 月第六次印刷 印张:14
字数:326 000

定价:59.00 元

前　言

智能控制是自动控制的最新发展阶段，主要用来解决传统控制理论难以解决的问题。智能控制最重要的思想是模拟人类在完成控制任务时的生理、心理、思考和行动特点，并将其用于实际的自动控制中。

为了适应形势的发展，在机械工程及自动化专业的高年级开设了"智能控制实用技术"课程，基本上满足了教学的需要。这次在原讲稿的基础上，结合几年来本科生的教学经验和研究生的研究成果，从机电一体化设备智能控制的实际应用出发，结合MATLAB仿真技术，以挖掘机器人开发为主要应用，对模糊控制、神经网络控制和遗传算法及其MATLAB仿真进行了比较系统的论述，其中包含一些最新应用的研究成果。本书通俗易懂，注重理论联系实际，兼顾学术性与实用性，内容丰富，具有较高的参考价值。

本书可作为高等院校相关专业本科高年级学生及研究生的教材，也可供从事机电一体化设备的开发人员以及相关专业的工程技术人员参考。本书以"机械工程控制基础"及"MATLAB基础教程"为先修课程。书中安排了适当的例题和习题，方便学生巩固所学的知识，提高理论联系实际解决工程问题的能力，本书可谓是本科生和研究生做课题的良师益友。

本书由刘杰负责整体策划和最后统稿，参加编写的有东北大学的刘杰、李允公、刘宇、李小号、戴丽和沈阳工程学院的刘劲涛等。感谢东北大学教务处对本书出版所给予的大力支持和资助，感谢东北大学机械工程与自动化学院以及所有关心、支持和帮助过本书出版的同事和朋友。

由于作者水平有限，并且所涉及的许多技术还处在不断发展之中，书中难免有缺点和疏漏之处，敬请广大读者给予批评指正。

作　者

2016 年 12 月

目　　录

第1章 绪 论

1.1 智能控制的产生背景

控制理论的发展经历了古典控制、现代控制和智能控制三个阶段。其中，古典控制理论主要解决单输入单输出问题，主要采用传递函数、频率特性、根轨迹法等频域方法；现代控制理论利用状态空间法描述系统的动态过程，主要解决多输入多输出的控制问题。习惯上，将古典控制和现代控制统称为传统控制理论，其共同特点是须建立被控对象的数学模型，用数学公式刻画被控对象的动态行为，以明确被控对象的输入量与输出量之间的数学关系，如古典控制理论中的传递函数、现代控制理论中的状态方程。现举一简单的例子进行说明，如图 1-1 所示的 R-L-C 网络，u 为系统输入变量，u_C 为系统输出变量，即通过控制 u 来控制 u_C，因此，需要知道 u 和 u_C 之间的数学关系，可列出方程：

$$\begin{cases} C\dfrac{\mathrm{d}u_C}{\mathrm{d}t} = i \\ L\dfrac{\mathrm{d}i}{\mathrm{d}t} + Ri + u_C = u \end{cases} \tag{1.1}$$

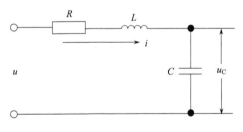

图 1-1 R-L-C 网络

根据式(1.1)，利用古典控制理论会得到传递函数：

$$\frac{u_C(s)}{u(s)} = \frac{1}{LCs^2 + RCs + 1}$$

利用现代控制理论则会得到状态方程：

$$\begin{bmatrix} \dot{u}_C \\ \dot{i} \end{bmatrix} = \begin{bmatrix} 0 & \dfrac{1}{C} \\ -\dfrac{1}{L} & -\dfrac{R}{L} \end{bmatrix} \begin{bmatrix} u_C \\ i \end{bmatrix} + \begin{bmatrix} 0 \\ \dfrac{1}{L} \end{bmatrix} [u]$$

只要该系统的电流 i、电压 u_C 的初始值已知，则对于给定的 u 均可求得系统输出电压 u_C。由此可见，建立被控对象的数学模型是实现控制的一项重要工作内容，同时也说明，传统控制理论要求充分了解被控对象的内部特性，即被控对象应是已知的和确定的。

传统控制理论在相当长的一段时间内是解决控制问题的有力工具，时至今日也在工业控制中发挥着重要作用。但随着科学技术的飞速发展，被控对象越来越多样化，控制任务越来越复杂，传统控制理论遇到了很多难以解决的问题，主要体现为对于不确定系统、高度非线性系统、高度复杂系统和复杂的控制任务难以建立起有效的数学模型，或数学模型十分复杂，无法满足实时性的要求，如航天、航海、复杂工业流程、机器人、带有生物化学变化的加工过程等。

模糊数学的创始人 Zadeh 教授曾提出一个有趣的停车控制问题，即控制车辆停入两辆车之间的空隙中。对于这一控制问题，传统控制理论首先会综合各种因素建立停车过程中的车辆运动学方程，即设车上的一个固定参考点为 ω，车的方向为 θ，则车的状态为 $X = (\omega, \theta)$。设 u_1 和 u_2 分别为车辆前轮的角度和速度，则运动方程为 $\dot{X} = f(X, U)$，$U = (u_1, u_2)$，另外，设 Ω 为停着的两辆车确定的约束，Γ 为控制目标状态集。控制任务是确定一个 $U(t)$ 使车辆从初始状态 $X_0 = (\omega_0, \theta_0)$ 转移到目标状态，且转移过程中满足各种约束条件。这个问题无精确解。且由于约束因素多，计算十分复杂，所以对控制器的性能要求较高。

对于车辆的刹车控制问题，看似较为简单，但刹车系统是一种典型的不确定系统，其不确定性主要来自于轮胎磨损情况的变化、刹车盘温度的变化、路面条件(如正常路面、积冰路面、积雪路面)的变化、周围车辆情况的变化。显然，对于这种自身状态和外部环境处于复杂变化中的被控系统，难以建立起完整、精确的数学模型，从而使传统控制理论显得捉襟见肘。

然而，值得思考的是，熟练的车辆驾驶人员不依靠车辆运动的数学模型、不进行各种精确计算即可轻松完成这一任务，他所依靠的只是经验和直觉而已。同样，在很多传统控制理论难以发挥作用的控制场合中，熟练的操作人员凭借经验和直觉即能胜任，如电热炉温度控制、粮食烘干控制、机械臂的柔顺控制、港口集装箱吊车控制等。由此至少可以得出两点结论：一是建立被控对象的数学模型不是解决所有控制问题的唯一途径；二是以模拟人类智能的方式来实现控制任务既具有合理性，又具有深远的理论研究和实际应用价值，将具有这种特征的控制理论与方法统称为智能控制理论。

1.2 智能控制的概念与特点

智能控制是自动控制的最新发展阶段，主要用来解决传统控制理论难以解决的问题。智能控制最重要的思想是模拟人类在完成控制任务时的生理、心理、思考和行动特点，并将其用于实际的自动控制当中。

提到智能控制，就不得不谈及人工智能这一学科。智能控制是典型的多学科交叉的产物，智能控制涵盖了人工智能、自动控制、运筹学、信息论、系统论、心理学、计算机科学等众多学科。其中，人工智能是智能控制产生和发展的重要基础。对于人工智能，目前存在多种定义，如"人工智能是研究怎样让电脑模拟人脑从事推理、规划、设计、思考、学习等思维活动，解决专家才能处理的复杂问题""人工智能是一门通过计算过程力图理解和模拟智能行为的学科""人工智能的最终目的是建立关于自然智能试题行为的理论和指导创造具有智能行为的人工制品"，通俗地理解，人工智能是一门让计算机具有人类的智能，能够像人一样自主地、创造性地去处理问题。目前，人工智能已能够实现数学定理证明、博弈、语言理解、医疗诊断等众多功能。因此，人工智能和智能控制在很多方面具有相同的目标，如模拟人类思考、解决只有专家才能处理的复杂问题等。所以，也可以说，智能控制是人工智能在自动控制领域中的具体应用。

和许多新兴的学科一样，智能控制尚没有统一的定义，常见的描述形式如下。

(1) 能够代替人在不确定性变化的环境中决策的能力、反复练习学习新功能的能力和在不允许有操作者的环境中智能操作的控制。

(2) 不需要人的干预，而又具有由人操作的控制系统那样的能力的控制，即由人操作的系统具有判断、决策和学习的能力，无论控制对象所处的环境怎么变化，其都具有识别、模型化和恰当解决问题的能力的控制。

(3) 驱动智能机器自主实现目标的过程，是无需人的干预就能够独立驱动智能机器实现其目标的自动控制。

也有人提出，凡是传统控制理论难以解决的问题都属于智能控制问题。

无论从智能控制的各种定义，还是从实际控制中对智能控制系统的要求来看，智能控制一般具有如下功能特点：

(1) 学习功能。人类之所以能够逐步掌握某项技术并能熟练操作被控对象，是因其具有学习能力。因此，智能控制系统也应具有很好的学习能力。控制系统应能够从外界环境中获取信息，并进行识别、记忆和学习，通过不断地积累知识和经验来逐步提高控制系统的性能。低层次的学习是对被控对象参数的学习，高层次的学习则是更新知识。

(2) 适应功能。控制系统能够在被控对象的动力学特性变化、外部环境变化、运行条件变化等情况下均能进行良好的控制，即使系统某一部分发生故障也能实现控制。

(3) 自组织功能。控制系统对于复杂的任务和多种传感器信息具有自行组织与协调的功能，当出现多目标时，可自行决策进行解决。

(4) 优化功能。控制系统能够不断优化控制参数和控制系统的结构形式，以获得最优的控制性能。

1.3 智能控制的几个重要分支

由于研究者对人类智能的认识和模拟的思路与方法各有不同，因此，与传统控制理论不同，智能控制不是一套独立的知识体系，而是对所有具有"智能"特点的控制理论的统称。智能控制包含了多个分支，如专家智能控制、分级递阶控制、模糊控制、神经网络控制、遗传算法等，各个分支之间没有明显的关联，但可以相互融合。下面简要介绍智能控制中的五个重要分支。

1. 专家智能控制

专家智能控制是专家系统理论和控制技术相结合的产物。专家系统的实质是计算机软件程序，其中包含了人类专家的知识和经验，从而可以让计算机像人类专家那样去解决各种问题，目前可以处理预测、诊断、设计、规划等诸多工程问题。专家控制系统可分为直接专家控制系统和间接专家控制系统。在直接专家控制系统中，专家系统处于内环或执行级，由其直接给出控制信号；而在间接专家控制系统中，专家系统处于外环或监控级中，专家系统只是通过调整控制器的结构和参数来参与控制。在实际应用中多采用间接专家控制系统。

专家控制不需要被控对象的数学模型，因此，是解决不确定性系统控制的一种有效方法。

2. 分级递阶控制

分级递阶控制建立在自适应控制和自组织控制的基础上，属于最早的智能控制理论之一。分级递阶控制遵循"精度随智能降低而提高"的原则，将控制系统分为组织级、协调级和执行级。其中，组织级通过人机接口和用户进行交互，执行最高决策的控制功能，监视并指导协调级和执行级的所有行为，其智能程度最高；协调级在组织级和执行级之间起连接作用，其工作包括人工智能和运筹学；执行级通常是执行一个确定的动作，其精度较高，但智能程度较低。

3. 模糊控制

模糊控制的理论基础是模糊集理论，这一理论由 Zadeh 教授首先提出，这一理论使用数学方法表达如"比较好""非常大"等这类日常生活中对事物的模糊描述。模糊控制的基本出发点是人在操控某一系统时依靠的是经验，并且人在实际控制过程中不进行精确计算，而是使用模糊化的推理，如"如果温度很高，则降低电压"。因此，模糊控制的核心是对经验的有效总结，并将经验转化为相应的模糊控制规则。由于依靠的是人类经验，所以模糊控制方法十分适合于无法建立被控对象数学模型的场合，也是目前最活跃、实际应用最多的一种智能控制理论。

4. 神经网络控制

神经网络是一种很有特色的人工智能方法，这一方法试图通过模拟人的神经系统的结构和运行机制来解决各种工程问题。神经网络的功能主要是对输入数据进行映射，从而得到输出，如三层 BP(Back Propagation)网络可实现任意的非线性映射。而控制问题实质上也是映射问题，即对被控系统的输出数据进行映射，从而得到控制系统的输出，因此，神经网络方法很自然地应用到智能控制领域，用于解决强非线性系统、无法建立数学模型的系统的控制问题。目前，神经网络控制的研究十分活跃，但实际应用较少。

5. 遗传算法

遗传算法是一种寻优方法，常用于模糊控制规则的优化和神经网络的权阈值寻优。这一算法充分体现了人工智能的特色和思想，它模拟生物遗传原理，并遵循自然界中"适者生存，不适者淘汰"的生物繁衍规律。算法向寻优目标逐步靠近的过程相当于生物通过多代遗传产生最优个体的过程。遗传算法是处理非线性、高维、多极值寻优问题的有力工具。

1.4 MATLAB 与智能控制相结合

MATLAB 是美国 MathWorks 公司出品的商业数学软件，是用于算法开发、数据可视化、数据分析以及数值计算的高级技术计算语言和交互式环境，主要包括 MATLAB 和 Simulink 两大部分。

MATLAB 是 Matrix&Laboratory 两个词的组合，意为矩阵工厂(矩阵实验室)。是由美国 MathWorks 公司发布的主要面对科学计算、可视化以及交互式程序设计的高科技计算环境。它将数值分析、矩阵计算、科学数据可视化以及非线性动态系统的建模和仿真等诸多强大功能集成在一个易于使用的视窗环境中，为科学研究、工程设计以及必须进行有效数值计算的众多科学领域提供了一种全面的解决方案，并在很大程度上摆脱了传统非交互式程序设计语言(如 C、FORTRAN)的编辑模式，代表了当今国际科学计算软件的先进水平。

MATLAB 和 Mathematica、Maple 并称为三大数学软件。它在数学类科技应用软件中以及数值计算方面首屈一指。MATLAB 可以进行矩阵运算、绘制函数和数据、实现算法、创建用户界面、连接其他编程语言的程序等，主要应用于工程计算、控制设计、信号处理与通信、图像处理、信号检测等领域。

MATLAB 的基本数据单位是矩阵，它的指令表达式与数学、工程中常用的形式十分相似，故用 MATLAB 来解算问题要比用 C、FORTRAN 等语言完成相同的事情简捷得多，并且 MATLAB 也吸收了 Maple 等软件的优点，使其成为一个强大的数学软件。在新的版本中也加入了对 C、FORTRAN、C++、JAVA 的支持。

MATLAB 具有良好的编程环境，该软件由一系列工具组成。这些工具方便用户使用 MATLAB 的函数和文件，其中许多工具采用的是图形用户界面，包括 MATLAB 桌面和命令窗口、历史命令窗口、编辑器和调试器、路径搜索和用于用户浏览帮助、工作空间、文件的浏览器。随着 MATLAB 的商业化以及软件本身的不断升级，MATLAB 的用户界面也越来越精致，更加接近 Windows 的标准界面，人机交互性更强，操作更简单。而且新版本的 MATLAB 提供了完整的联机查询、帮助系统，极大地方便了用户的使用。简单的编程环境提供了比较完备的调试系统，程序不必经过编译就可以直接运行，而且能够及时地报告出现的错误及进行出错原因分析。

新版本的 MATLAB 可以利用 MATLAB 编译器和 C/C++数学库与图形库，将自己的 MATLAB 程序自动转换为独立于 MATLAB 运行的 C 和 C++代码。允许用户编写可以和 MATLAB 进行交互的 C 或 C++语言程序。另外，MATLAB 网页服务程序还容许在 Web 应用中使用自己的 MATLAB 数学和图形程序。MATLAB 的一个重要特色就是具有一套程序扩展系统和一组称为工具箱的特殊应用子程序。工具箱是 MATLAB 函数的子程序库，每一个工具箱都是为某一类学科专业和应用而定制的，主要包括信号处理、控制系统、神经网络、模糊逻辑、小波分析和系统仿真等方面的应用。

xPC target 是 MathWorks 公司开发的一个基于 RTW 体系框架的附加产品，可以将 Intel80x86/Pentium 计算机或 PC 兼容机转变为一个实时系统，是产品原型开发、测试和配置实时系统的有效途径。xPC target 采用"宿主机-目标机(host PC-target PC)"双机模式。宿主机和目标机可以是不同类型的计算机。宿主机上运行控制器的 Simulink 模型，目标机用于执行从宿主机下载的实时代码。宿主机和目标机可以通过以太网接口(TCP/IP)或串口进行通信。依靠处理器的高性能，采样速率可以达到 100kHz。用户只需安装 MATLAB 软件、C 编译器和 I/O 设备板，就可将工控机作为实时系统，实现控制系统的硬件在环测试和快速原型化等功能。

1.5 智能控制的应用

智能控制现有和潜在的应用领域众多，如机器人、计算机集成制造、航天航空、农业生产、社会经济管理、交通运输管理、环保、家用电器等。现举几例进行说明。

1. 复杂工业过程的智能控制

在石油、化工、冶金等生产过程中，难免会存在大量的非线性和不确定性，如原材料的变化及其自身的非线性、生产设备的非线性、生产任务的不同、不正常工况的干扰等。同时，生产过程也需要优化调度。目前，神经网络已应用于炼油厂的生产过程控制中，专家系统已应用于轧钢控制和高炉控制中，模糊控制已应用于粮食烘干过程控制中，模糊专家系统已应用于啤酒发酵生产中。

2. 机器人智能控制

可以说，机器人是机械技术和智能控制理论的完美结合，虽然目前机器人的智能化程度还未达到人类的智能水平，但已在很多方面有所突破，如机器人的避障控制、寻迹和跟踪控制、机器臂的柔顺控制等。另外，国外已开发出能够在各种路面上行走的机器狗、能够自如动作的舞蹈机器人、能够直立行走并能完成跳跃的双足机器人、能够进行管道缺陷检测和修复的机器人等。

3. 工程机械智能控制

在矿山、建筑工地、垃圾清理场和道路工程中，总是有大量的挖掘和铲土作业。要完成这些工作，经常使用像挖掘机、装载机、两头忙这样一些既复杂又昂贵的机器。为了让驾驶员脱离恶劣的工作环境，提高劳动生产率、改善机器的使用状况、降低机器的使用费用，对这类机器的自主作业的控制，已引起普遍的重视。但在实际工地上，实现对挖掘铲装这类工作的自动控制，很难用经典的自动控制技术来实现。例如，对铲斗动作的控制，只是把土堆分成若干的部分，每一部分恰巧等于铲斗的容量，这种思路就不能奏效。如果铲斗的切入是在散装物料里，铲斗的运动阻力是可以预先确定的，那这样的规划就是可能的。正相反，在上述的环境里，预测阻力是不可能的，因为在岩石堆里，石块的大小是不规则的。

就是说，在不能预测的、非结构化的、动态的岩土挖掘与铲装工作环境里，由于存在不规则的石块，铲斗阻力的预测是不可能的、不可行的，原因是现在还没有一种办法来预先确定铲斗的底面和料堆之间的相互作用，铲斗的运动只能依靠在当前状态下数据的反馈来做出在线决策。

在完全自主的岩土挖掘与铲装作业中,采用的控制结构遵循了基于行为的控制概念。也就是说,解决岩土挖掘与铲装的控制问题,是通过把一项复杂的工作任务分解成很多简单的组成部分,这些组成部分分别由一些铲装行为来实现。

这种控制方法提出了新的结构和运算模式,与传统的基于行为的控制并不相同。其工作任务的规划结合了驾驶员的工作经验,利用模糊的情形判断来完成行为的选择;工作任务的排序通过有限状态机结合神经网络做出决策。这样的控制结构能够包容多项工作目标;通过学习能适应不同的环境;一项挖掘行为是通过一系列基本的、机器可以执行的具体动作来实现的。

通过观察、分析驾驶员的操作,提取基本的铲斗动作,针对不同的工作环境里各种各样的动作或动作排序,做出明确的定义。利用模糊规则表达驾驶员的工作经验;利用模糊逻辑,依靠来自传感器的、并不充分也不精确的数据,选择每一个挖掘动作。

4. 家用电器的智能控制

家用电器是智能控制的一个重要应用场合。各种家用电器都工作在非线性、时变、不确定的环境中。例如,在空调控制中,空调所处的环境条件是时变的、不确定的,空调控制器输出的控制信号所产生的作用在一段时间之后才会体现出来,因此又具有时滞性;在洗衣机控制中,每一次洗涤衣物的多少、衣物的材质、衣物的干净程度均不一样,从而它也是一种非线性不确定系统。所以,传统控制理论在家电控制方面效果甚微。目前,应用了智能控制的家用电器为数众多,如洗衣机、空调、冰箱、电饭锅等。

另外,智能控制还在农田灌溉、城市污水处理、石油开采、飞行器控制等多个领域中获得成功应用,并表现出了较强的灵活性和实用性。可以说,凡是传统控制理论能够解决的问题,智能控制也能够解决,而传统控制理论不能够解决的问题,智能控制往往会获得良好的效果。究其原因,传统控制理论过于强调数学模型的作用,过于依赖解析的数学方法。而各种智能控制方法几乎完全跳出这一固有的思维模式,从不同的角度模拟人类智能,如基于知识的专家系统、基于规则和推理的模糊控制、基于神经结构和运行机制的神经网络,这些均不依赖于严格的数学模型,却能实现准确的控制。正是因为有新的解决问题的思想,智能控制才成为新一代的控制方法,并具有十分广阔和诱人的应用前景。

第 2 章　模 糊 控 制

2.1　模糊及模糊控制概述

绝大多数控制问题都涉及对系统的判别和控制决策的推理,其实质均是数学问题,且均需要系统的各种信息,如机械系统的尺寸、刚度、力、力矩、运动速度、传动比等,这就涉及对系统信息的描述问题。在传统控制理论中,由于要对被控系统建立精确的数学模型,所以对系统信息的描述是明确的和定量的,如转轴直径为 10mm。

智能控制理论的核心思想是模拟各种自然规律和人类的生理、心理和思维特点,即向自然和人类自身学习。对于人类而言,若不采用能够提供精确数值信息的测量仪器,则大脑的各种判别和推理工作所使用的信息均依赖于主观判断,如电机转速很快、负载力矩非常大、设备振动幅度特别小等。由于人类的这种信息描述方法是非明确的和非数值的,所以将其称为"模糊"的。显然,"模糊"广泛存在于人类的日常生产生活当中,而且人们在描述某一事物时更习惯于使用模糊性的语言,如描述天气时常说"今天真热(冷)"。

人类对信息描述的模糊性体现在两个方面:一是对单个事物某方面性质的模糊描述,如描述某人身高时会说"这个人真高",描述电机转速时会说"电机转速太快了"等;二是对两个事物间某方面关系的模糊描述,如描述甲和乙两个人的相貌相似程度可能会说"甲和乙长得太像了",描述 100 与 1 的大小关系会说"100 比 1 大很多"。

模糊控制理论认为,人类对自身和设备的控制是基于规则的。例如,在储水池水位控制当中,操作人员经过长期的操作,会总结出"如水位过高,则阀门调节量为向排水方向大幅调节的可能性最大;如水位过低,则阀门调节量为向注水方向大幅调节的可能性最大;如水位合适,则阀门调节量保持不动的可能性最大"等控制经验,即控制规则。可见,在这些控制规则中,涉及三种模糊描述,即对被控系统的输出量(水位)的模糊描述,对被控系统的输入量(阀门调节量)的模糊描述,以及对被控系统输出量与输入量之间关系的模糊描述。而恰恰是依据由各种模糊描述表征的控制规则,人类才可以轻易完成传统控制理论难以有效解决的控制任务,如各类窑炉的燃烧过程控制、有机物的发酵过程控制、具有非线性强耦合大滞后的复杂系统控制等。模糊控制理论模拟的便是人类这种基于规则的控制方法,显然,其关键之处便是将操作人员的操作经验总结和提炼为一系列控制规则,所以模糊控制理论中的内容均是围绕控制规则的建立、表达和应用而展开的。

2.2　模糊集合及其运算

模糊控制理论的基础是模糊数学,模糊数学的出发点是模糊集合。为了说明知识的延续性，首先简要回顾已经很熟悉的普通集合论中的基本概念及运算。

2.2.1 普通集合基本概念及运算

在普通集合中，有如下基本概念及运算。

(1) 论域。被考虑对象的全体，也称全域、全集。通常用大写字母表示，如 X、V。这一定义同样适用于模糊集合。

(2) 元素。论域中的每个对象称为元素，通常用小写字母表示，如论域 $X = \{x_1, x_2, x_3, x_4\}$。

(3) 集合。在论域 X 中，给定一个性质 p，则论域中具有性质 p 的元素的全体称为集合，表示为 $A = \{x \mid p(x)\}$。

(4) 空集。不含论域中任何元素的集合称为空集，记为 $\varnothing$，则 $\varnothing = \{x \mid x \neq x\}$。

(5) 包含。A 和 B 是论域 X 上的两个集合，则对任意 $x \in X$，若有 $x \in A \Rightarrow x \in B$，则称 B 包含 A，记为 $A \subseteq B$ 或 $B \supseteq A$。

(6) 相等。如果 $A \subseteq B$ 且 $A \supseteq B$，则称集合 A 和 B 相等，记为 $A=B$。

(7) 子集。若 $A \subseteq B$，则 A 是 B 的子集。

(8) 并集。集合 A 和 B 的并集运算表示为

$$A \bigcup B = \{x \mid x \in A \vee x \in B\} \tag{2.1}$$

其中，符号 $\vee$ 表示析取，在逻辑运算中表示取大。

(9) 交集。集合 A 和 B 的交集运算表示为

$$A \bigcap B = \{x \mid x \in A \wedge x \in B\} \tag{2.2}$$

其中，符号 $\wedge$ 表示合取，在逻辑运算中表示取小。

(10) 补集。定义集合 A 的补集为

$$A^C = \{x \mid x \notin A\} \tag{2.3}$$

2.2.2 普通集合的特征函数

设 A 是论域 X 上的集合，其特征函数记为

$$G_A(x) = \begin{cases} 1 & (x \in A) \\ 0 & (x \notin A) \end{cases} \tag{2.4}$$

特征函数的目的是定量地描述某一元素对集合的隶属程度，用 1 表示元素属于集合，用 0 表示元素不属于集合，即特征函数是一个二值函数。

例 2-1 设有论域 $X = \{0,1,2,3,4,5\}$，A 为论域 X 上奇数的集合，则各元素的特征函数值分别为

$$G_A(0) = 0, \ G_A(1) = 1, \ G_A(2) = 0, \ G_A(3) = 1, \ G_A(4) = 0, \ G_A(5) = 1$$

也可表示为 $G_A(x) = \{0,1,0,1,0,1\}$。

可见，特征函数是集合的另一种表示方法，而且对于并集、交集和补集运算，同样可以利用特征函数完成。

例 2-2 设有论域 $X = \{1,2,3,6,8,9\}$，X 上的集合 A 和 B 分别为 $A = \{1,3,6,9\}$、$B = \{2,9\}$，

则 A 和 B 的特征函数分别为

$$G_A(1)=1, \ G_A(2)=0, \ G_A(3)=1, \ G_A(6)=1, \ G_A(8)=0, \ G_A(9)=1$$
$$G_B(1)=0, \ G_B(2)=1, \ G_B(3)=0, \ G_B(6)=0, \ G_B(8)=0, \ G_B(9)=1$$

利用特征函数进行 $A \bigcup B$、$A \bigcap B$ 和 A^C 运算的过程如下：

$$
\begin{aligned}
G_{A \cup B}(x) &= \{G_A(x) \vee G_B(x)\} \\
&= \{G_A(1) \vee G_B(1), G_A(2) \vee G_B(2), G_A(3) \vee G_B(3), G_A(6) \vee G_B(6), G_A(8) \vee G_B(8), G_A(9) \vee G_B(9)\} \\
&= \{1,1,1,1,0,1\}
\end{aligned}
$$

即 $A \bigcup B = \{1,2,3,6,9\}$；

$$
\begin{aligned}
G_{A \cap B}(x) &= \{G_A(x) \wedge G_B(x)\} \\
&= \{G_A(1) \wedge G_B(1), G_A(2) \wedge G_B(2), G_A(3) \wedge G_B(3), G_A(6) \wedge G_B(6), G_A(8) \vee G_B(8), G_A(9) \wedge G_B(9)\} \\
&= \{0,0,0,0,0,1\}
\end{aligned}
$$

即 $A \bigcap B = \{9\}$；

$$
\begin{aligned}
G_{A^C}(x) &= \{1 - G_A(x)\} \\
&= \{1 - G_A(1), 1 - G_A(2), 1 - G_A(3), 1 - G_A(6), 1 - G_A(8), 1 - G_A(9)\} \\
&= \{0,1,0,0,1,0\}
\end{aligned}
$$

即 $A^C = \{2,8\}$。

另外，利用特征函数可以给出普通集合的另一种定义形式，即对于论域 X，若存在一实值函数 G_A，使得

$$G_A : X \rightarrow \{0,1\}$$

则 A 为一普通集合。

2.2.3 模糊集合的定义

前面提到，对于普通集合 A，其特征函数是二值函数，论域 X 中的每个元素 x 要么完全属于 A，要么完全不属于 A，没有中间状态。那么，是否存在无法确定元素 x 是否完全属于 A 的情况呢？特征函数是否可以取为 0 和 1 以外的函数值呢？这些就是模糊集合所需解决的问题。

设论域 $X = \{1,3,4,5,8,10\}$，若要确定出"比较大的数"的集合 A，利用普通集合的办法便很难确定，例如，对元素"4"，无法准确判断出它是否属于 A。但是，按照日常生活中的习惯，可能会说"在这个论域中，4 对于比较大的数的隶属程度不高"，对于元素"8"，可能会说"8 对于比较大的数的隶属程度很高"。

在上面的例子中，论域中的大多数元素既不完全属于给定的集合，也不完全不属于给定的集合，集合的特征函数值也就不能只是 0 和 1 两种。为了表征这样的问题，美国科学家 Zadeh 将普通集合特征函数的取值从 $\{0,1\}$ 扩展到 $[0,1]$，从而创立了模糊集合理论。

定义 1 对于论域 X，若存在一实值函数 μ_A，使得

$$\mu_A : X \rightarrow [0,1]$$

则 A 为论域 X 上的模糊集合，为与普通集合区别，将特征函数 $\mu_A(x)$ 称为隶属函数，它描述了元素 x 在 $\mu_A(x)$ 程度上隶属于集合 A。

隶属函数 $\mu_A(x)$ 不同的取值对应 x 对集合 A 的不同隶属程度，当 $\mu_A(x)=0$ 时，说明 x

完全不属于 A ；当 $\mu_A(x)=1$ 时，说明 x 完全属于 A ；当 $0<\mu_A(x)<1$ 时，说明 x 在 $\mu_A(x)$ 程度上属于 A 。

例 2-3 论域 $X=\{1,3,4,5,8,10\}$ ，模糊集合 A 表示"比较大的数"，写出各元素对 A 的隶属度 $\mu_A(x)$ 。

各元素对 A 的隶属度可以写为： $\mu_A(1)=0$ ， $\mu_A(3)=0.2$ ， $\mu_A(4)=0.4$ ， $\mu_A(5)=0.6$ ， $\mu_A(8)=0.9$ ， $\mu_A(10)=1$ 。

需要说明的是，此题中的各隶属度的确定与个人的主观判断密切相关，因此，答案不唯一。

例 2-4 人的年纪的论域 $X=\{0,1,2,3,\cdots,100\}$ ，模糊集合 A 表示"年轻"，写出各年纪对 A 的隶属度 $\mu_A(x)$ 。

对这一问题的解答同样具有主观性，不同的人会写出不同的结果。这里采用 Zadeh 给出的计算公式，即

$$\mu_A(x)=\begin{cases} 1 & (0\leqslant x\leqslant 25) \\ \left[1+\left(\dfrac{x-25}{5}\right)^2\right]^{-1} & (25<x\leqslant 100) \end{cases}$$

该函数的曲线如图 2-1 所示。

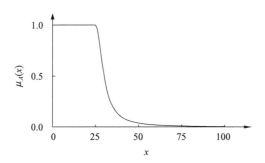

图 2-1 "年轻"的模糊集合隶属函数曲线

在表示模糊集合时，通常有以下三种方法，首先设论域 $X=\{x_1,x_2,\cdots,x_n\}$ 中的各元素对模糊集合 A 的隶属度为 $\mu_A(x_1),\mu_A(x_2),\cdots,\mu_A(x_n)$ 。

1. 向量表示法

该方法利用各隶属度构成的向量表示模糊集合 A ，即

$$A=(\mu_A(x_1),\mu_A(x_2),\cdots,\mu_A(x_n))$$

当使用向量表示法时，要按顺序写出所有元素的隶属度，不能省略为零的项。

2. Zadeh 表示法

利用这种方法，模糊集合 A 可表示为

$$A=\frac{\mu_A(x_1)}{x_1}+\frac{\mu_A(x_2)}{x_2}+\cdots+\frac{\mu_A(x_n)}{x_n} \tag{2.5}$$

需要注意的是，$\dfrac{\mu_A(x_i)}{x_i}$ 不是分数，只是说明论域中的元素与其对于模糊集合的隶属度之间的对应关系。同样，"+"也不表示相加，而是汇总。当使用 Zadeh 表示法时，隶属度为零的项可以省略。

3. 序偶表示法

序偶表示法将元素和其隶属度构成序偶来表示模糊集合，即

$$A = \{(x_1, \mu_A(x_1)), (x_2, \mu_A(x_2)), \cdots, (x_n, \mu_A(x_n))\} \tag{2.6}$$

易知，序偶表示法也可将隶属度为零的项省略。

例 2-5 利用三种表示方法表示例 2-3 中的模糊集合 A。

(1) 向量表示法：$A = (0, 0.2, 0.4, 0.6, 0.9, 1)$。

(2) Zadeh 表示法：$A = \dfrac{0.2}{3} + \dfrac{0.4}{4} + \dfrac{0.6}{5} + \dfrac{0.9}{8} + \dfrac{1}{10}$。

(3) 序偶表示法：$A = \{(3, 0.2), (4, 0.4), (5, 0.6), (8, 0.9), (10, 1)\}$。

2.2.4 隶属函数

由前述内容可知，普通集合是模糊集合的特例，则普通集合的特征函数是模糊集合的隶属函数的特例。另外，在表述普通集合时，可以不使用特征函数值，而只需列出所有元素即可；但对于模糊集合，则必须给出元素对集合的隶属度。所以，在利用模糊集合理论时，确定合适的隶属函数是至关重要的。

由于隶属函数的确定具有鲜明的主观性，对于同一个问题，不同的人会给出不同的结论。但同时，所有事物均有其客观性，人们对事物某方面性质的判断也具有一定的一致性和相似性，因此，可以设计一些通用的方法来确定隶属函数，目前，主要有模糊统计法、例证法、专家经验法、二元对比排序法、神经网络法等。下面简要介绍模糊统计法。

设有论域 X，对于模糊集合 A，在确定 X 中的元素 x_i 对于 A 的隶属度时，找 N 个人(或 N 次试验)进行调查统计，若其中有 n 个人(或 n 次试验)的结论是 x_i 应属于 A，则 x_i 对于 A 的隶属度便为

$$\mu_A(x_i) = \frac{n}{N} \tag{2.7}$$

在 2.2.3 节例 2-4 中的关于"年轻"的隶属函数，便是 Zadeh 对大量的调查问卷总结得出的。当然，隶属函数确定后，在实际应用当中应根据具体情况进行调整，使之能够收到最好的效果。

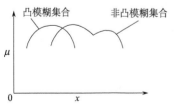

图 2-2 凸模糊集合和非凸模糊集合隶属函数

同时，隶属函数的确定必须满足一定的条件，其中最重要的是必须使模糊集合为凸模糊集合，即隶属函数的曲线必须是单峰的，图 2-2 给出了凸模糊集合和非凸模糊集合隶属函数曲线的不同形态。

现举一例说明这一条件的合理性和重要

性。对于论域 $X = \{1,2,3,4,5,6,7\}$，若 A 为"大小适中的数"的模糊集合，不同的人可能给出不同的隶属函数，如

$$A_1 = \frac{0.1}{1} + \frac{0.4}{2} + \frac{0.7}{3} + \frac{1}{4} + \frac{0.7}{5} + \frac{0.4}{6} + \frac{0.1}{7}$$

$$A_2 = \frac{0}{1} + \frac{0.5}{2} + \frac{0.8}{3} + \frac{1}{4} + \frac{0.8}{5} + \frac{0.5}{6} + \frac{0}{7}$$

$$A_3 = \frac{0.1}{1} + \frac{0.6}{2} + \frac{0.9}{3} + \frac{0.9}{4} + \frac{0.9}{5} + \frac{0.6}{6} + \frac{0.1}{7}$$

可知，上面每个模糊集合的隶属度中只有一个最大值或几个相邻的最大值，若画出曲线则只有一个尖峰和平顶峰。但如果将模糊集合写为

$$A = \frac{0.1}{1} + \frac{0.6}{2} + \frac{0.8}{3} + \frac{0.9}{4} + \frac{0.8}{5} + \frac{0.9}{6} + \frac{0.1}{7}$$

则在隶属函数的曲线中会出现两个峰，显然，这样的隶属函数明显与实际情况是不相符的，尤其是不符合人类判断事物性质时的思维特点。所以，在确定隶属函数时，必须要保证模糊集合的凸性。

在长期的理论研究和实际应用中，人们总结出一些基本的隶属函数形式，主要有三角形、钟形、梯形、高斯型和 Sigmoid 型，各自的解析表达式如下，其中，除了 x，a、b、c、d、σ 均为参数。

(1) 三角形：

$$f(x) = \begin{cases} 0 & (x \leqslant a) \\ \dfrac{x-a}{b-a} & (a \leqslant x \leqslant b) \\ \dfrac{c-x}{c-b} & (b \leqslant x \leqslant c) \\ 0 & (x \geqslant c) \end{cases} \tag{2.8}$$

(2) 钟形：

$$f(x) = \frac{1}{1 + \left| \dfrac{x-c}{a} \right|^{2b}} \tag{2.9}$$

(3) 梯形：

$$f(x) = \begin{cases} 0 & (x \leqslant a) \\ \dfrac{x-a}{b-a} & (a \leqslant x \leqslant b) \\ 1 & (b \leqslant x \leqslant c) \\ \dfrac{d-x}{d-c} & (c \leqslant x \leqslant d) \\ 0 & (x \geqslant d) \end{cases} \tag{2.10}$$

(4) 高斯型：

$$f(x) = \mathrm{e}^{-\frac{(x-c)^2}{2\sigma^2}} \tag{2.11}$$

(5) Sigmoid 型：

$$f(x) = \frac{1}{1 + \mathrm{e}^{-a(x-c)}} \tag{2.12}$$

对于以上五种形式的隶属函数，建议读者自行编写程序生成函数曲线，并可研究各参数与函数曲线形状和位置的关系。

2.2.5 模糊集合的运算和性质

在模糊集合理论中，同样存在普通集合中的并集、交集等运算。由于表示模糊集合离不开各元素的隶属度，因此，模糊集合的各种运算实质上便是对应元素隶属度之间的运算。

定义 2 设论域为 X，若对于任意 $x \in X$，均有 $\mu_A(x) = 1$，则称 A 为论域 X 上的模糊全集，即 $A = X$。可见，模糊全集为一普通集合。

定义 3 设论域为 X，若对于任意 $x \in X$，均有 $\mu_A(x) = 0$，则称 A 为论域 X 上的模糊空集，即 $A = \varnothing$。可见，模糊空集即为普通集合中的空集。

定义 4 设 A 和 B 为论域 X 上的两模糊集合，若对于任意 $x \in X$，均有 $\mu_A(x) = \mu_B(x)$，则称 A 和 B 相等，记为 $A = B$。

定义 5 设 A 和 B 为论域 X 上的两模糊集合，若对于任意 $x \in X$，均有 $\mu_A(x) \leqslant \mu_B(x)$，则称 B 包含 A 或 A 包含于 B，记为 $A \subseteq B$。

现举一例对包含的定义进行解释。设论域 $X = \{1, 2, 3, 4, 5, 6, 7\}$，模糊集合 A 为"很大的数"，B 为"非常大的数"，定性地看即知，"很大的数"必然包含了"非常大的数"。定量地看，A 和 B 可分别表示为

$$A = (0, 0.1, 0.2, 0.4, 0.6, 0.8, 1)$$

$$B = (0, 0, 0, 0.1, 0.4, 0.7, 1)$$

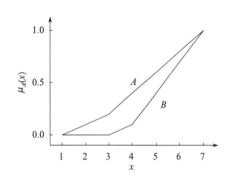

图 2-3 包含关系的模糊集合隶属函数关系

隶属函数曲线如图 2-3 所示，图中曲线 A 始终在 B 的上方，即每个元素对 A 的隶属度均大于等于对 B 的隶属度，以满足对包含的定义。

另外，需要说明的是，无论是模糊集合的相等还是包含，只有当两个集合所规定的性质属同一范畴时才具有实际意义，例如，前面的"很大的数"和"非常大的数"这种关于数的大小的模糊集合即属于同一范畴，而若是"很大的数"和"被 2 除后余数较大"则不属同一范畴。同时，两个模糊集合应对应于同一个论域，不能对两个不同论域上的模糊集合进行相等和包含的判断。

定义 6 设 A 和 B 为论域 X 上的两模糊集合，分别称运算 $A \bigcup B$、$A \bigcap B$ 为 A 和 B 的并集与交集，称 A^C 为 A 的补集，也称余集。各运算的隶属函数分别为

$$\mu_{A \bigcup B}(x) = \mu_A(x) \vee \mu_B(x) = \max(\mu_A(x), \mu_B(x)) \tag{2.13}$$

$$\mu_{A \cap B}(x) = \mu_A(x) \wedge \mu_B(x) = \min(\mu_A(x), \mu_B(x)) \qquad (2.14)$$

$$\mu_{A^C}(x) = 1 - \mu_A(x) \qquad (2.15)$$

形象地说，并集运算就是两集合中各元素的隶属度对应取大，所有的取大结果即为并集运算结果；交集运算则为取小；补集运算则为用 1 分别与各隶属度相减，结果即为补集的各元素隶属度。三种运算由图 2-4 进一步说明。由图 2-4 可以发现，模糊集合的并集、交集和补集运算也是隶属函数曲线涵盖的区域间的并集、交集和补集运算，因此，模糊集合和普通集合在这三种运算上的本质是相同的。

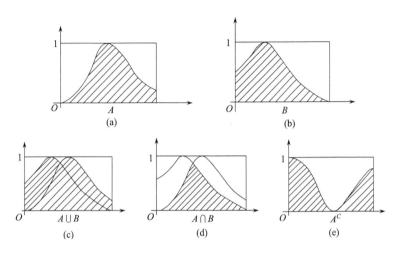

图 2-4 并集、交集和补集运算的图示说明

例 2-6 设论域 $X = \{1, 2, 3, 4, 5, 6, 7\}$，两模糊集合分别为

$$A = \frac{0.1}{1} + \frac{0.6}{2} + \frac{0.7}{3} + \frac{0.9}{4} + \frac{0.5}{5} + \frac{0.4}{6} + \frac{0.1}{7}$$

$$B = \frac{0}{1} + \frac{0.2}{2} + \frac{0.8}{3} + \frac{0.9}{4} + \frac{0.7}{5} + \frac{0.3}{6} + \frac{0.1}{7}$$

计算 $A \bigcup B$、$A \bigcap B$ 和 A^C。

解：$A \bigcup B = \dfrac{0.1 \vee 0}{1} + \dfrac{0.6 \vee 0.2}{2} + \dfrac{0.7 \vee 0.8}{3} + \dfrac{0.9 \vee 0.9}{4} + \dfrac{0.5 \vee 0.7}{5} + \dfrac{0.4 \vee 0.3}{6} + \dfrac{0.1 \vee 0.1}{7}$

$\qquad\quad = \dfrac{0.1}{1} + \dfrac{0.6}{2} + \dfrac{0.8}{3} + \dfrac{0.9}{4} + \dfrac{0.7}{5} + \dfrac{0.4}{6} + \dfrac{0.1}{7}$

$\quad A \bigcap B = \dfrac{0.1 \wedge 0}{1} + \dfrac{0.6 \wedge 0.2}{2} + \dfrac{0.7 \wedge 0.8}{3} + \dfrac{0.9 \wedge 0.9}{4} + \dfrac{0.5 \wedge 0.7}{5} + \dfrac{0.4 \wedge 0.3}{6} + \dfrac{0.1 \wedge 0.1}{7}$

$\qquad\quad = \dfrac{0}{1} + \dfrac{0.2}{2} + \dfrac{0.7}{3} + \dfrac{0.9}{4} + \dfrac{0.5}{5} + \dfrac{0.3}{6} + \dfrac{0.1}{7}$

$\quad A^C = \dfrac{1 - 0.1}{1} + \dfrac{1 - 0.6}{2} + \dfrac{1 - 0.7}{3} + \dfrac{1 - 0.9}{4} + \dfrac{1 - 0.5}{5} + \dfrac{1 - 0.4}{6} + \dfrac{1 - 0.1}{7}$

$\qquad\quad = \dfrac{0.9}{1} + \dfrac{0.4}{2} + \dfrac{0.3}{3} + \dfrac{0.1}{4} + \dfrac{0.5}{5} + \dfrac{0.6}{6} + \dfrac{0.9}{7}$

另外，在模糊数学当中，对模糊集合的并集和交集的计算方法并不唯一，而是有多种形式，本书只是给出了最常见的"取大"和"取小"方法。在实际应用当中，应当根据具体情况进行选择。

与普通集合相同，模糊集合也具有交换率、结合律等性质，常用的基本性质如下。

(1) 幂等率：$A \bigcup A = A, A \bigcap A = A$。

(2) 交换律：$A \bigcup B = B \bigcup A, A \bigcap B = B \bigcap A$。

(3) 结合律：$(A \bigcup B) \bigcup C = A \bigcup (B \bigcup C), (A \bigcap B) \bigcap C = A \bigcap (B \bigcap C)$。

(4) 分配率：$(A \bigcup B) \bigcap C = (A \bigcap C) \bigcup (B \bigcap C), (A \bigcap B) \bigcup C = (A \bigcup C) \bigcap (B \bigcup C)$。

(5) 吸收率：$(A \bigcup B) \bigcap A = A, (A \bigcap B) \bigcup A = A$。

(6) 对偶率：$(A \bigcup B)^C = A^C \bigcap B^C, (A \bigcap B)^C = A^C \bigcup B^C$。

另外，需注意的是，模糊集合不具有互补率，即 $A \bigcup A^C \neq E$ 和 $A \bigcap A^C \neq \varnothing$，其中 E 全集。

2.3 模 糊 关 系

在 2.1 节中，已经提到人类对信息描述的模糊性体现在两个方面：一是对单个事物某方面性质的模糊描述；二是对两个事物间某方面关系的模糊描述。对单个事物某方面性质的模糊描述问题属于模糊集合问题，而对两个事物之间在某方面关系的模糊描述则属于模糊关系问题。

2.3.1 笛卡儿积和普通关系

定义 7 给定两个集合 X 和 Y，由全体序偶 $(x, y)(x \in X, y \in Y)$ 组成的集合为 X 和 Y 的笛卡儿积或直积，记为

$$X \times Y = \{(x, y) \mid x \in X, y \in Y\} \tag{2.16}$$

设 $X = \{1, 2, 3\}$，$Y = \{1, 2\}$，则 $X \times Y = \{(1,1), (1,2), (2,1), (2,2), (3,1), (3,2)\}$。可见，如果 X 和 Y 均为实数的集合，则它们的直积 $X \times Y$ 中的任一序偶 (x, y) 均对应笛卡儿坐标系中的一个点。

定义 8 以集合 X 和 Y 的直积 $X \times Y$ 为论域，给定一个约束，$X \times Y$ 中满足这一约束的所有序偶构成的集合 R 称为 X 到 Y 的普通关系。

对于上例，若给出的约束为"$x > y$"，则得到的普通关系为 $R = \{(2,1), (3,1), (3,2)\}$。

普通集合也一样，对于普通关系，直积中的每一个序偶 (x, y) 要么属于给定的关系 R，要么不属于，仍用特征函数

$$G_R(x, y) = \begin{cases} 1 & (x, y) \in R \\ 0 & (x, y) \notin R \end{cases} \tag{2.17}$$

表示序偶 (x, y) 对 R 的隶属情况。

在表达关系 R 时，可以直接写出关系中的所有序偶，但这种方法较为笨拙，写起来也很麻烦。因此，为了表达得更为简洁和明了，人们多采用关系矩阵的方式，关系矩阵仍用 R 表示。设 $X = \{x_1, x_2, \cdots, x_m\}$，$Y = \{y_1, y_2, \cdots, y_n\}$，则关系矩阵 R 为

$$R = (r_{ij})_{m \times n} = \begin{bmatrix} G_R(x_1, y_1) & G_R(x_1, y_2) & \cdots & G_R(x_1, y_n) \\ G_R(x_2, y_1) & G_R(x_2, y_2) & \cdots & G_R(x_2, y_n) \\ \vdots & \vdots & & \vdots \\ G_R(x_m, y_1) & G_R(x_m, y_2) & \cdots & G_R(x_m, y_n) \end{bmatrix} \tag{2.18}$$

其中，第 i 行第 j 列的元素 $G_R(x_i, y_j)$ 表示为 r_{ij}。

例 2-7 设两集合分别为 $X = \{1,2,3,4\}$，$Y = \{1,2,3\}$，则 " $x > y$ " 的关系矩阵为

$$R = \begin{bmatrix} 0 & 0 & 0 \\ 1 & 0 & 0 \\ 1 & 1 & 0 \\ 1 & 1 & 1 \end{bmatrix}$$

2.3.2 模糊关系的定义

定义 9 模糊关系 R 是以集合 X 和 Y 的直积 $X \times Y$ 为论域上的一个模糊子集，序偶 (x, y) 对 R 的隶属度为 $\mu_R(x, y)$，且 $\mu_R(x, y) \in [0, 1]$。

模糊关系的表达仍常用关系矩阵 R 的形式，此时也称关系矩阵 R 为模糊矩阵。

例 2-8 设两集合分别为 $X = \{1,2,3,4\}$，$Y = \{1,2,3\}$，" x 远大于 y " 的关系矩阵为

$$R = \begin{bmatrix} 0 & 0 & 0 \\ 0.2 & 0 & 0 \\ 0.6 & 0.2 & 0 \\ 0.9 & 0.4 & 0.2 \end{bmatrix}$$

与模糊集合一样，模糊关系同样存在关系的相等、包含等概念和交、并、补等运算，现定义如下。

定义 10 设 R 和 S 是以集合 X 和 Y 的直积 $X \times Y$ 为论域上的两个模糊关系，分别记为 $R = (r_{ij})_{m \times n}$ 和 $S = (s_{ij})_{m \times n}$，则有如下定义。

相等：$R = S \Leftrightarrow r_{ij} = s_{ij}$ $(\forall i, j)$

包含：$R \subseteq S \Leftrightarrow r_{ij} \leqslant s_{ij}$ $(\forall i, j)$

并：$R \bigcup S = (r_{ij} \vee s_{ij})_{m \times n}$

交：$R \bigcap S = (r_{ij} \wedge s_{ij})_{m \times n}$

补：$R^C = (1 - r_{ij})_{m \times n}$

例 2-9 设 $R = \begin{bmatrix} 0.1 & 0.5 & 0.2 \\ 0.3 & 0.6 & 0.9 \end{bmatrix}$，$S = \begin{bmatrix} 0.2 & 0.4 & 0.6 \\ 0.1 & 0.9 & 0.8 \end{bmatrix}$，计算 $R \bigcup S$、$R \bigcap S$ 和 R^C。

解： $R \bigcup S = \begin{bmatrix} 0.1 \vee 0.2 & 0.5 \vee 0.4 & 0.2 \vee 0.6 \\ 0.3 \vee 0.1 & 0.6 \vee 0.9 & 0.9 \vee 0.8 \end{bmatrix} = \begin{bmatrix} 0.2 & 0.5 & 0.6 \\ 0.3 & 0.9 & 0.9 \end{bmatrix}$

$$R \cap S = \begin{bmatrix} 0.1 \wedge 0.2 & 0.5 \wedge 0.4 & 0.2 \wedge 0.6 \\ 0.3 \wedge 0.1 & 0.6 \wedge 0.9 & 0.9 \wedge 0.8 \end{bmatrix} = \begin{bmatrix} 0.1 & 0.4 & 0.2 \\ 0.1 & 0.6 & 0.8 \end{bmatrix}$$

$$R^C = \begin{bmatrix} 1-0.1 & 1-0.5 & 1-0.2 \\ 1-0.3 & 1-0.6 & 1-0.9 \end{bmatrix} = \begin{bmatrix} 0.9 & 0.5 & 0.8 \\ 0.7 & 0.4 & 0.1 \end{bmatrix}$$

由于模糊关系是一种特殊的模糊集合,因此,它具有与模糊集合一样的运算性质,如下所述。

(1) 幂等率:$R \cup R = R, R \cap R = R$。

(2) 交换律:$R \cup S = R \cup S, R \cap S = R \cap S$。

(3) 结合律:$(R \cup S) \cup Q = R \cup (S \cup Q), (R \cap S) \cap Q = R \cap (S \cap Q)$。

(4) 分配率:$(R \cup S) \cap Q = (R \cap Q) \cup (S \cap Q), (R \cap S) \cup Q = (R \cup Q) \cap (S \cup Q)$。

(5) 吸收率:$(R \cup S) \cap R = R, (R \cap S) \cup R = R$。

(6) 对偶率:$(R \cup S)^C = R^C \cap S^C, (R \cap S)^C = R^C \cup S^C$。

2.4　模糊关系的合成

在日常生活、科学研究和工程实际当中,往往存在这样的问题,即有甲、乙、丙三个事物,已知甲和乙、乙和丙在某方面的关系,然后分析甲和丙在这方面的关系。例如,在辈分方面,甲和乙是父子关系,乙和丙是父子关系,则甲和丙是祖孙关系;在产品性能方面,甲为控制系统的精度,乙为被控设备的运行精度,丙为被控设备所加工产品的精度,若已知甲和乙、乙和丙的关系,则可进一步分析得出控制系统的精度对产品精度的影响情况,即甲和丙之间的关系。上述问题称为关系的合成。

定义 11　设有三个集合 X、Y 和 Z,R 是 $X \times Y$ 上的模糊关系,S 是 $Y \times Z$ 上的模糊关系,则计算 $X \times Z$ 上的模糊关系 Q 便称为关系的合成,记为

$$Q = R \circ S \tag{2.19}$$

设 $R = (r_{ij})_{m \times n}$,$S = (s_{jk})_{n \times l}$,则关系矩阵 $Q = (q_{ik})_{m \times l}$ 中的元素 q_{ik} 为

$$q_{ik} = \bigvee_{j=1}^{n} (r_{ij} \wedge s_{jk}) \tag{2.20}$$

例 2-10　设 $R = \begin{bmatrix} 1 & 0.2 & 0.1 \\ 0.7 & 0.8 & 0.4 \end{bmatrix}, S = \begin{bmatrix} 0.5 & 0.6 & 0.1 \\ 0.3 & 0.7 & 0 \\ 0.1 & 0.4 & 0.8 \end{bmatrix}$,计算 $Q = R \circ S$。

解:$Q = R \circ S = \begin{bmatrix} 1 & 0.2 & 0.1 \\ 0.7 & 0.8 & 0.4 \end{bmatrix} \circ \begin{bmatrix} 0.5 & 0.6 & 0.1 \\ 0.3 & 0.7 & 0 \\ 0.1 & 0.4 & 0.8 \end{bmatrix}$

$$= \begin{bmatrix} (1 \wedge 0.5) \vee (0.2 \wedge 0.3) \vee (0.1 \wedge 0.1) & (1 \wedge 0.6) \vee (0.2 \wedge 0.7) \vee (0.1 \wedge 0.4) & (1 \wedge 0.1) \vee (0.2 \wedge 0) \vee (0.1 \wedge 0.8) \\ (0.7 \wedge 0.5) \vee (0.8 \wedge 0.3) \vee (0.4 \wedge 0.1) & (0.7 \wedge 0.6) \vee (0.8 \wedge 0.7) \vee (0.4 \wedge 0.4) & (0.7 \wedge 0.1) \vee (0.8 \wedge 0) \vee (0.4 \wedge 0.8) \end{bmatrix}$$

$$= \begin{bmatrix} 0.5 & 0.6 & 0.1 \\ 0.5 & 0.7 & 0.4 \end{bmatrix}$$

仔细观察可以发现，关系合成的计算与矩阵相乘非常相似，只是矩阵相乘中的乘法变成了取小，相加变成了取大。因此，通常模糊关系的合成称为模糊矩阵的乘积或模糊乘法。

下面利用普通关系的合成解释关系合成的计算过程。设 $X=\{甲,乙\}$，$Y=\{一,二\}$，$Z=\{A,B\}$，$X \times Y$ 上的关系矩阵 R 和 $Y \times Z$ 上的关系矩阵 S 分别为

$$R = \begin{bmatrix} G_R(甲,一) & G_R(甲,二) \\ G_R(乙,一) & G_R(乙,二) \end{bmatrix} = \begin{bmatrix} 1 & 1 \\ 0 & 1 \end{bmatrix}$$

$$S = \begin{bmatrix} G_S(一,A) & G_S(一,B) \\ G_S(二,A) & G_S(二,B) \end{bmatrix} = \begin{bmatrix} 1 & 0 \\ 0 & 1 \end{bmatrix}$$

上面两个矩阵表达的关系可由图 2-5 进行说明，图中，有连接线的两个元素存在关系(即隶属度为 1)，无连接线的元素之间则不存在关系(即隶属度为 0)。下面分析如何确定 X 和 Z 之间的关系矩阵 Q。

首先分析甲和 A 是否存在关系以及确定方法。由甲到 A，由图 2-5 可知，存在两条路径，即甲——一——A 和甲——二——A，其中第一条路径是相通的，可以判断出甲和 A 存在关系，这一判断过程可用"与"运算表示为

$$G_R(甲,一) \wedge G_S(一,A)=1 \wedge 1=1$$

按照同样办法，判断第二条路径时则表示为

$$G_R(甲,二) \wedge G_S(二,A)=1 \wedge 0=0$$

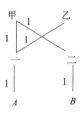

图 2-5 元素间关系的图示说明

所以，由第二条路径得到的结论是甲和 A 不存在关系。而按照人类判断事物关系的习惯，只要有一条路径是通的，即可判断两者存在关系，即 $G_Q(甲,A)=1$，这一判断过程可以用"或"运算表示，即

$$G_Q(甲,A) = [G_R(甲,一) \wedge G_S(一,A)] \vee [G_R(甲,二) \wedge G_S(二,A)]$$
$$=1 \vee 0=1$$

将上述过程进行总结，便会得到关系合成的计算公式式(2.19)。

例 2-11 设 $X=\{1,3,5\}$，$Y=\{0,4\}$，$Z=\{1,2\}$，R 为 $X \times Y$ 上 "x 比 y 大很多" 的关系矩阵，S 为 $Y \times Z$ 上 "y 比 z 大很多" 的关系矩阵，利用 R 和 S 求 "x 比 z 大很多" 的关系矩阵 Q。

解：关系矩阵 R 可写为

$$R = \begin{bmatrix} 0.3 & 0 \\ 0.7 & 0.3 \\ 0.9 & 0.3 \end{bmatrix}$$

关系矩阵 S 可写为

$$S = \begin{bmatrix} 0 & 0 \\ 0.7 & 0.5 \end{bmatrix}$$

关系矩阵 Q 为 R 和 S 的合成，即

$$
\begin{aligned}
Q &= R \circ S \\
&= \begin{bmatrix} 0.3 & 0 \\ 0.7 & 0.3 \\ 0.9 & 0.3 \end{bmatrix} \circ \begin{bmatrix} 0 & 0 \\ 0.7 & 0.5 \end{bmatrix} \\
&= \begin{bmatrix} (0.3 \wedge 0) \vee (0 \wedge 0.7) & (0.3 \wedge 0) \vee (0 \wedge 0.5) \\ (0.7 \wedge 0) \vee (0.3 \wedge 0.7) & (0.7 \wedge 0) \vee (0.3 \wedge 0.5) \\ (0.9 \wedge 0) \vee (0.3 \wedge 0.7) & (0.9 \wedge 0) \vee (0.3 \wedge 0.5) \end{bmatrix} \\
&= \begin{bmatrix} 0 & 0 \\ 0.3 & 0.3 \\ 0.3 & 0.3 \end{bmatrix}
\end{aligned}
$$

仔细观察例 2-11 中的三个关系矩阵会发现，Q 中的各隶属度与 R 和 S 并不一致，例如，在 R 和 S 中，若两数相差为 1，则"大很多"的隶属度为 0.3，若相差为 3，则隶属度为 0.7，而在关系矩阵 Q 中，无论相差多少，合成运算得到的隶属度均为 0.3。从这一点看，一方面，前述的合成运算方法是一种比较保守的方法，原因是计算过程中存在"取小"运算；另一方面，前述的合成运算方法在某些场合是得不到正确、合理的结果的，例如，甲、乙、丙三人，设甲和乙关系好，乙和丙关系好，若使用合成运算则会得到"甲和丙的关系好"的结论，显然，这一结论是没有依据的。因此，本书给出的合成运算方法不适合所有的关系合成场合，只对于刚性的关系合成较为适用。同时，还存在其他的合成运算方法，有兴趣的读者可以查阅相关资料进行了解。

2.5　模　糊　变　换

模糊变换是一种特殊的模糊关系合成，与模糊合成具有相同的含义和计算方法。在日常生活和工程实际中，人们经常会在不同的"域"描述和表征某一事物，例如，在描述一个人时，可能会从身高、体重、学历、经历等多个方面进行说明；对于一个机械系统的振动信号，会从时域、频域等多方面进行分析；评价一台设备时，可能会考虑到运行精度、故障率、工作效率、经济性等多个指标。同时，不同的"域"之间往往具有一定的关联关系，如人的身高和体重之间、信号的时域波形和频域波形之间、设备的故障率和经济性之间等。利用这种关联关系，可以将同一对象在某一个域中的特征或数量值变换到另一个域中，从而可方便研究和解决问题。例如，在侦破案件时，可以依据足印推测出作案人的身高、体重等特征；在蓄水池水位控制中，可以依据水位的大小确定出阀门的开度；在设备的状态监测中，往往依据设备振动信号的峰值对设备状态进行初步判断。由这些例子可知，这一问题涉及两个重要的内容，即建立两个域之间的关联关系和确定两个域之间的变换方法。

例2-12 设体重的论域为 $U=\{40, 50, 60\}$，身高的论域为 $V=\{1.4, 1.5, 1.6\}$，用 α 表示 10 岁少年。对于某一地区，通过调查，已知 10 岁少年 α 和体重 U 之间的模糊关系(由于是一维行向量，也可以认为是 α 在论域 U 上的模糊集合)：

$$A = (0.4, 0.9, 0.6)$$

以及该地区体重 U 和身高 V 的模糊矩阵：

$$R = \begin{bmatrix} 0.9 & 0.6 & 0.4 \\ 0.5 & 0.9 & 0.2 \\ 0.3 & 0.6 & 0.9 \end{bmatrix}$$

现在的任务是，利用 A 和 R 得到该地区 10 岁少年的身高情况，即 α 与 V 之间的模糊关系 B。

解：由于 A 表达了 α 和 U 之间的模糊关系，R 表达了 U 和 V 之间的模糊关系，很显然，要求 α 与 V 之间的关系 B 则是一个典型的关系合成问题，即

$$B = A \circ R = (0.5, 0.9, 0.6)$$

上面的例子中，已知的模糊关系 A 描述了该地区 10 岁少年在"体重域"的基本特征，经过合成运算之后，得到的模糊关系 B 则反映了该地区 10 岁少年在"身高域"的基本特征，从而实现了域的变换。在变换过程中，关系矩阵 R 相当于连接两个不同域的纽带。

定义 12 设有论域 X 和 Y，另有一背景或性质 α，R 是 X 和 Y 的模糊关系，A 是 α 与 X 的模糊关系(或称 α 在 X 上的模糊集合)，称

$$B = A \circ R \tag{2.21}$$

为由 A 到 B 的模糊变换，称 B 是 A 的象，A 是 B 的原象。

例2-13 对于某款服装的评价问题，首先给出两个论域：

服装因素 $X=\{$花色样式，耐穿程度，价格$\}$

评价结论 $Y=\{$很受欢迎，比较欢迎，不太欢迎，不欢迎$\}$

经过对多名专门人员的调查统计，如对于花色样式，如果有 70%的人觉得很受欢迎，则关系矩阵中对应位置处的隶属度为 0.7，可以得到 X 和 Y 的模糊关系矩阵：

$$R = \begin{bmatrix} 0.7 & 0.2 & 0.1 & 0 \\ 0.2 & 0.3 & 0.4 & 0.1 \\ 0.3 & 0.4 & 0.2 & 0.1 \end{bmatrix}$$

这一矩阵反映的便是普遍认同的 X 和 Y 两个论域之间的关系。

不同的人在评价服装时的特点是不同的，对花色样式、耐穿程度和价格这三个因素的关注重点也不会完全一致，如某人对这三个因素的关注程度为

$$A = (0.5, 0.3, 0.2)$$

即他最关心服装的花色样式，而对耐穿程度和价格则考虑得不多，因此，他对这款服装的评价结论为

$$B = A \circ R$$

$$= (0.5, 0.3, 0.2) \circ \begin{bmatrix} 0.7 & 0.2 & 0.1 & 0 \\ 0.2 & 0.3 & 0.4 & 0.1 \\ 0.3 & 0.4 & 0.2 & 0.1 \end{bmatrix}$$

$$= (0.5, 0.3, 0.3, 0.1)$$

如果取最大隶属度，则他对这款服装的评价是"很受欢迎"。

例 2-14 有一储水容器，其水位可变，使用一调节阀门，可以控制注水和排水，目标是水位保持恒定。确定如下两个论域：

水位和标准水位的误差　　　　　$X=\{$正大，正小，零，负小，负大$\}$

阀门调节量　　　　　　　　　　$Y=\{$负大，负小，零，正小，正大$\}$

通过总结操作人员的经验，得到 X 和 Y 的关系矩阵为

$$R = \begin{bmatrix} 0.9 & 0.6 & 0.3 & 0.2 & 0.1 \\ 0.3 & 0.9 & 0.6 & 0.2 & 0.1 \\ 0.1 & 0.2 & 0.9 & 0.2 & 0.1 \\ 0.1 & 0.1 & 0.2 & 0.9 & 0.4 \\ 0.1 & 0.1 & 0.2 & 0.3 & 0.9 \end{bmatrix}$$

矩阵 R 反映了水位误差的大小与对应的阀门调节量之间的关系。

若某一时刻的水位误差与论域 X 的关系为

$$A = (0.1, 0.2, 0.2, 0.5, 0.3)$$

即此时的误差是"负小"的可能性最大，则对阀门的调节量可通过模糊变换来确定，即

$$B = A \circ R$$

$$= (0.1, 0.2, 0.2, 0.5, 0.3) \circ \begin{bmatrix} 0.9 & 0.6 & 0.3 & 0.2 & 0.1 \\ 0.3 & 0.9 & 0.6 & 0.2 & 0.1 \\ 0.1 & 0.2 & 0.9 & 0.2 & 0.1 \\ 0.1 & 0.1 & 0.2 & 0.9 & 0.4 \\ 0.1 & 0.1 & 0.2 & 0.3 & 0.9 \end{bmatrix}$$

$$= (0.2, 0.2, 0.2, 0.5, 0.4)$$

B 中的最大值为 0.5，对应"正小"，即阀门调节量为"正小"，注水量为"正小"。

2.6　模糊条件语句

在控制中，依据被控系统的输出量确定控制系统的输出量的过程是一个推理过程。所谓推理，是指根据一定的原则，从一个或几个已知判断引申出一个新判断的思维过程。例如，在判断一个夹角是否为锐角时，人们依据"如果该夹角小于 90°，那么它是锐角"的原则进行判断，从而在推理时该夹角的角度是一个已知条件，是否为锐角则是推理的结论。在 2.5 节例 2-14 的水位控制中，操作人员总结的一系列经验便是推理所依据的原则，如"如果水位误差为正大，那么阀门调节量为负大"，在实际控制中，水位误差为已知条件，阀门调节量则为推理的结论。由以上两个例子可以发现，所有推理活动的思

考过程均可凝练为一种基本的形式，即"如果……(条件)，那么……(结论)"。即使对于 PID 控制这类依靠精确数值计算得到控制量(即推理结论)的推理方法，其实质也是"如果……(条件)，那么……(结论)"，只不过推理过程中的条件和结论变为精确的数值而已。

显然，在控制过程中，"如果……(条件)，那么……(结论)"中的"条件"是被控系统的输出，而"结论"则为控制系统的输出。所以，如果能够建立起"条件"和"结论"之间的关系矩阵，便可根据被控系统的输出，通过变换求得控制系统的输出。

将"如果……，那么……"形式的语句称为条件语句，可分为简单条件语句、多重条件语句、多维条件语句等。若语句中存在模糊性描述，则为模糊条件语句，如"如果电机转速过快，那么控制电压低一些"。下面分别介绍几种模糊条件语句的关系矩阵的建立方法。

2.6.1 简单条件语句

简单条件语句可以表达为

"如果 X 是 a，则 Y 是 b"

或

"如果 A，则 B"

即

"if A，then B"

在二值逻辑中，将 A 和 B 的这种关系称为模糊蕴涵关系，记为 $A \rightarrow B$。模糊蕴含关系的关系矩阵的建立方法很多，比较有代表性的是 Zadeh 法和 Mamdani 法。

设 A 和 B 分别为论域 X 和 Y 上的模糊集合，对于模糊条件语句"如果 A，则 B"，关系矩阵 R 中元素 $\mu_R(x, y)$，Zadeh 和 Mamdani 给出的计算公式分别为

$$\text{Zadeh 法：} R = (A \times B) \bigcup A^C \tag{2.22}$$

$$\text{Mamdani 法：} R = A \times B \tag{2.23}$$

矩阵 R 中各隶属度分别按式(2.24)和式(2.25)计算。

$$\text{Zadeh 法：} \mu_R(x, y) = [\mu_A(x) \wedge \mu_B(y)] \vee [1 - \mu_A(x)] \tag{2.24}$$

$$\text{Mamdani 法：} \mu_R(x, y) = \mu_A(x) \wedge \mu_B(y) \tag{2.25}$$

例 2-15 论域 $X = \{1, 2, 3\}$，$Y = \{1, 2\}$，条件语句为"如果 x 很小，则 y 很大"，建立其关系矩阵 R。

解：设 A="x 很小"，B="y 很大"，模糊集合 A 和 B 可分别写为

$$A = \frac{0.9}{1} + \frac{0.4}{2} + \frac{0.1}{3}$$

$$B = \frac{0.1}{1} + \frac{0.9}{2}$$

利用 Zadeh 的计算公式计算关系矩阵 R_1：

$$R_1 = (A \times B) \bigcup A^C$$

$$= \begin{bmatrix} (0.9 \wedge 0.1) \vee (1-0.9) & (0.9 \wedge 0.9) \vee (1-0.9) \\ (0.4 \wedge 0.1) \vee (1-0.4) & (0.4 \wedge 0.9) \vee (1-0.4) \\ (0.1 \wedge 0.1) \vee (1-0.1) & (0.1 \wedge 0.9) \vee (1-0.1) \end{bmatrix} = \begin{bmatrix} 0.1 & 0.9 \\ 0.6 & 0.6 \\ 0.9 & 0.9 \end{bmatrix}$$

利用 Mamdani 的计算公式计算关系矩阵 R_2：

$$R_2 = A \times B$$

$$= \begin{bmatrix} 0.9 \wedge 0.1 & 0.9 \wedge 0.9 \\ 0.4 \wedge 0.1 & 0.4 \wedge 0.9 \\ 0.1 \wedge 0.1 & 0.1 \wedge 0.9 \end{bmatrix} = \begin{bmatrix} 0.1 & 0.9 \\ 0.1 & 0.4 \\ 0.1 & 0.1 \end{bmatrix}$$

当使用 Mamdani 法时，若将模糊集合 A 写成列向量 A^T，将模糊集合 B 写成行向量，则建立关系矩阵 R 的运算过程与 A^T 和 B 的合成运算是相同的。因此，例 2-15 中 R 的计算过程也可写为

$$R = A^T \circ B$$

$$= \begin{bmatrix} 0.9 \\ 0.4 \\ 0.1 \end{bmatrix} \circ [0.1 \quad 0.9] = \begin{bmatrix} 0.1 & 0.9 \\ 0.1 & 0.4 \\ 0.1 & 0.1 \end{bmatrix}$$

由例 2-15 可见，Zadeh 法和 Mamdani 法所得结果有很大不同，而且随着 x 的增大，$\mu_{R_1}(x,y)$ 的 $\mu_{R_2}(x,y)$ 差别也变大。为什么会产生这样的现象呢？还需根据两种方法的计算公式进行讨论。Zadeh 法和 Mamdani 法的区别在于计算公式中有无 "$\vee[1-\mu_A(x)]$"，当 $\mu_A(x)$ 很大时，$[1-\mu_A(x)]$ 对计算结果没有大的影响；但当 $\mu_A(x)$ 很小时，$[1-\mu_A(x)]$ 会对计算结果产生决定性影响。这就是例 2-15 中两种方法所得结果存在差别的原因。进一步地，当 $\mu_A(x)$ 很小时，条件语句中的条件成立的基础已经很薄弱或接近于否定。Zadeh 法认为，"如果 A，则 B" 暗含了 "如果 A 否，则 B 否"，所以使用 $[1-\mu_A(x)]$ 表征 "A 否"；而 Mamdani 法只依据条件语句给出的 A 和 B 之间的关系进行计算。显然，Zadeh 法更符合人类的思维习惯，而 Mamdani 法更为严密，因为在实际控制中，由于被控对象的复杂性、非线性和不确定性，"如果 A，则 B" 成立并不意味着 "如果 A 否，则 B 否" 就一定成立，所以 Mamdani 法获得了广泛的实际应用。在以后的内容中，本书主要采用这种方法。

例 2-16 某锅炉的水温论域为 $X = \{0, 20, 40, 60, 80, 100\}$ (℃)，气压的论域为 $Y = \{1, 2, 3, 4, 5, 6, 7\}$ (10^4 Pa)，建立 "如果温度高，那么气压高" 的模糊蕴涵关系矩阵。

解： 设 A= "温度高"，B= "气压高"，模糊集合 A 和 B 可分别写为

$$A = \frac{0}{0} + \frac{0.1}{20} + \frac{0.4}{40} + \frac{0.6}{60} + \frac{0.8}{80} + \frac{1}{100}$$

$$B = \frac{0}{1} + \frac{0.1}{2} + \frac{0.2}{3} + \frac{0.5}{4} + \frac{0.8}{5} + \frac{0.9}{6} + \frac{1}{7}$$

则有

$$R = A^{\mathrm{T}} \circ B = A \times B$$

$$= \begin{bmatrix} 0 \\ 0.1 \\ 0.4 \\ 0.6 \\ 0.8 \\ 1 \end{bmatrix} \circ [0, 0.1, 0.2, 0.5, 0.8, 0.9, 1]$$

$$= \begin{bmatrix} 0 & 0 & 0 & 0 & 0 & 0 & 0 \\ 0 & 0.1 & 0.1 & 0.1 & 0.1 & 0.1 & 0.1 \\ 0 & 0.1 & 0.2 & 0.4 & 0.4 & 0.4 & 0.4 \\ 0 & 0.1 & 0.2 & 0.5 & 0.6 & 0.6 & 0.6 \\ 0 & 0.1 & 0.2 & 0.5 & 0.8 & 0.8 & 0.8 \\ 0 & 0.1 & 0.2 & 0.5 & 0.8 & 0.9 & 1 \end{bmatrix}$$

2.6.2 多重简单条件语句

多重简单条件语句由多个简单条件语句组成，基本形式为

如果 A_1，则 B_1，否则

如果 A_2，则 B_2，否则

$$\vdots$$

如果 A_n，则 B_n

其中，$A_1, A_2, \cdots, A_n$ 均为论域 X 上的模糊集合；$B_1, B_2, \cdots, B_n$ 均为论域 Y 上的模糊集合。关系矩阵 R 的建立过程包括两个步骤，首先，计算各简单条件语句的关系矩阵 R_i，然后，对所有的 R_i 做并运算，从而得到 R，即

$$R = \bigcup_{i=1}^{n} R_i = \bigcup_{i=1}^{n} (A_i \times B_i) = \bigcup_{i=1}^{n} (A_i^{\mathrm{T}} \circ B_i) \tag{2.26}$$

R 中的各元素值为

$$\mu_R(x, y) = \bigvee_{i=1}^{n} [\mu_{A_i^{\mathrm{T}}}(x) \wedge \mu_{B_i}(y)] \tag{2.27}$$

例 2-17 设 $X = \{1, 2, 3\}$，$Y = \{1, 2, 3, 4\}$，条件语句为"如果 x 很小，则 y 很大；如果 x 非常小，则 y 非常大；如果 x 适中，则 y 适中"，建立其关系矩阵 R。

解： 设 A_1="x 非常小"，B_1="y 非常大"；

A_2="x 很小"，B_2="y 很大"；

A_3="x 适中"，B_3="y 适中"。

各模糊集合可分别写为

$$A_1 = (1, 0.5, 0), \quad B_1 = (0, 0.2, 0.6, 1)$$
$$A_2 = (1, 0.7, 0), \quad B_2 = (0, 0.3, 0.8, 1)$$
$$A_3 = (0.1, 1, 0.1), \quad B_3 = (0.1, 0.9, 0.9, 0.1)$$

各简单条件语句的关系矩阵为

$$R_1 = A_1^T \circ B_1$$

$$= \begin{bmatrix} 1 \\ 0.5 \\ 0 \end{bmatrix} \circ [0, 0.2, 0.6, 1] = \begin{bmatrix} 0 & 0.2 & 0.6 & 1 \\ 0 & 0.2 & 0.5 & 0.5 \\ 0 & 0 & 0 & 0 \end{bmatrix}$$

$$R_2 = A_2^T \circ B_2$$

$$= \begin{bmatrix} 1 \\ 0.7 \\ 0 \end{bmatrix} \circ [0, 0.3, 0.8, 1] = \begin{bmatrix} 0 & 0.3 & 0.8 & 1 \\ 0 & 0.3 & 0.7 & 0.7 \\ 0 & 0 & 0 & 0 \end{bmatrix}$$

$$R_3 = A_3^T \circ B_3$$

$$= \begin{bmatrix} 0.1 \\ 1 \\ 0.1 \end{bmatrix} \circ [0.1, 0.9, 0.9, 0.1] = \begin{bmatrix} 0.1 & 0.1 & 0.1 & 0.1 \\ 0.1 & 0.9 & 0.9 & 0.1 \\ 0.1 & 0.1 & 0.1 & 0.1 \end{bmatrix}$$

最终的关系矩阵为

$$R = R_1 \bigcup R_2 \bigcup R_3 = \begin{bmatrix} 0.1 & 0.3 & 0.8 & 1 \\ 0.1 & 0.9 & 0.9 & 0.7 \\ 0.1 & 0.1 & 0.1 & 0.1 \end{bmatrix}$$

多重条件语句能够全面地描述系统特性, 可以在被控系统的输出量论域和输入量论域上建立多个模糊集合, 如常用的"很小""较小""适中""较大""很大"等, 从而使被控系统的任何一种输出均能根据多重条件语句(即规则)找到最合适的输入量。例如, 在例 2-17 中, 当 $x=1$ 时, 关系矩阵 R 的第一行中的最大值是 1, 对应论域 Y 中的 4, 即此时 $y=4$ 与 $x=1$ 的关系最密切, 如果这是一个控制决策过程, 按照最大隶属度法, 则可以确定输出的控制量为 $y=4$。

2.6.3 多维条件语句

多维条件语句的一般形式为

"如果 x_1 是 a_1 且 x_2 是 a_2 且 $\cdots\cdots$ x_n 是 a_n, 则 y 是 b"

在实际当中, 条件语句的维数不会太高, 所以下面以二维条件语句为例, 说明这类语句关系矩阵的建立方法。

二维条件语句的形式为

"如果 A 且 B, 则 C"

上面的多维条件语句涉及三个论域 X、Y 和 Z, 以及各自的模糊集合 A、B 和 C, 为建立其关系矩阵 R, 可首先建立条件部分"A 且 B"的关系矩阵 R_1, 即

$$R_1 = A \times B = A^T \circ B \tag{2.28}$$

继而，可以仿照简单条件语句关系矩阵的建立方法，利用 R_1 和 C 计算 R，但一般情况下，R_1 不是一个一维行向量或列向量，无法直接计算。所以，需先将 R_1 中第一行之后的所有元素按行依次置于第一行之后，构成一行向量，设为 $\tilde{R}_1$，然后转置，便可将 R_1 改造为一维列向量，设为 $\tilde{R}_1^{\mathrm{T}}$。最后，可得到

$$R = \tilde{R}_1 \times C = R_1^{\mathrm{T}} \circ C \tag{2.29}$$

R 中每个元素为

$$\mu_R(x,y,z) = \mu_A(x) \wedge \mu_B(y) \wedge \mu_C(z) \tag{2.30}$$

例 2-18 已知论域 X、Y、Z 上的模糊集合 A、B 和 C 分别为

$$A = \frac{1}{x_1} + \frac{0.4}{x_2}$$

$$B = \frac{0.1}{y_1} + \frac{0.7}{y_2} + \frac{1}{y_3}$$

$$C = \frac{0.3}{z_1} + \frac{0.5}{z_2} + \frac{1}{z_3}$$

求"如果 A 且 B，则 C"的关系矩阵 R。

解：首先计算 $R_1 = A^{\mathrm{T}} \circ B$，即

$$R_1 = A^{\mathrm{T}} \circ B = \begin{bmatrix} 1 \\ 0.4 \end{bmatrix} \circ \begin{bmatrix} 0.1 & 0.7 & 1 \end{bmatrix} = \begin{bmatrix} 0.1 & 0.7 & 1 \\ 0.1 & 0.4 & 0.4 \end{bmatrix}$$

然后将 R_1 改造为一行向量，并转置，得

$$\tilde{R}_1^{\mathrm{T}} = \begin{bmatrix} 0.1 \\ 0.7 \\ 1 \\ 0.1 \\ 0.4 \\ 0.4 \end{bmatrix}$$

最后计算关系矩阵，得

$$R = \tilde{R}_1^{\mathrm{T}} \circ C = \begin{bmatrix} 0.1 \\ 0.7 \\ 1 \\ 0.1 \\ 0.4 \\ 0.4 \end{bmatrix} \circ \begin{bmatrix} 0.3 & 0.5 & 1 \end{bmatrix} = \begin{bmatrix} 0.1 & 0.1 & 0.1 \\ 0.3 & 0.5 & 0.7 \\ 0.3 & 0.5 & 1 \\ 0.1 & 0.1 & 0.1 \\ 0.3 & 0.4 & 0.4 \\ 0.3 & 0.4 & 0.4 \end{bmatrix}$$

例 2-18 得到的关系矩阵 R 中的每一个元素都是模糊集合 A、B、C 中不同隶属度组合中的最小值，为清晰起见，将 R 进行标注，即

$$R = \begin{array}{c} \\ (x_1,y_1) \\ (x_1,y_2) \\ (x_1,y_3) \\ (x_2,y_1) \\ (x_2,y_2) \\ (x_2,y_3) \end{array} \begin{array}{ccc} z_1 & z_2 & z_3 \\ \left[\begin{array}{ccc} 0.1 & 0.1 & 0.1 \\ 0.3 & 0.5 & 0.7 \\ 0.3 & 0.5 & 1 \\ 0.1 & 0.1 & 0.1 \\ 0.3 & 0.4 & 0.4 \\ 0.3 & 0.4 & 0.4 \end{array}\right] \end{array}$$

可见，在建立 R 时，也可以不使用上述的办法而直接写出矩阵中的各元素值。其中，矩阵 R 的行数为论域 X 和 Y 的元素个数的乘积，列数为论域 Z 中元素的个数，矩阵中各位置对应的 x、y 和 z 参照上面的标注，之后计算三个隶属度的最小值便能得到各位置元素的值。所以，无论条件语句的维数有多高，利用 Mamdani 法，其实质便是将所有模糊集合中的隶属度的所有组合均进行取最小运算，并用关系矩阵有序地表达出来。

2.6.4 多重多维条件语句

与多重简单条件语句类似，多重多维条件语句的形式为

如果 x_1 是 a_{11} 且 x_2 是 a_{12} 且……x_n 是 a_{1n}，则 y 是 b_1

如果 x_1 是 a_{21} 且 x_2 是 a_{22} 且……x_n 是 a_{2n}，则 y 是 b_2

$$\vdots$$

如果 x_1 是 a_{m1} 且 x_2 是 a_{m2} 且……x_n 是 a_{mn}，则 y 是 b_m

在实际应用中，多重二维条件语句较为常见，即

如果 A_1 且 B_1，则 C_1，否则

如果 A_2 且 B_2，则 C_2，否则

$$\vdots$$

如果 A_n 且 B_n，则 C_n

其关系矩阵 R 的建立方法也与多重简单条件语句类似，即先计算每一条多维条件语句的关系矩阵 R_i，然后对所有的 R_i 做并运算，从而得到 R，即

$$R = \bigcup_{i=1}^{m} R_i = \bigcup_{i=1}^{m} (A_i \times B_i) = \bigcup_{i=1}^{m} (A_i^{\mathrm{T}} \circ B_i) \tag{2.31}$$

例 2-19 设论域 $X = \{1,2,3\}$，$Y = \{3,5,9\}$，$Z = \{1,3,7,8\}$，条件语句为

如果 x 很小且 y 很大，则 z 很大，否则

如果 x 适中且 y 适中，则 z 适中，否则

如果 x 很大且 y 很小，则 z 很小

建立其关系矩阵 R。

解：这是一个三重二维条件语句，其中涉及 x、y、z 的很小、很大和适中的模糊集合，首先建立各模糊集合：

"x 很小" $= A_1 = (1, 0.4, 0.1)$，　"y 很大" $= B_1 = (0.1, 0.3, 1)$，　"z 很大" $= C_1 = (0, 0.2, 0.7, 1)$

"x 适中" $= A_2 = (0.1, 1, 0.1)$，　"y 适中" $= B_2 = (0.1, 1, 1)$，　"z 适中" $= C_2 = (0, 0.6, 0.4, 0)$

"x 很大" $= A_3 = (0.1, 0.6, 1)$，　"y 很小" $= B_3 = (1, 0.4, 0.1)$，　"z 很小" $= C_3 = (1, 0.7, 0.2, 0)$

然后，建立各重条件语句的关系矩阵 R_1、R_2 和 R_3。先按照多维条件语句关系矩阵的建立方法建立"如果 x 很小且 y 很大，则 z 很大"的关系矩阵 R_1。计算如下：

$$R_{11} = A_1^{\mathrm{T}} \circ B_1 = \begin{bmatrix} 1 \\ 0.4 \\ 0.1 \end{bmatrix} \circ \begin{bmatrix} 0.1 & 0.3 & 1 \end{bmatrix} = \begin{bmatrix} 0.1 & 0.3 & 1 \\ 0.1 & 0.3 & 0.4 \\ 0.1 & 0.1 & 0.1 \end{bmatrix}$$

则

$$\tilde{R}_{11}^{\mathrm{T}} = \begin{bmatrix} 0.1 \\ 0.3 \\ 1 \\ 0.1 \\ 0.3 \\ 0.4 \\ 0.1 \\ 0.1 \\ 0.1 \end{bmatrix}$$

继而计算 R_1，得

$$R_1 = \tilde{R}_{11}^{\mathrm{T}} \circ C_1 = \begin{bmatrix} 0.1 \\ 0.3 \\ 1 \\ 0.1 \\ 0.3 \\ 0.4 \\ 0.1 \\ 0.1 \\ 0.1 \end{bmatrix} \circ \begin{bmatrix} 0 & 0.2 & 0.7 & 1 \end{bmatrix} = \begin{bmatrix} 0 & 0.1 & 0.1 & 0.1 \\ 0 & 0.2 & 0.3 & 0.3 \\ 0 & 0.2 & 0.7 & 1 \\ 0 & 0.1 & 0.1 & 0.1 \\ 0 & 0.2 & 0.3 & 0.3 \\ 0 & 0.2 & 0.4 & 0.4 \\ 0 & 0.1 & 0.1 & 0.1 \\ 0 & 0.1 & 0.1 & 0.1 \\ 0 & 0.1 & 0.1 & 0.1 \end{bmatrix}$$

按照同样办法，可得到 R_2 和 R_3 为

$$R_2 = \begin{bmatrix} 0 & 0.1 & 0.1 & 0 \\ 0 & 0.1 & 0.1 & 0 \\ 0 & 0.1 & 0.1 & 0 \\ 0 & 0.1 & 0.1 & 0 \\ 0 & 0.6 & 0.4 & 0 \\ 0 & 0.6 & 0.4 & 0 \\ 0 & 0.1 & 0.1 & 0 \\ 0 & 0.1 & 0.1 & 0 \\ 0 & 0.1 & 0.1 & 0 \end{bmatrix}, \quad R_3 = \begin{bmatrix} 0.1 & 0.1 & 0.1 & 0 \\ 0.1 & 0.1 & 0.1 & 0 \\ 0.1 & 0.1 & 0.1 & 0 \\ 0.6 & 0.6 & 0.2 & 0 \\ 0.4 & 0.4 & 0.2 & 0 \\ 0.1 & 0.1 & 0.1 & 0 \\ 1 & 0.7 & 0.2 & 0 \\ 0.4 & 0.4 & 0.2 & 0 \\ 0.1 & 0.1 & 0.1 & 0 \end{bmatrix}$$

最后，对 R_1、R_2 和 R_3 做并运算，得到 R 为

$$R = R_1 \cup R_2 \cup R_3 = \begin{bmatrix} 0.1 & 0.1 & 0.1 & 0.1 \\ 0.1 & 0.2 & 0.3 & 0.3 \\ 0.1 & 0.2 & 0.7 & 1 \\ 0.6 & 0.6 & 0.2 & 0.1 \\ 0.4 & 0.6 & 0.4 & 0.3 \\ 0.1 & 0.6 & 0.4 & 0.4 \\ 1 & 0.7 & 0.2 & 0.1 \\ 0.4 & 0.4 & 0.2 & 0.1 \\ 0.1 & 0.1 & 0.1 & 0.1 \end{bmatrix}$$

2.7 模 糊 推 理

在 2.6 节中，已经介绍了推理的概念，即推理是指根据一定的原则，从一个或几个已知判断引申出一个新判断的思维过程。在模糊推理中，"原则"即为模糊条件语句或其关系矩阵 R。用数学方法处理模糊推理问题非常灵活，存在很多思路和方法，本节只介绍推理中最基本的模糊变换方法。

对于简单模糊条件语句，其关系矩阵 R 描述的是论域 X 和 Y 的模糊蕴涵关系，在智能控制中，X 经常对应被控系统的输出量或状态，Y 则经常对应控制系统的输出量或状态。设被控系统在某一时刻的状态 α 与 X 的模糊关系为 $\underset{\sim}{A}$，推理的目的是根据关系矩阵 R 求 α 与 Y 的模糊关系 $\underset{\sim}{B}$，显然，这是一个模糊变换问题，即

$$\underset{\sim}{B} = \underset{\sim}{A} \circ R \tag{2.32}$$

现以 2.6.1 节中的例 2-16 为例进行说明。

例 2-20 某锅炉的水温论域为 $X = \{0, 20, 40, 60, 80, 100\}$ (℃)，气压的论域为 $Y = \{1, 2, 3, 4, 5, 6, 7\}$ (10^4 Pa)，模糊条件语句为"如果温度高，那么气压高"，若"温度很高"，那么气压会怎样？

解：设 A="温度高"，B="气压高"，模糊集合 A 和 B 可分别写为

$$A = \frac{0}{0} + \frac{0.1}{20} + \frac{0.4}{40} + \frac{0.6}{60} + \frac{0.8}{80} + \frac{1}{100}$$

$$B = \frac{0}{1} + \frac{0.1}{2} + \frac{0.2}{3} + \frac{0.5}{4} + \frac{0.8}{5} + \frac{0.9}{6} + \frac{1}{7}$$

关系矩阵 R 为

$$R = A \times B$$

$$= \begin{bmatrix} 0 & 0 & 0 & 0 & 0 & 0 & 0 \\ 0 & 0.1 & 0.1 & 0.1 & 0.1 & 0.1 & 0.1 \\ 0 & 0.1 & 0.2 & 0.4 & 0.4 & 0.4 & 0.4 \\ 0 & 0.1 & 0.2 & 0.5 & 0.6 & 0.6 & 0.6 \\ 0 & 0.1 & 0.2 & 0.5 & 0.8 & 0.8 & 0.8 \\ 0 & 0.1 & 0.2 & 0.5 & 0.8 & 0.9 & 1 \end{bmatrix}$$

设 $\underset{\sim}{A}$ = "温度很高"，其模糊集合可写为

$$\underset{\sim}{A} = \frac{0}{0} + \frac{0.1}{20} + \frac{0.3}{40} + \frac{0.7}{60} + \frac{0.8}{80} + \frac{0.9}{100}$$

则

$$\underset{\sim}{B} = \underset{\sim}{A} \circ R$$

$$= \begin{pmatrix} 0 & 0.1 & 0.3 & 0.7 & 0.8 & 0.9 \end{pmatrix} \circ \begin{bmatrix} 0 & 0 & 0 & 0 & 0 & 0 & 0 \\ 0 & 0.1 & 0.1 & 0.1 & 0.1 & 0.1 & 0.1 \\ 0 & 0.1 & 0.2 & 0.4 & 0.4 & 0.4 & 0.4 \\ 0 & 0.1 & 0.2 & 0.5 & 0.6 & 0.6 & 0.6 \\ 0 & 0.1 & 0.2 & 0.5 & 0.8 & 0.8 & 0.8 \\ 0 & 0.1 & 0.2 & 0.5 & 0.8 & 0.9 & 1 \end{bmatrix}$$

$$= \frac{0}{1} + \frac{0.1}{2} + \frac{0.2}{3} + \frac{0.5}{4} + \frac{0.8}{5} + \frac{0.9}{6} + \frac{0.9}{7}$$

分析推理结果 $\underset{\sim}{B}$ 可知，在温度很高的情况下，气压也会很高。

对于多维模糊条件语句，如"如果 A 且 B，则 C"，A 和 B 是推理中已知的模糊集合，而且在建立关系矩阵 R 时首先计算的是 $R_1 = A \times B = A^{\mathrm{T}} \circ B$。所以，进行模糊推理时可先对实际的模糊集合 $\underset{\sim}{A}$ 和 $\underset{\sim}{B}$ 进行运算，即

$$\underset{\sim}{R_1} = \underset{\sim}{A} \times \underset{\sim}{B} = \underset{\sim}{A}^{\mathrm{T}} \circ \underset{\sim}{B} \tag{2.33}$$

继而将 R_1 写成行向量，得到 $\tilde{R}_1$，再与关系矩阵 R 做模糊变换运算，即

$$\underset{\sim}{C} = \tilde{R}_1 \circ R = \underset{\sim}{A} \times \underset{\sim}{B} \times R \tag{2.34}$$

例 2-21 已知论域 X、Y 和 Z，其上的模糊集合 A、B 和 C 分别为

$$A = \frac{1}{x_1} + \frac{0.4}{x_2} + \frac{0}{x_3}$$

$$B = \frac{0.1}{y_1} + \frac{0.6}{y_2} + \frac{1}{y_3}$$

$$C = \frac{0.1}{z_1} + \frac{0.6}{z_2} + \frac{1}{z_3}$$

条件语句为"如果 A 且 B，则 C"，现已知

$$\underset{\sim}{A} = \frac{0}{x_1} + \frac{0.5}{x_2} + \frac{0.7}{x_3}$$

$$\underset{\sim}{B} = \frac{0.4}{y_1} + \frac{0.9}{y_2} + \frac{0}{y_3}$$

求 $\underset{\sim}{C}$。

解：首先利用模糊集合 A、B 和 C 求条件语句的关系矩阵 R，得

$$R = \begin{bmatrix} 0.1 & 0 & 0.1 \\ 0.3 & 0 & 0.6 \\ 0.3 & 0 & 1 \\ 0.1 & 0 & 0.1 \\ 0.3 & 0 & 0.4 \\ 0.3 & 0 & 0.4 \\ 0 & 0 & 0 \\ 0 & 0 & 0 \\ 0 & 0 & 0 \end{bmatrix}$$

然后计算 $\underset{\sim}{R}_1 = \underset{\sim}{A} \times \underset{\sim}{B}$，即

$$\underset{\sim}{R}_1 = \underset{\sim}{A} \times \underset{\sim}{B} = \begin{bmatrix} 0 \\ 0.5 \\ 0.7 \end{bmatrix} \circ [0.4 \quad 0.9 \quad 0] = \begin{bmatrix} 0 & 0 & 0 \\ 0.4 & 0.5 & 0 \\ 0.4 & 0.7 & 0 \end{bmatrix}$$

将 $\underset{\sim}{R}_1$ 写为行向量，得

$$\tilde{R}_1 = (0 \quad 0 \quad 0 \quad 0.4 \quad 0.5 \quad 0 \quad 0.4 \quad 0.7 \quad 0)$$

最后计算 $\underset{\sim}{C} = \tilde{R}_1 \circ R$，即

$$\underset{\sim}{C} = \tilde{R}_1 \circ R = \frac{0.3}{z_1} + \frac{0}{z_2} + \frac{0.4}{z_3}$$

2.8 模糊控制系统的基本原理

一般情况下，模糊控制系统可总结为图 2-6 的形式。当控制任务或模糊控制方法不同时，模糊控制系统的构成也会有所不同，甚至存在很大的差别。例如，利用模糊控制取代传统的 PID 控制时，只需检测被控对象的信息，而无需检测被控对象所处环境的信息；若实现倒车、机器人避障等模糊控制，则既需检测被控对象的信息，又需检测外部环境的各种信息。再如，若被控对象的工作状态、自身结构、所处环境等因素经常发生变化，则需要采用多个子模糊控制器。同时，模糊控制又经常和其他控制方法混合使用，如模糊 PID 控制、模糊神经网络控制等。总而言之，模糊控制系统的结构和工作原理是由被控对象的特点与控制任务决定的。

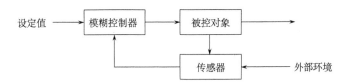

图 2-6　模糊控制系统的一般形式

在模糊控制系统中，模糊控制器处于核心地位，其工作过程是仿照人类控制设备的过程而设计的，主要包括模糊化、模糊推理和逆模糊化，工程中常见的模糊控制系统如图 2-7 所示。

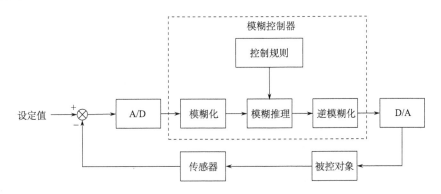

图 2-7　工程中常见的模糊控制系统形式

在模糊控制器中，规则库中保存的是用条件语句形式表达的被控对象的控制规则；模糊化是将传感器检测到的明确的某种物理量数值或该数值与设定值之间的误差转换为模糊性描述，如"很大""很小"；模糊推理则根据模糊规则进行推理，以得出控制结论，一般情况下，模糊推理得到的结论仍是模糊的；由于输出给被控对象的控制量是明确的，所以需将模糊推理得到的结果转换为明确的数值，这便是逆模糊化，也称清晰化。

模糊控制器的工作过程与人类完成某种控制工作的过程是十分相似的。例如，人在控制自己沿一条给定直线行走时，会根据当前的方向与给定直线的偏离角度调整行走方向，其规则为

如果偏离角度正方向过大，则行走方向为负方向过大；

如果偏离角度正方向较大，则行走方向为负方向较大；

⋮

人在行走时要判断偏离角度，虽然偏离角度可以用精确的数值描述，但人会对精确的角度值进行模糊描述，如"偏离角度正方向很大""偏离角度负方向很小"等，这相当于模糊控制器中的"模糊化"；在判断了偏离角度后，人会根据控制规则和当前偏离角度的大小确定如何行走，如"行走方向为负方向过大"等，此即"模糊推理"；根据推理结果，人会通过控制躯干和四肢的运动调整行走方向，而躯干和四肢的运动显然可以用明确的数值描述，这可对应于模糊控制器中的"逆模糊化"或"清晰化"。

2.9 模糊控制器的设计

在总结了操作人员大量的成功操作经验和相关数据，并明确了控制器的输入和输出变量后，模糊控制器的设计主要包括输入模糊化、模糊控制规则的建立、模糊推理、逆模糊化四部分，下面分别进行介绍。

2.9.1 输入模糊化

模糊化的任务是对控制器的输入量进行模糊描述，通常包括物理论域的量化和建立模糊集合。

1. 物理论域的量化

设控制器输入量为 x，范围为 $x \in [x_L, x_H]$，将 $X = [x_L, x_H]$ 称为物理论域。人们可以直接在物理论域 X 上建立"正大""正小"等模糊集合，但为了控制器设计和后期修改的方便，通常先对物理论域进行量化处理，即将 $X = [x_L, x_H]$ 划分成 $2n$ 个区间，构成离散论域 $N = \{-n, -n+1, \cdots, -1, 0, 1, \cdots, n-1, n\}$，将物理论域转换为离散论域称为量化。物理论域中某一具体量 a 量化后得到离散论域中的 b，a 和 b 之间的关系为

$$b = k\left(a - \frac{x_H - x_L}{2}\right) \tag{2.35}$$

如果 b 不是整数，则可按四舍五入取整。式(2.35)中，k 为量化因子，其值为

$$k = \frac{2n}{x_H - x_L} \tag{2.36}$$

例 2-22 某电加热炉模糊控制器的输入量为炉温，温度范围为 0~1000℃，即物理论域 $X = [0, 1000]$，取 $n = 6$，离散论域为 $N = \{-6, -5, -4, -3, -2, -1, 0, 1, 2, 3, 4, 5, 6\}$，求物理论域中的 200，600 和 900 量化后的值。

解：首先求量化因子 k 得

$$k = \frac{2n}{x_H - x_L} = \frac{2 \times 6}{1000} = 0.012$$

200 对应的值为

$$b_1 = k\left(a - \frac{x_H - x_L}{2}\right) = 0.012 \times (200 - 500) = -3.6$$

取整后为 $b_1 = -4$；

600 对应的值为

$$b_2 = k\left(a - \frac{x_H - x_L}{2}\right) = 0.012 \times (600 - 500) = 1.2$$

取整后为 $b_2 = 1$；

900 对应的值为

$$b_3 = k\left(a - \frac{x_{\mathrm{H}} - x_{\mathrm{L}}}{2}\right) = 0.012 \times (900 - 500) = 4.8$$

取整后为 $b_3 = 5$。

另外，需要说明的是，在进行量化时，若计算得到的 b 不是整数，也可不做取整，而是按照给定的隶属函数直接计算隶属度，从而有助于提高控制精度。当然，是否进行取整是由具体使用的推理方法决定的。

2. 建立模糊集合

在例 2-22 中，模糊控制器的输入是温度，若进行恒温控制，则需根据当前的实际温度调节被控系统的控制量，即调节电压的大小。对于操作人员来说，他的控制规则可能是

如果温度误差正大，则电压调节量为负大；

如果温度误差正中，则电压调节量为负中；

如果温度误差正小，则电压调节量为负小；

如果温度误差为零，则电压调节量为零；

如果温度误差负小，则电压调节量为正小；

如果温度误差负中，则电压调节量为正中；

如果温度误差负大，则电压调节量为正大。

显然，这些规则中涉及两个物理论域，即温度误差和电压调节量，每个论域上还有多个模糊集合，如温度误差论域上有正大、正中、正小、零、负小、负中、负大，电压调节量论域上也同样存在这些模糊集合。因此，一方面，为了建立描述控制规则的条件语句；另一方面，为了在控制中对控制系统的输入量进行模糊描述，在对各物理论域量化之后，需确定各论域上的各模糊集合的隶属函数。

模糊控制器处理的输入和输出量均为数值量，且通常要将输入量与给定值进行比较，因此，一般情况下，各论域上建立的模糊集合均可设置为正大、正中、正小、零、负小、负中、负大，英文缩写分别为 PB、PM、PS、ZE、NS、NM、NB。有时对零点附近细分为正零和负零，对应 PO 和 NO。

例 2-23 某一物理论域 X 经量化后得到离散论域 $N = \{-6, -5, -4, -3, -2, -1, 0, 1, 2, 3, 4, 5, 6\}$，分别写出上述各模糊集合。

解：各模糊集合可写为

$$PB = (0,0,0,0,0,0,0,0,0,0,0,0.5,1)$$

$$PM = (0,0,0,0,0,0,0,0,0,0.5,1,0.5,0)$$

$$PS = (0,0,0,0,0,0,0,0.5,1,0.5,0,0,0)$$

$$ZE = (0,0,0,0,0,0.5,1,0.5,0,0,0,0,0)$$

$$NS = (0,0,0,0.5,1,0.5,0,0,0,0,0,0,0)$$

$$NM = (0,0.5,1,0.5,0,0,0,0,0,0,0,0,0)$$

$$NB = (1,0.5,0,0,0,0,0,0,0,0,0,0,0)$$

例 2-23 中各模糊集合的表达采用的是向量表示法，其直观性较差，不适合阅读，更不能直观反映出各模糊集合之间的关系。为了更明了、更直观地表达各模糊集合，通常

采用图形表示法和表格表示法。

(1) 图形表示法。该方法就是画出所有模糊集合的隶属函数曲线，例 2-23 的图形表示法如图 2-8 所示。

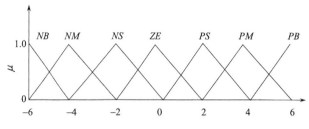

图 2-8　模糊集合的图形表示法

(2) 表格表示法。该方法将模糊集合的名称和论域元素分别作为列与行做表，例 2-23 的表格表示法如表 2-1 所示。

表 2-1　模糊集合的表格表示法

名称＼论域元素	−6	−5	−4	−3	−2	−1	0	1	2	3	4	5	6
NB	1	0.5	0	0	0	0	0	0	0	0	0	0	0
NM	0	0.5	1	0.5	0	0	0	0	0	0	0	0	0
NS	0	0	0	0.5	1	0.5	0	0	0	0	0	0	0
ZE	0	0	0	0	0	0.5	1	0.5	0	0	0	0	0
PS	0	0	0	0	0	0	0	0.5	1	0.5	0	0	0
PM	0	0	0	0	0	0	0	0	0	0.5	1	0.5	0
PB	0	0	0	0	0	0	0	0	0	0	0	0.5	1

在建立模糊集合时，有如下问题需要注意。

(1) 模糊集合的个数并非越多越好，增加模糊集合的个数可以提高控制精度，但也会增加控制规则的数目，从而加大了模糊推理的计算量，一般情况下，以 3~10 个为宜。

(2) 模糊集合在论域上的分布应满足以下两个基本特性。

① 完备性。论域上任意一个元素至少要与一个模糊集合对应。

② 一致性。论域上任意一个元素不能同时对两个或两个以上的模糊集合的隶属度为 1。

(3) 两模糊集合的隶属函数曲线的交叉点处的隶属度应适中，通常取为 0.2~0.7，取值太大会降低控制系统的灵敏度，太小则会降低控制系统的稳定性。

图 2-9 所示的模糊集合设置便存在很多不合理之处，如不具备完备性，在(−1,0.5)区间内无模糊集合；交互性差，(−3,−1)区间内只有一个模糊集合；模糊集合 C 和 D 的隶属函数的交叉点的隶属度过大。

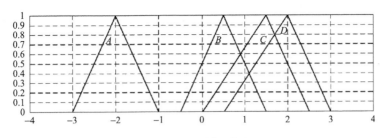

图 2-9　不合理的模糊集合设置

图 2-10 所示的几种模糊集合设置情况则较为合理，从图中也可以发现，各模糊集合可使用不同的隶属函数，各模糊集合覆盖的区间范围也可以相等，而这些均是根据被控对象的实际情况和操作人员的成功经验进行设计的。

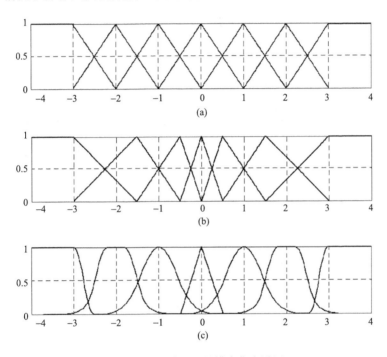

图 2-10　几种合理的模糊集合设置

2.9.2　模糊控制规则的建立

模糊控制规则即前述的模糊条件语句，在设计模糊控制器时，对于控制规则的表述，通常有两种方法，即语言型和表格型。其中，语言型在前面已经多次使用，例如，Mamdani等在设计锅炉蒸汽机模糊控制系统时，使用了两个模糊控制器，控制目标是保持锅炉压力和活塞速度的恒定。一个模糊控制器根据蒸汽压力及其变化率控制供汽锅炉的加热能源；另一个模糊控制器则根据蒸汽机转速误差(SE)和误差变化率(CSE)来控制蒸汽机供气阀门的开度(TC)。第二个模糊控制器的语言型模糊控制规则如下。

① 若转速误差是负大且变化率不是负大或负中，则阀门开度为正大；

(if SE=*NB* and CSE=not (*NB* or *NM*) then TC=*PB*)

② 若转速误差是负中且变化率是正小、正中或正大，则阀门开度为正小；

(if SE=*NM* and CSE=*PS* or *PM* or *PB* then TC=*PS*)

③ 若转速误差是负小且变化率是正中或正大，则阀门开度为正小；

(if SE=*NS* and CSE=*PM* or *PB* then TC=*PS*)

④ 若转速误差是负零且变化率是正大，则阀门开度为正小；

(if SE=*NO* and CSE=*PB* then TC=*PS*)

⑤ 若转速误差是负零或正零且变化率是负小、负零或正小，则阀门开度为负小；

(if SE=*NO* or *PO* and CSE=*NS* or *NO* or *PS* then TC=*NS*)

⑥ 若转速误差是正零且变化率是正大，则阀门开度为负小；

(if SE=*PO* and CSE=*PB* then TC=*NS*)

⑦ 若转速误差是正小且变化率是正中或正大，则阀门开度为负小；

(if SE=*PS* and CSE=*PM* or *PB* then TC=*NS*)

⑧ 若转速误差是正中且变化率是正小、正中或正大，则阀门开度为负小；

(if SE=*PM* and CSE=*PS* or *PM* or *PB* then TC=*NS*)

⑨ 若转速误差是正大且变化率不是负中或负大，则阀门开度为负大。

(if SE=*PB* and CSE=not (*NM* or *NB*) then TC=*NB*)

上面的语言型模糊控制规则比较适合阅读，但表达起来较为烦琐，若使用表格型则非常简洁直观，该规则可总结为表 2-2 所示的形式。表 2-2 给出了在转速误差(SE)和误差变化率(CSE)不同组合的情况下如何控制阀门开度(TC)，如当 SE=*PB*，CSE=*PO* 时，查表可知 TC=*NB*。

表 2-2 表格型模糊控制规则

TC＼SE ＼ CSE	NB	NM	NS	NO	PO	PS	PM	PB
NB								
NM								
NS	PB			NS	NS			NB
NO	PB			NS	NS			NB
PO	PB							NB
PS	PB	PS		NS	NS		NS	NB
PM	PB	PS	PS			NS	NS	NB
PB	PB	PS	PS	PS	NS	NS	NS	NB

上面的例子涉及两个输入一个输出，对于单输入单输出的情况，如 2.9.1 节中的电加热炉恒温控制的表格型模糊控制规则如表 2-3 所示，表中，TE 表示温度误差，UA 表示电压调节量。

表 2-3　电加热炉模糊控制规则

TE	NB	NM	NS	ZE	PS	PM	PB
UA	PB	PM	PS	ZE	NS	NM	NB

2.9.3　模糊推理方法

在模糊控制中，模糊推理方法很多，现主要介绍两种最常用的方法：CRI 查表法和 Mamdani 直接推理法。

1. CRI 查表法

CRI 查表法的主要思想是先计算所有可能的控制系统输入量对应的输出量，从而建立输入量与输出量对应关系的表格，通常称为控制表，在实际控制中，只需查表即可确定输出量。因此，这种方法具有操作简便、实时性好的优点，但缺点是无法对控制规则进行在线调整。

设模糊控制规则为 m 个条件语句，格式为

$$如果 A_i 且 B_i，则 C_i$$

该控制规则涉及三个物理论域，即控制系统的两个输入量论域，设为 X 和 Y；一个输出量论域，设为 Z。经过量化后，得到三个离散论域 N_X、N_Y 和 N_Z，分别设为

$$N_X = \{-n_X, -n_X+1, \cdots, -1, 0, 1, \cdots, n_X-1, n_X\}$$
$$N_Y = \{-n_Y, -n_Y+1, \cdots, -1, 0, 1, \cdots, n_Y-1, n_Y\}$$
$$N_Z = \{-n_Z, -n_Z+1, \cdots, -1, 0, 1, \cdots, n_Z-1, n_Z\}$$

继而，在 N_X、N_Y 和 N_Z 上分别建立模糊集合 A_i、B_i 和 C_i。最后，建立控制规则的关系矩阵 R。

得到关系矩阵 R 后，计算任意一种可能的输入 (x, y) 对应的输出 z。设输入为 (x^*, y^*)，经量化后得到 (j, k)，其中，j、k 分别为离散论域 N_X 和 N_Y 中的元素。建立集合 A^* 和 B^* 如下：

$$A^* = (0, 0, \cdots, 1, \cdots 0)$$
$$\uparrow \mu_{A^*}(j)$$

$$B^* = (0, 0, \cdots, 1, \cdots 0)$$
$$\uparrow \mu_{B^*}(k)$$

A^*、B^* 两个集合表达的是离散论域 N_X 和 N_Y 中的元素对于 j 与 k 的隶属程度，因此，A^* 中只有 $\mu_{A^*}(j)$ 为 1，其他元素的隶属度为零，B^* 中只有 $\mu_{B^*}(k)$ 为 1，其他元素的隶属度为零。

集合 A^*、B^* 分别表达了实际输入与离散论域 N_X 和 N_Y 之间的关系，因此，得到 A^* 和 B^* 之后，为得到 C^*，模糊推理实质为模糊变换，即

$$C^* = (A^* \times B^*) \circ R \tag{2.37}$$

对于得到的行向量 C^*，可按照最大隶属度法(见 2.6.2 节)确定精确的输出值，即 C^* 中最大

值对应的 N_Z 中的元素 l 即为输出。当然，l 是量化后的结果，还需根据量化方法计算其对应的实际物理量的数值。

对所有可能的输入均计算其对应的输出值，便可建立控制表。如某控制系统的控制表如表 2-4 所示。表中，e 为被控对象的输出与给定值的误差，Δe 为误差变化率，U 为控制系统的输出。在实际控制当中，将 e 和 Δe 量化之后，只需查表即可确定控制系统的输出。

表 2-4 模糊控制表

U		Δe												
		−6	−5	−4	−3	−3	−1	0	1	2	3	4	5	6
e	−6	7	6	7	6	7	7	7	4	4	2	0	0	0
	−5	6	6	6	6	6	6	6	4	4	2	0	0	0
	−4	7	6	7	6	7	7	7	4	4	2	0	0	0
	−3	6	6	6	6	6	6	3	2	0	−1	−1	−1	−1
	−2	4	4	4	5	4	4	4	1	0	0	−1	−1	−1
	−1	4	4	4	5	4	4	1	0	0	0	−3	−2	−1
	−0	4	4	4	5	1	1	0	−1	−1	−1	−4	−4	−4
	+0	4	4	4	5	1	1	0	−1	−1	−1	−4	−4	−4
	+1	2	2	2	2	0	0	−1	−4	−4	−3	−4	−4	−4
	+2	1	1	1	2	0	−3	−4	−4	−4	−3	−4	−4	−4
	+3	0	0	0	0	−3	3	−6	−6	−6	−6	−6	−6	−6
	+4	0	0	0	−2	−4	−4	−7	−7	−7	−6	−7	−7	−7
	+5	0	0	0	−2	4	−4	−6	−6	−6	−6	−6	−6	−6
	+6	0	0	0	−2	4	−4	−7	−7	−7	−6	−7	−7	−7

例2-24 设某控制系统的输入量对应的离散论域为 $N_X = \{-3,-2,-1,0,1,2,3\}$，输出量对应的离散论域为 $N_Y = \{-3,-2,-1,0,1,2,3\}$，控制规则为多重简单条件语句，即 "if A_i then B_i"，根据控制规则已得到的关系矩阵 R 为

$$R = \begin{bmatrix} 0 & 0 & 0 & 0 & 0 & 0.5 & 1 \\ 0 & 0 & 0 & 0 & 0.5 & 0.5 & 0.5 \\ 0 & 0 & 0.5 & 0.5 & 1 & 0.5 & 0 \\ 0 & 0 & 0.5 & 1 & 0.5 & 0 & 0 \\ 0 & 0.5 & 1 & 0.5 & 0.5 & 0 & 0 \\ 0.5 & 0.5 & 0.5 & 0 & 0 & 0 & 0 \\ 1 & 0.5 & 0 & 0 & 0 & 0 & 0 \end{bmatrix}$$

利用关系矩阵，便可分别计算不同输入量对应的输出量，从而建立控制表。建立控制表的过程便是用不同输入量对应的集合 A^* 与 R 做模糊变换运算，如当 $A^* = (1,0,0,0,0,0,0)$ 时，计算

$$C^* = A^* \circ R = (1,0,0,0,0,0,0) \circ \begin{bmatrix} 0 & 0 & 0 & 0 & 0 & 0.5 & 1 \\ 0 & 0 & 0 & 0 & 0.5 & 0.5 & 0.5 \\ 0 & 0 & 0.5 & 0.5 & 1 & 0.5 & 0 \\ 0 & 0 & 0.5 & 1 & 0.5 & 0 & 0 \\ 0 & 0.5 & 1 & 0.5 & 0.5 & 0 & 0 \\ 0.5 & 0.5 & 0.5 & 0 & 0 & 0 & 0 \\ 1 & 0.5 & 0 & 0 & 0 & 0 & 0 \end{bmatrix} = (0,0,0,0,0,0.5,1)$$

若按照最大隶属度法，则 3 即为此时的输出，当然，还需换算至实际的物理量数值。

接下来，可继续用不同的 A^* 与 R 做模糊变换，对于这种多重简单条件语句形式的控制规则，完整的计算过程可概括为

$$\underset{\sim}{C} = \underset{\sim}{A} \circ R = \begin{bmatrix} 1 & 0 & 0 & 0 & 0 & 0 & 0 \\ 0 & 1 & 0 & 0 & 0 & 0 & 0 \\ 0 & 0 & 1 & 0 & 0 & 0 & 0 \\ 0 & 0 & 0 & 1 & 0 & 0 & 0 \\ 0 & 0 & 0 & 0 & 1 & 0 & 0 \\ 0 & 0 & 0 & 0 & 0 & 1 & 0 \\ 0 & 0 & 0 & 0 & 0 & 0 & 1 \end{bmatrix} \circ \begin{bmatrix} 0 & 0 & 0 & 0 & 0 & 0.5 & 1 \\ 0 & 0 & 0 & 0 & 0.5 & 0.5 & 0.5 \\ 0 & 0 & 0.5 & 0.5 & 1 & 0.5 & 0 \\ 0 & 0 & 0.5 & 1 & 0.5 & 0 & 0 \\ 0 & 0.5 & 1 & 0.5 & 0.5 & 0 & 0 \\ 0.5 & 0.5 & 0.5 & 0 & 0 & 0 & 0 \\ 1 & 0.5 & 0 & 0 & 0 & 0 & 0 \end{bmatrix}$$

$$= \begin{bmatrix} 0 & 0 & 0 & 0 & 0 & 0.5 & 1 \\ 0 & 0 & 0 & 0 & 0.5 & 0.5 & 0.5 \\ 0 & 0 & 0.5 & 0.5 & 1 & 0.5 & 0 \\ 0 & 0 & 0.5 & 1 & 0.5 & 0 & 0 \\ 0 & 0.5 & 1 & 0.5 & 0.5 & 0 & 0 \\ 0.5 & 0.5 & 0.5 & 0 & 0 & 0 & 0 \\ 1 & 0.5 & 0 & 0 & 0 & 0 & 0 \end{bmatrix}$$

继而，若按最大隶属度法，则 $\underset{\sim}{C}$ 的各行中的最大值对应的 N_Y 中的元素值即为输出，当然，在 $\underset{\sim}{C}$ 的第二行和第六行中，最大值是相同的，此时可任取一个。最后得到的控制表如表 2-5 所示。

表 2-5　模糊控制表

X	−3	−2	−1	0	1	2	3
Y	3	2	1	0	−1	−2	−3

2. Mamdani 直接推理法

实际控制中的控制规则往往由十几个甚至几十个条件语句构成，而实际的输入数据只与少数几条规则有关，因此，可以只利用被激活的规则进行模糊推理，从而得到推理结果。

与 CRI 查表法相同，仍设模糊控制规则为 m 个条件语句，格式为

$$如果 A_i \text{ 且 } B_i，则 C_i$$

所涉及的物理论域、离散论域和各模糊集合也均相同，离散论域 N_X、N_Y 和 N_Z 上的各模糊集合如图 2-10 所示。

对于一个实际的输入 (x^*, y^*)，经量化后得到 (j, k)，在 CRI 查表法中，由 (j, k) 到集合 A^* 和 B^* 无需考虑各模糊集合 A_i 和 B_i。而从另外一方面看，j 对于论域 N_X 上的各模糊集合 A_i 是有隶属度 $\mu_{A_i}(j)$ 的，k 对于论域 N_Y 上的各模糊集合 B_i 也同样存在隶属度 $\mu_{B_i}(k)$。设 j 对于 A_1 和 A_2 的隶属度不为零，k 对于 B_1 和 B_2 的隶属度不为零，则在模糊控制规则中，最多有如下规则被激活：

$$如果 A_1 \text{ 且 } B_1，则 C_1$$
$$如果 A_1 \text{ 且 } B_2，则 C_2$$
$$如果 A_2 \text{ 且 } B_1，则 C_3$$
$$如果 A_2 \text{ 且 } B_2，则 C_4$$

因此，只需处理这四条规则即可。首先，对各规则中的条件部分做隶属度的与运算，即

$$\omega_1 = \mu_{A_1}(j) \wedge \mu_{B_1}(k)$$
$$\omega_2 = \mu_{A_1}(j) \wedge \mu_{B_2}(k)$$
$$\omega_3 = \mu_{A_2}(j) \wedge \mu_{B_1}(k)$$
$$\omega_4 = \mu_{A_2}(j) \wedge \mu_{B_2}(k)$$

然后，再各自与规则中结论部分的模糊集合 $C_n (n = 1, 2, 3, 4)$ 做与运算，即

$$\alpha_1 = \omega_1 \wedge C_1$$
$$\alpha_2 = \omega_2 \wedge C_2$$
$$\alpha_3 = \omega_3 \wedge C_3$$
$$\alpha_4 = \omega_4 \wedge C_4$$

$\alpha_n (n = 1, \cdots, 4)$ 是四个模糊集合，继而，做四个模糊集合的并运算，得

$$C^* = \bigvee_{n=1}^{4} \alpha_n$$

最后，利用模糊集合 C^*，可使用不同方法得到最后的精确输出量，具体的方法在 2.9.4 节中介绍。

例 2-25 设某控制系统的输入量对应的离散论域为 $N_X = \{-5, -4, -3, -2, -1, 0, 1, 2, 3, 4, 5\}$ 和 $N_Y = \{-5, -4, -3, -2, -1, 0, 1, 2, 3, 4, 5\}$，输出量对应的离散论域为 $N_Z = \{-4, -3, -2, -1, 0, 1, 2, 3, 4\}$，控制规则如下：

如果 X 正大且 Y 正大，则 Z 负大；

如果 X 正中且 Y 正中，则 Z 负中；

如果 X 正小且 Y 正小，则 Z 负小；

如果 X 为零且 Y 为零，则 Z 为零；

如果 X 负小且 Y 负小，则 Z 正小；

如果 X 负中且 Y 负中，则 Z 正中；

如果 X 负大且 Y 负大，则 Z 正大。

三个离散论域的各模糊集合如表 2-6~表 2-8 所示。

表 2-6 离散论域 N_X 上的模糊集合

N_X	−5	−4	−3	−2	−1	0	1	2	3	4	5
PB	0	0	0	0	0	0	0	0	0.2	0.6	1
PM	0	0	0	0	0	0	0	0.5	1	0.5	0
PS	0	0	0	0	0	0	1	0.6	0	0	0
ZE	0	0	0	0	0	1	0	0	0	0	0
NS	0	0	0	0.6	1	0	0	0	0	0	0
NM	0	0.5	1	0.5	0	0	0	0	0	0	0
NB	1	0.6	0.2	0	0	0	0	0	0	0	0

表 2-7 离散论域 N_Y 上的模糊集合

N_Y	−5	−4	−3	−2	−1	0	1	2	3	4	5
PB	0	0	0	0	0	0	0	0	0.1	0.7	1
PM	0	0	0	0	0	0	0	0.6	1	0.4	0
PS	0	0	0	0	0	0	1	0.3	0	0	0
ZE	0	0	0	0	0	1	0	0	0	0	0
NS	0	0	0	0.7	1	0	0	0	0	0	0
NM	0	0.6	1	0.6	0	0	0	0	0	0	0
NB	1	0.7	0.2	0	0	0	0	0	0	0	0

表 2-8 离散论域 N_Z 上的模糊集合

N_Z	−4	−3	−2	−1	0	1	2	3	4
PB	0	0	0	0	0	0	0	0.5	1
PM	0	0	0	0	0	0	0.5	1	0
PS	0	0	0	0	0	1	0.3	0	0
ZE	0	0	0	0	1	0	0	0	0
NS	0	0	0.5	1	0	0	0	0	0
NM	0	1	0.6	0	0	0	0	0	0
NB	1	0.4	0	0	0	0	0	0	0

若在实际控制中，检测得到控制系统的输入量 x 和 y，量化后分别为 $j=2$ 和 $k=2$。在离散论域 N_X，2 上对于模糊集合 PM、PS 的隶属度分别为 0.5 和 0.6，对其他模糊集合的隶属度为零；在离散论域 N_Y，2 上对于模糊集合 PM、PS 的隶属度分别为 0.6 和 0.3，对其他模糊集合的隶属度为零。因此，控制规则中只有两条规则被激活，即

(1) 如果 X 正中且 Y 正中，则 Z 负中；

(2) 如果 X 正小且 Y 正小，则 Z 负小。

对于第一条，有

$$\omega_1 = \mu_{A_1}(2) \wedge \mu_{B_1}(2) = 0.5 \wedge 0.6 = 0.5$$

$$\alpha_1 = \omega_1 \wedge C_1 = 0.5 \wedge (0,1,0.6,0,0,0,0,0,0,0) = (0,0.5,0.5,0,0,0,0,0,0,0)$$

对于第二条，有

$$\omega_2 = \mu_{A_2}(2) \wedge \mu_{B_2}(2) = 0.6 \wedge 0.3 = 0.3$$

$$\alpha_2 = \omega_2 \wedge C_2 = 0.3 \wedge (0,0,0.5,1,0,0,0,0,0,0) = (0,0,0.3,0.3,0,0,0,0,0,0)$$

继而，做模糊集合 α_1 和 α_2 的并运算有

$$C^* = \alpha_1 \vee \alpha_2$$
$$= (0,0.5,0.5,0,0,0,0,0,0,0) \vee (0,0,0.3,0.3,0,0,0,0,0,0)$$
$$= (0,0.5,0.5,0.3,0,0,0,0,0,0)$$

最后，利用 C^* 可计算得到最终的输出量，具体方法将在 2.9.4 节中介绍。

2.9.4 逆模糊化方法

在 2.9.3 节介绍的两个推理方法中，最后的推理结论均为一模糊集合 C^*，而控制系统的输出必须是一清晰的确定量，因此，需根据 C^* 计算得到离散论域 N_Z 上的一确定数 f，并最终得到 f 对应的输出物理量 z^*，将这一过程称为逆模糊化或清晰化。下面介绍常用的逆模糊化方法：最大隶属度法、左取大法、右取大法和重心法等。

1. 最大隶属度法

设离散论域 $N_Z = \{-5,-4,-3,-2,-1,0,1,2,3,4,5\}$，推理得到的模糊集合 C^* 为

$$C^* = \frac{0}{-5} + \frac{0.1}{-4} + \frac{0.3}{-3} + \frac{0.6}{-2} + \frac{0.8}{-1} + \frac{0.5}{0} + \frac{0.2}{1} + \frac{0}{2} + \frac{0}{3} + \frac{0}{4} + \frac{0}{5}$$

其中，最大隶属度对应的元素为 -1，因此，确定 $f = -1$，然后再根据量化方法，将 -1 转换为真实的物理量 z^*，转换过程这里不再赘述。

2. 左取大法和右取大法

这两种方法实质上还是最大隶属度法。其中，左取大法是指取隶属度函数左边达到最大值所对应的元素值为 f；右取大法则是指取隶属度函数右边达到最大值所对应的元素值为 f。图 2-11 所示的模糊集合 C^* 的隶属函数最大值为一平台，对应多个元素，而按照左取大法或右取大法则可确定唯一的元素。

3. 重心法

无论是最大隶属度法还是左(右)取大法，均是针对隶属函数中的最大值，即只考虑模糊集合 C^* 中的一个点。但一般情况下，如图 2-11 中的隶属函数，C^* 的隶属函数在多个元素处有值，因此，在确定 f 时有必要进行综合考虑。重心法便是基于这样的思路，其计算公式为

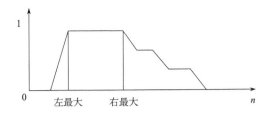

图 2-11 左取大法和右取大法示意图

$$f = \dfrac{\displaystyle\sum_{i=1}^{P} C^*(i)\mu_{C^*}(i)}{\displaystyle\sum_{i=1}^{P} \mu_{C^*}(i)} \tag{2.38}$$

其中，P 为 C^* 中元素的个数。

例 2-26 设模糊集合 $C^* = \dfrac{0}{-5} + \dfrac{0.1}{-4} + \dfrac{0.1}{-3} + \dfrac{0.5}{-2} + \dfrac{0.5}{-1} + \dfrac{0.5}{0} + \dfrac{0.8}{1} + \dfrac{0.8}{2} + \dfrac{0.3}{3} + \dfrac{0.3}{4} + \dfrac{0}{5}$，进行逆模糊化运算，求得确定数 f。

解：

$$
\begin{aligned}
f &= \frac{\displaystyle\sum_{i=1}^{P} C^*(i)\mu_{C^*}(i)}{\displaystyle\sum_{i=1}^{P} \mu_{C^*}(i)} \\
&= \frac{-5\times0 + (-4\times0.1) + (-3\times0.1) + (-2\times0.5) + (-1\times0.5) + (0\times0.5) + 1\times0.8 + 2\times0.8 + 3\times0.3 + 4\times0.3 + 5\times0}{0.1 + 0.1 + 0.5 + 0.5 + 0.5 + 0.8 + 0.8 + 0.3 + 0.3} \\
&= 0.59
\end{aligned}
$$

2.10 模糊控制库函数介绍、实例及 Simulink 仿真

在 MATLAB 软件的模糊逻辑工具箱中，针对标准型模糊逻辑系统提供了详细的分析和设计手段。典型的标准型模糊逻辑系统主要由以下几个部分组成：

(1) 输入输出变量的描述，包括描述语言值和相应的隶属度函数；

(2) 定义模糊系统的模糊控制规则；

(3) 选定模糊系统输入变量的模糊化方法，以及输出变量的去模糊化方法；

(4) 规划模糊系统的模糊推理算法。

利用 MATLAB 模糊逻辑工具箱建立的模糊推理系统数据文件后缀为.fis，通过该文件实现对模糊逻辑系统的存储、修改和管理。

2.10.1 模糊逻辑工具箱函数介绍

1. 创建新的模糊推理系统函数 newfis()

格式：

```
fuzzysysMatrix=newfis('fisName',fisType,andMethod,orMethod,impMethod,ag
gMethod,defuzzMethod)
```

说明：

fuzzysysMatrix——所创建模糊推理系统所对应的矩阵；

fisName——所创建模糊推理系统的名称；

fisType——所创建模糊推理系统的类型；

andMethod——模糊推理系统的与运算操作符；

orMethod——模糊推理系统的或运算操作符；

impMethod——模糊推理系统的模糊蕴涵方法定义；

aggMethod——定义模糊推理系统各条规则推理结果的综合方法；

defuzzMethod——定义模糊推理系统输出变量的去模糊化方法。

2. 获取模糊推理系统的属性函数 getfis()

格式：

```
getfis(fuzzysysMatrix)
```
说明：

fuzzysysMatrix——已创建模糊推理系统对应的矩阵。

作用：返回模糊推理系统的各属性参数值。

3. 显示模糊推理系统的所有属性函数 showfis()

格式：

```
showfis(fuzzysysMatrix)
```
说明：

fuzzysysMatrix——已创建模糊推理系统对应的矩阵。

作用：显示模糊推理系统各参数对应的属性值。

4. 设置模糊推理系统的属性函数 setfis()

格式：

```
fuzzysysMatrix=setfis(fuzzysysMatrix,'fispropname','newfisprop')
fuzzysysMatrix=setfis(fuzzysysMatrix, 'varitype', varindex, 'varpropname',
'newvarprop')
fuzzysysMatrix=setfis(fuzzysysMatrix, 'varitype', varindex, 'mf', mfindex,
'mfpropname','newmfprop')
```
说明：

fuzzysysMatrix——MATLAB 工作空间中模糊推理系统对应的矩阵；

fispropname——设置模糊推理系统的属性字符串(包括 name 模糊推理系统的名称，type 模糊推理系统的类型，andmethod 模糊推理系统的与运算操作，ormethod 模糊推理系统的或运算操作，impmethod 模糊推理系统的模糊蕴涵方法，aggmethod 模糊推理系统各条规则推理结果的综合方法，defuzzmethod 模糊推理系统输出变量的去模糊化方法)；

newfisprop——模糊推理系统中要设置属性或方法名称的字符串；

varitype——模糊推理系统的变量类型字符串：input 或 output；

varindex——模糊推理系统输入或输出变量的索引；

varpropname——设置模糊推理系统的变量域名称字符串：name 或 range；

newvarprop——设置变量名称的一个字符串(对 name 而言)，或变量范围的一个数组(对 range 而言)；

mf——调用 setfis 函数时，所用七个变量中第四个变量字符串，表示模糊逻辑系统的隶属度函数；

mfindex——模糊推理系统中属于所选变量的隶属函数索引；

mfpropname——表示要设置 name 或 type 或 params 属性的隶属函数域名称的字符串；

newmfprop——要设置隶属函数名称或类型域的一个字符串(对 name 或 type 而言)或者是参数范围的一个数组(对 params 而言)。

5. 向磁盘文件中写模糊推理系统函数 writefis()

建立的模糊推理系统以矩阵形式存储在内存中，当需要将该模糊推理系统写入计算机的磁盘文件时，需调用 wirtefis()函数。

格式：

```
writefis(fuzzysysMatrix)
writefis(fuzzysysMatrix,'filename')
writefis(fuzzysysMatrix,'filename','dialog')
```

说明：

fuzzysysMatrix——MATLAB 工作空间中模糊推理系统对应的矩阵名称(当只有该参数时，MATLAB 将打开一个文件存储对话框，提示用户输入存储文件名或选择某原有的磁盘文件)；

filename——设置模糊推理系统在计算机磁盘上的存储文件名；

dialog——MATLAB 打开 filename 为默认文件名的对话框，用户可重新设置新的存储文件名。

6. 从磁盘文件中读模糊推理系统函数 readfis()

格式：

```
fuzzysysMatrix=readfis('filename')
```

说明：

fuzzysysMatrix——MATLAB 工作空间中模糊推理系统对应的矩阵名称；

filename——打开存放模糊推理系统的数据文件名(以".fis"为扩展名)，若调用该函数时未指定文件名，则 MATLAB 将弹出一个文件对话框，用户可从中指定某.fis 文件，并将其打开。

7. 向模糊推理系统中添加语言变量函数 addvar()

格式：

```
fuzzysysMatrix2=addvar(fuzzysysMatrix1,variType, varName,varBounds)
```

说明：

fuzzysysMatrix1、fuzzysysMatrix2——MATLAB 工作空间中模糊推理系统对应的矩阵名称；

variType——设置模糊推理系统中语言变量类型(input 或 output 类型)；

varName——设置模糊推理系统中语言变量的名称；

varBounds——设置模糊推理系统中变量的论域范围。

8. 从模糊推理系统中删除语言变量函数 rmvar()

格式：

```
fuzzysysMatrix2=rmvar(fuzzysysMatrix1,variType,varIndex)
```

说明：

fuzzysysMatrix1、fuzzysysMatrix2——MATLAB 工作空间中模糊推理系统对应的矩阵名称；

variType——设置模糊推理系统中语言变量的类型(input 或 output 类型)；

varIndex——设置模糊推理系统中要删除语言变量的索引。

注：若模糊规则集正在使用某模糊语言变量，则该变量不能被删除。该模糊变量被删除后，MATLAB 模糊逻辑工具集将自动修改其模糊规则集。

9. 对模糊推理系统的语言变量添加隶属度函数 addmf()

格式：

```
fuzzysysMatrix2=addmf(fuzzysysMatrix1,variType,varIndex,mfName,mfType,
mfParams)
```

说明：

fuzzysysMatrix1、fuzzysysMatrix2——MATLAB 工作空间中模糊推理系统对应的矩阵名称；

variType——设置模糊推理系统中语言变量的类型(input 或 output 类型)；

varIndex——设置模糊推理系统中语言变量的索引编号；

mfName——设置添加隶属度函数的名称；

mfType——设置添加隶属度函数的类型；

mfParams——设置添加隶属度函数的参数值。

注：某个语言变量的隶属度函数在 MATLAB 中按照添加的顺序进行索引编号，第一个添加的为 1 号，依次递增。

10. 从模糊推理系统中删除语言变量的一个隶属度函数 rmmf()

格式：

```
fuzzysysMatrix2=rmmf(fuzzysysMatrix1,variType,varIndex,'mf',mfIndex)
```

说明：

fuzzysysMatrix1、fuzzysysMatrix2——MATLAB 工作空间中模糊推理系统对应的矩阵名称；

variType——设置模糊推理系统中语言变量的类型(input 或 output 类型);

varIndex——设置模糊推理系统中语言变量的索引编号;

mfIndex——将被删除隶属度函数的索引编号。

注:若模糊规则集正在使用某隶属度函数,则该函数不能被删除。该隶属度函数被删除后,MATLAB 模糊逻辑工具集将自动修改。

11. 绘制语言变量的隶属度曲线函数 plotmf()

格式:

```
plotmf(fuzzysysMatrix1,variType,varIndex)
```

说明:

fuzzysysMatrix——MATLAB 工作空间中模糊推理系统对应的矩阵名称;

variType——模糊推理系统中语言变量的类型(input 或 output 类型);

varIndex——模糊推理系统中隶属度函数的索引编号。

12. 建立隶属度函数

每个模糊语言变量可能具有多个模糊语言值,如 *NB*(负大)、*NM*(负中)、*NS*(负小)、*ZE*(零)、*PS*(正小)、*PM*(正中)、*PB*(正大)等。每个模糊语言值都对应一个相应的隶属度函数,且隶属度函数有两种描述方式:①数值描述,适用于语言变量的论域为离散情形,此时隶属度函数可用向量或表格表示;②函数描述,适用于论域为连续情形,此时隶属度函数采用函数描述方式。MATLAB 模糊逻辑工具箱支持的隶属度函数有如下几种。

(1) 建立高斯型隶属度函数 gaussmf()。

格式:

```
y=gaussmf(x,[σ c])
```

说明:

高斯型隶属度函数表达式为 $y = \mathrm{e}^{\frac{(x-c)^2}{2\sigma^2}}$;

x——设置高斯型隶属度函数的论域;

c——高斯型隶属度函数的曲线中心点;

σ——高斯型隶属度函数曲线的宽度。

(2) 建立 Sigmoid 型隶属度函数 sigmf()。

格式:

```
y=sigmf(x,[a c])
```

说明:

Sigmoid 型隶属度函数表达式为 $y = \dfrac{1}{1 + \mathrm{e}^{-a(x-c)}}$;

x——设置 Sigmoid 型隶属度函数的论域;

c——Sigmoid 型隶属度函数的曲线中心点;

a——正负号决定了 Sigmoid 型隶属度函数开口为左向或右向。

Sigmoid 型隶属度函数曲线具有半开的形状,适用于"极大""极小"等语言值的隶属度函数。

(3)建立三角形隶属度函数 trimf()。

格式:

```
y=trimf(x,[a b c])
```

说明:

三角形隶属度函数表达式为 $y = \begin{cases} 0 & (x < a) \\ \dfrac{x-a}{b-a} & (a \leqslant x \leqslant b) \\ \dfrac{c-x}{c-b} & (b < x \leqslant c) \\ 0 & (c < x) \end{cases}$;

x——设置三角形隶属度函数的论域;

a、c——三角形隶属度函数三角形曲线的"脚"点;

b——三角形隶属度函数三角形曲线的"峰"点。

(4) 建立 Z 形隶属度函数 zmf()。

格式:

```
y=zmf(x,[a b])
```

说明:

x——设置 Z 形隶属度函数的论域;

a——Z 形隶属度函数样条插值曲线的起点;

b——Z 形隶属度函数样条插值曲线的终点。

(5) 建立梯形隶属度函数 trapmf()。

格式:

```
y=trapmf(x,[a b c d])
```

说明:

梯形隶属度函数表达式为 $y = \begin{cases} 0 & (x < a) \\ \dfrac{x-a}{b-a} & (a \leqslant x \leqslant b) \\ 1 & (b < x < c) \\ \dfrac{d-x}{d-c} & (c \leqslant x \leqslant d) \\ 0 & (d < x) \end{cases}$;

x——设置梯形隶属度函数的论域;

a、d——梯形隶属度函数曲线的"脚"点;

b、c——梯形隶属度函数曲线的"肩膀"点。

(6) 建立广义钟形隶属度函数 gbellmf()。

格式:

```
y=gbellmf(x,[a b c])
```

说明:

广义钟形隶属度函数表达式为 $y = \dfrac{1}{1 + \left| \dfrac{x-c}{a} \right|^{2b}}$；

x——设置钟形隶属度函数的论域；

a——钟形隶属度函数曲线的起始拐点；

b——钟形隶属度函数曲线的最高拐点；

c——钟形隶属度函数曲线的中心点。

在 MATLAB 模糊逻辑工具箱中还提供了很多其他的隶属度函数，如双边高斯型隶属度函数 gauss2mf()、π型隶属度函数 pimf()、双 Sigmoid 型函数乘积构成的隶属度函数 psigmf()、双 Sigmoid 型函数之和构成的隶属度函数 dsigmf()等。请感兴趣的读者参见 MATLAB 的 Help 文件。

13. 不同类型隶属度函数之间的参数转换函数 mf2mf()

格式：

```
outParams=mf2mf(inParams,inType,outType)
```

说明：

inParams——转换前的隶属度函数参数；

outParams——转换后的隶属度函数参数；

inType——转换前的隶属度函数类型；

outType——转换后的隶属度函数类型。

该转换函数能尽量保持转换前后两种不同类型隶属度函数曲线在形状上的类似，但不可避免会丢失一些信息。因此，当再次使用该转换函数进行逆向转换时，可能会无法得到与原函数相同的参数。

例 2-27

```
x=0:0.1:5;
mfparams1=[1 3 5];
mfparams2=mf2mf(mfparams1,'gbellmf','trimf');
plot(x,gbellmf(x,mfparams1),x,trimf(x,mfparams2))
```

转换结果如图 2-12 所示。

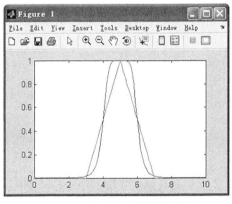

图 2-12 隶属度函数转换结果

14. 模糊逻辑系统中模糊规则的建立与修改函数

在模糊逻辑推理系统中，模糊规则以模糊语言的形式描述人们的知识和经验，以规则的形式反映专家的经验和知识集。通常，模糊规则以"If 条件 then 结果"的形式，将模糊输入语言变量转化为模糊输出语言变量。该形式化表示的模糊规则在很大程度上符合人们通过自然语言对知识进行描述的习惯。

建立模糊规则是构建模糊推理系统的关键。在模糊规则的建立过程中，需要不断根据推理结果对规则进行修正和试凑，以提高推理结果的效果。但在模糊规则的修正和试凑过程中，必须保证模糊规则的完备性和兼容性。MATLAB 提供了如下模糊规则的建立和修改函数。

(1) 向模糊推理系统中添加模糊规则函数 addrule()。

格式：

```
fuzzysysMatrix2=addrule(fuzzysysMatrix1,rulelist)
```

说明：

fuzzysysMatrix1、fuzzysysMatrix2——MATLAB 工作空间中模糊推理系统对应的矩阵名称；

rulelist——需要添加的模糊规则的向量格式要求：如果模糊推理系统有 m 个输入语言变量及 n 个输出语言变量，则该模糊规则向量的列数必须为 $m+n+2$，行数任意。在该 rulelist 向量中，每行的前 m 个数字表示输入语言变量的语言值，随后的 n 个数字表示模糊推理系统输出语言变量的语言值，第 $m+n+1$ 个数字表示该模糊规则的应用权重(取值在 0~1，默认取 1)，第 $m+n+2$ 个数字为 0 或 1(其中，0 表示模糊规则条件中的各语言变量之间为"或"的关系；1 表示模糊规则条件中的各语言变量之间为"与"的关系)。

(2) 解析模糊规则函数 parsrule()。

格式：

```
fuzzysysMatrix2=parsrule(fuzzysysMatrix1,txtRulelist,ruleFormat)
```

说明：

fuzzysysMatrix1、fuzzysysMatrix2——MATLAB 工作空间中模糊推理系统对应的矩阵名称；

txtRulelist——需要解析的模糊语言规则；

ruleFormat——模糊规则的格式(包括语言型 verbose、符号型 symbolic、索引型 indexed)。

(3) 显示模糊规则函数 showrule()。

格式：

```
showrule(fuzzysysMatrix,indexList,format)
```

说明：

fuzzysysMatrix——MATLAB 工作空间中模糊推理系统对应的矩阵名称；

indexList——需要显示的模糊语言规则索引；

format——模糊规则的显示方式(包括语言方式 verbose、符号方式 symbolic、隶属度函数编号方式 indexed)。

15. 模糊逻辑系统的模糊推理计算与模糊输出去模糊化函数

建立好模糊语言变量、隶属度函数以及完成构建模糊推理规则后，便可以利用模糊推理系统进行计算。

(1) 执行模糊推理计算函数 evalfis()。

格式：

```
output=evalfis(input,fuzzysysMatrix)
```

说明：

input——模糊推理系统的输入模糊向量；

output——模糊推理系统的输出模糊向量；

fuzzysysMatrix——MATLAB 工作空间中模糊推理系统对应的矩阵名称。

(2) 执行输出去模糊化函数 defuzz()。

格式：

```
output=defuzz(x,input,'type')
```

说明：

output——去模糊化后的变量；

x——需要去模糊化变量的论域范围；

input——需要去模糊化的模糊集合；

type——去模糊化方法(包括面积中心法 centroid、面积平分法 bisector、平均最大隶属度法 mom、最大隶属度中的最小值法 som、最大隶属度中的最大值法 lom)。

(3) 生成模糊推理系统的输出曲面并显示函数 gensurf()。

格式：

```
gensurf(fuzzysysMatrix)
gensurf(fuzzysysMatrix,inputs,outputs)
gensurf(fuzzysysMatrix,inputs,outputs,grids,refinput)
```

说明：

fuzzysysMatrix——MATLAB 工作空间中模糊推理系统对应的矩阵名称；

inputs——模糊推理系统的一个或多个输入语言变量；

outputs——模糊系统的输出语言变量；

grids——设置模糊推理系统 x 和 y 坐标方向的网络格数据；

refinput——指定经模糊推理系统计算后保持不变的输入变量(当输入变量多于两个时用)。

2.10.2 MATLAB 模糊控制工具箱函数应用实例

随着计算机控制技术的发展，利用人工智能方法将操作人员的经验作为知识存入计算机，使计算机根据现场情况，自动调整控制系统参数，即专家控制系统。但操作者或专家的经验知识很难定量表示，为此通过模糊数学的基本理论把规则、变量用模糊集表示，通过模糊推理实现基于专家知识的最优控制系统。本书将以模糊自适应 PID 控制系统为例，基于前述的 MATLAB 模糊推理函数集，讲解如何应用模糊理论实现模糊控制系统设计。

设被控对象为

$$G_P(s) = \frac{55000}{s^3 + 90.5s^2 + 1000s + 7}$$

第一步：确定模糊自适应 PID 控制系统的输入量及输出量。

为实现对上述对象的最优 PID 控制，要求设计的 PID 控制系统能够根据实际情况，自适应调节如 k_p、k_i、k_d 等参数。为此，以控制器误差 e 及误差变化率 ec 为输入变量，通过基于专家知识的模糊规则，实时调节 PID 参数 k_p、k_i、k_d，以适应不同时刻的控制需求，建立如图 2-13 所示的模糊自适应 PID 控制器。

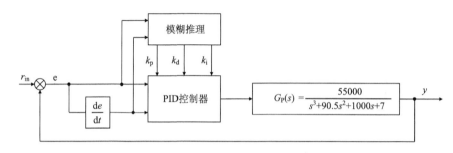

图 2-13　模糊自适应 PID 控制结构

第二步：模糊自适应 PID 控制系统的输入量及输出量的模糊化描述。

定义输入变量 e 及 ec 的模糊集为 $e, ec=\{NB, NM, NS, ZE, PS, PM, PB\}$，对应的论域为 $e, ec=\{-3, -2, -1, 0, 1, 2, 3\}$

定义输出变量 k_p、k_i 及 k_d 的模糊集为 $k_p, k_i, k_d=\{NB, NM, NS, ZE, PS, PM, PB\}$，对应的论域范围为 $k_p=[-0.3\ 0.3]$，$k_i=[-0.06\ 0.06]$，$k_d=[-3\ 3]$。

第三步：模糊自适应 PID 控制系统的模糊化规则描述。

模糊自适应 PID 控制系统设计的核心，即在总结工程人员或专家的技术知识及实际操作经验的基础上，考虑不同时刻 k_p、k_i、k_d 参数在控制系统中的作用及相互之间的关联关系，建立合适的模糊调节规则表。

(1) k_p 参数调节的模糊规则表，如表 2-9 所示。

表 2-9　k_p 参数调节的模糊规则表

k_p　　ec　　e	NB	NM	NS	ZE	PS	PM	PB
NB	PB	PB	PM	PM	PS	ZE	ZE
NM	PB	PB	PM	PS	PS	ZE	NS
NS	PM	PM	PM	PS	ZE	NS	NS
ZE	PM	PM	PS	ZE	NS	NM	NM
PS	PS	PS	ZE	NS	NS	NM	NM
PM	PS	ZE	NS	NM	NM	NM	NB
PB	ZE	ZE	NM	NM	NM	NB	NB

(2) k_d 参数调节的模糊规则表，如表 2-10 所示。

表 2-10 k_d 参数调节的模糊规则表

k_d ec / e	NB	NM	NS	ZE	PS	PM	PB
NB	PS	NS	NB	NB	NB	NM	PS
NM	PS	NS	NB	NM	NM	NS	ZE
NS	ZE	NS	NM	NM	NS	NS	ZE
ZE	ZE	NS	NS	NS	NS	NS	ZE
PS	ZE	ZE	ZE	ZE	ZE	ZE	ZE
PM	PB	NS	PS	PS	PS	PS	PB
PB	PB	PM	PM	PM	PS	PS	PB

(3) k_i 参数调节的模糊规则表，如表 2-11 所示。

表 2-11 k_i 参数调节的模糊规则表

k_i ec / e	NB	NM	NS	ZE	PS	PM	PB
NB	NB	NB	NM	NM	NS	ZE	ZE
NM	NB	NB	NM	NS	NS	ZE	ZE
NS	NB	NM	NS	NS	ZE	PS	PS
ZE	NM	NM	NS	ZE	PS	PM	PM
PS	NM	NS	ZE	PS	PS	PM	PB
PM	ZE	ZE	PS	PS	PM	PB	PB
PB	ZE	ZE	PS	PM	PM	PB	PB

第四步：模糊自适应 PID 控制系统的模糊推理。

模糊推理是模糊控制器根据输入的模糊量，基于设置的模糊控制规则进行推导求解模糊关系方程，获得输出模糊控制量的功能过程。通常采用 Zadeh 近似推理方法对模糊系统进行推导。在 MATLAB 软件中通过调用"模糊推理计算函数 evalfis()"完成模糊推理功能。

第五步：模糊自适应 PID 控制系统输出量的反模糊化。

模糊推理结果的获得表示模糊控制系统的推理功能已经完成，但所获取的结果仍然是一个模糊向量，为此需对其进行变换处理，求取清晰的输出控制量，即对求得的模糊输出量进行解模糊化。在 MATLAB 软件中通过调用"输出去模糊化函数 defuzz()"完成输出量的模糊化过程。其中，去模糊化方法包括面积中心法 centroid、面积平分法 bisector、平均最大隶属度法 mom、最大隶属度中的最小值法 som、最大隶属度中的最大值法 lom 等。

通过获取解模糊化的输出控制量，即可获知模糊自适应 PID 控制系统的 k_p、k_i、k_d

参数调节量：

$$k_{\mathrm{p}} = k_{\mathrm{p}}' + \{e_i, ec_i\}_{\mathrm{p}}$$

$$k_{\mathrm{d}} = k_{\mathrm{d}}' + \{e_i, ec_i\}_{\mathrm{d}}$$

$$k_{\mathrm{i}} = k_{\mathrm{i}}' + \{e_i, ec_i\}_{\mathrm{i}}$$

借助前述 MATLAB 提供的模糊逻辑系统库函数，以及模糊自适应 PID 控制系统的建立过程，可方便地设计该模糊控制器。

为实现对被控对象 $G_{\mathrm{P}}(s)$ 的计算机控制，设置采样周期为 1ms，将其进行 Z 变换，可求得离散化的被控对象为

$$y_{\mathrm{out}}(n) = -\mathrm{den}(2) * y_{\mathrm{out}}(n-1) - \mathrm{den}(3) * y_{\mathrm{out}}(n-2) - \mathrm{den}(4) * y_{\mathrm{out}}(n-3)$$
$$+ \mathrm{num}(1) * u(n) + \mathrm{num}(2) * u(n-1) + \mathrm{num}(3) * u(n-2) + \mathrm{num}(4) * u(n-3)$$

其中，den 及 num 为被控对象 $G_{\mathrm{P}}(s)$ 分子、分母多项式降幂排列的系数向量。

设定位置输入指令为 $r(n) = \mathrm{sign}(\sin(2\pi t))$。

首先，建立模糊推理系统，程序如下：

```
clear all;%清空MATLAB工作空间中的原有变量
close all;%关闭MATLAB当前的所有运行程序
Fuzzy_PID=newfis('FuzzyPID_Controller');%创建模糊推理系统
%向模糊PID系统中添加e输入量

Fuzzy_PID=addvar(Fuzzy_PID,'input','e',[-3,3]);
%向模糊PID系统中添加e输入量的隶属度函数
Fuzzy_PID=addmf(Fuzzy_PID,'input',1,'NB','zmf',[-3,-1]);
Fuzzy_PID=addmf(Fuzzy_PID,'input',1,'NM','trimf',[-3,-2,0]);
Fuzzy_PID=addmf(Fuzzy_PID,'input',1,'NS','trimf',[-3,-1,1]);
Fuzzy_PID=addmf(Fuzzy_PID,'input',1,'ZE','trimf',[-2,0,2]);
Fuzzy_PID=addmf(Fuzzy_PID,'input',1,'PS','trimf',[-1,1,3]);
Fuzzy_PID=addmf(Fuzzy_PID,'input',1,'PM','trimf',[0,2,3]);
Fuzzy_PID=addmf(Fuzzy_PID,'input',1,'PB','smf',[1,3]);

%向模糊PID系统中添加ec输入量
Fuzzy_PID=addvar(Fuzzy_PID,'input','ec',[-3,3]);
%向模糊PID系统中添加ec输入量的隶属度函数
Fuzzy_PID=addmf(Fuzzy_PID,'input',2,'NB','zmf',[-3,-1]);
Fuzzy_PID=addmf(Fuzzy_PID,'input',2,'NM','trimf',[-3,-2,0]);
Fuzzy_PID=addmf(Fuzzy_PID,'input',2,'NS','trimf',[-3,-1,1]);
Fuzzy_PID=addmf(Fuzzy_PID,'input',2,'ZE','trimf',[-2,0,2]);
Fuzzy_PID=addmf(Fuzzy_PID,'input',2,'PS','trimf',[-1,1,3]);
Fuzzy_PID=addmf(Fuzzy_PID,'input',2,'PM','trimf',[0,2,3]);
Fuzzy_PID=addmf(Fuzzy_PID,'input',2,'PB','smf',[1,3]);

%向模糊PID系统中添加kp输出量
Fuzzy_PID=addvar(Fuzzy_PID,'output','kp',[-0.3,0.3]);
```

```
%向模糊PID系统中添加kₚ输出量的隶属度函数
Fuzzy_PID=addmf(Fuzzy_PID,'output',1,'NB','zmf',[-0.3,-0.1]);
Fuzzy_PID=addmf(Fuzzy_PID,'output',1,'NM','trimf',[-0.3,-0.2,0]);
Fuzzy_PID=addmf(Fuzzy_PID,'output',1,'NS','trimf',[-0.3,-0.1,0.1]);
Fuzzy_PID=addmf(Fuzzy_PID,'output',1,'ZE','trimf',[-0.2,0,0.2]);
Fuzzy_PID=addmf(Fuzzy_PID,'output',1,'PS','trimf',[-0.1,0.1,0.3]);
Fuzzy_PID=addmf(Fuzzy_PID,'output',1,'PM','trimf',[0,0.2,0.3]);
Fuzzy_PID=addmf(Fuzzy_PID,'output',1,'PB','smf',[0.1,0.3]);


%向模糊PID系统中添加kᵢ输出量
Fuzzy_PID=addvar(Fuzzy_PID,'output','ki',[-0.06,0.06]);
%向模糊PID系统中添加kᵢ输出量的隶属度函数
Fuzzy_PID=addmf(Fuzzy_PID,'output',2,'NB','zmf',[-0.06,-0.02]);
Fuzzy_PID=addmf(Fuzzy_PID,'output',2,'NM','trimf',[-0.06,-0.04,0]);
Fuzzy_PID=addmf(Fuzzy_PID,'output',2,'NS','trimf',[-0.06,-0.02,0.02]);
Fuzzy_PID=addmf(Fuzzy_PID,'output',2,'ZE','trimf',[-0.04,0,0.04]);
Fuzzy_PID=addmf(Fuzzy_PID,'output',2,'PS','trimf',[-0.02,0.02,0.06]);
Fuzzy_PID=addmf(Fuzzy_PID,'output',2,'PM','trimf',[0,0.04,0.06]);
Fuzzy_PID=addmf(Fuzzy_PID,'output',2,'PB','smf',[0.02,0.06]);


%向模糊PID系统中添加k_d输出量
Fuzzy_PID=addvar(Fuzzy_PID,'output','kd',[-3,3]);
%向模糊PID系统中添加k_d输出量的隶属度函数
Fuzzy_PID=addmf(Fuzzy_PID,'output',3,'NB','zmf',[-3,-1]);
Fuzzy_PID=addmf(Fuzzy_PID,'output',3,'NM','trimf',[-3,-2,0]);
Fuzzy_PID=addmf(Fuzzy_PID,'output',3,'NS','trimf',[-3,-1,1]);
Fuzzy_PID=addmf(Fuzzy_PID,'output',3,'ZE','trimf',[-2,0,2]);
Fuzzy_PID=addmf(Fuzzy_PID,'output',3,'PS','trimf',[-1,1,3]);
Fuzzy_PID=addmf(Fuzzy_PID,'output',3,'PM','trimf',[0,2,3]);
Fuzzy_PID=addmf(Fuzzy_PID,'output',3,'PB','smf',[1,3]);


%根据模糊规则表2-9~表2-11,建立模糊PID系统的模糊控制规则
rulelist=[1 1 7 1 5 1 1;
    1 2 7 1 3 1 1;
    1 3 6 2 1 1 1;
    1 4 6 2 1 1 1;
    1 5 5 3 1 1 1;
    1 6 4 4 2 1 1;
    1 7 4 4 5 1 1;

    2 1 7 1 5 1 1;
    2 2 7 1 3 1 1;
    2 3 6 2 1 1 1;
```

```
2 4 5 3 2 1 1;
2 5 5 3 2 1 1;
2 6 4 4 3 1 1;
2 7 3 4 4 1 1;

3 1 6 1 4 1 1;
3 2 6 2 3 1 1;
3 3 6 3 2 1 1;
3 4 5 3 2 1 1;
3 5 4 4 3 1 1;
3 6 3 5 3 1 1;
3 7 3 5 4 1 1;

4 1 6 2 4 1 1;
4 2 6 2 3 1 1;
4 3 5 3 3 1 1;
4 4 4 4 3 1 1;
4 5 3 5 3 1 1;
4 6 2 6 3 1 1;
4 7 2 6 4 1 1;

5 1 5 2 4 1 1;
5 2 5 3 4 1 1;
5 3 4 4 4 1 1;
5 4 3 5 4 1 1;
5 5 3 5 4 1 1;
5 6 2 6 4 1 1;
5 7 2 7 4 1 1;

6 1 5 4 7 1 1;
6 2 4 4 5 1 1;
6 3 3 5 5 1 1;
6 4 2 5 5 1 1;
6 5 2 6 5 1 1;
6 6 2 7 5 1 1;
6 7 1 7 7 1 1;

7 1 4 4 7 1 1;
7 2 4 4 6 1 1;
7 3 2 5 6 1 1;
7 4 2 6 6 1 1;
7 5 2 6 5 1 1;
7 6 1 7 5 1 1;
```

```
                7 7 1 7 7 1 1];
%向模糊PID控制系统中添加模糊规则
Fuzzy_PID=addrule(Fuzzy_PID,rulelist);
%设置模糊PID控制系统的输出量去模糊化方法(采用面积中心法)
Fuzzy_PID=setfis(Fuzzy_PID,'DefuzzMethod','centroid');
%存储建立的模糊PID系统
writefis(Fuzzy_PID,'FuzzyPID_Controller');
%从计算机磁盘上读取已建立的模糊PID系统
Fuzzy_PID=readfis('FuzzyPID_Controller');

%绘制模糊PID的相关视图
figure(1);
plotmf(Fuzzy_PID,'input',1);
figure(2);
plotmf(Fuzzy_PID,'input',2);
figure(3);
plotmf(Fuzzy_PID,'output',1);
figure(4);
plotmf(Fuzzy_PID,'output',2);
figure(5);
plotmf(Fuzzy_PID,'output',3);
figure(6);
plotfis(Fuzzy_PID);
```

在 MATLAB 中运行上述程序,可得图 2-14~图 2-19 所示的仿真结果。图中通过 plotmf() 绘制了输入变量 e、ec 及输出变量 k_p、k_i、k_d 的隶属度函数设计结果。并通过 plotfis() 绘制了根据表 2-9~表 2-11 模糊规则设计的模糊 PID 控制系统结构图。

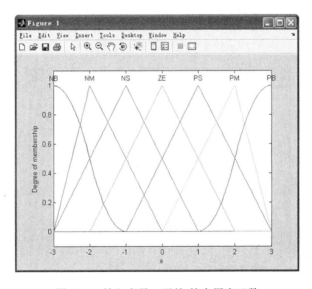

图 2-14　输入变量 e(误差)的隶属度函数

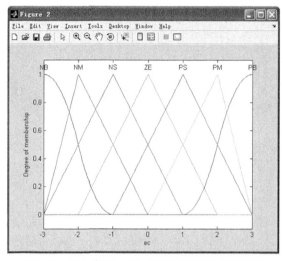

图 2-15　输入变量 ec(误差变化率)的隶属度函数

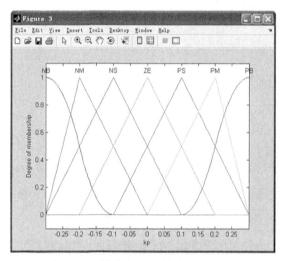

图 2-16　输出变量 k_p 的隶属度函数

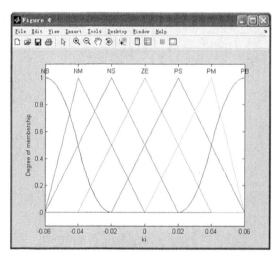

图 2-17　输出变量 k_i 的隶属度函数

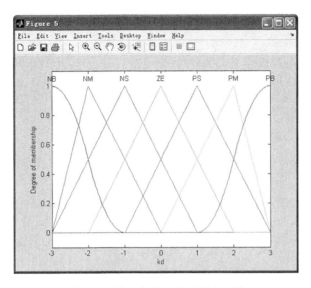

图 2-18　输出变量 k_d 的隶属度函数

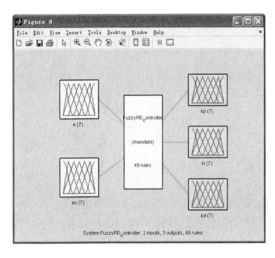

图 2-19　模糊 PID 系统结构

　　然后，基于上述建立的模糊推理系统，编制 PID 参数 k_p、k_i、k_d 的调节程序，并对被控对象进行控制作用，得到如图 2-20~图 2-25 的结果。

```
%模糊PID控制器应用例程
close all; %关闭MATLAB当前的所有运行程序
clear all; %清空MATLAB工作空间中的原有变量

%从计算机磁盘上读取已建立的模糊PID系统FuzzyPID_Controller.fis
Fuzzy_PID=readfis('FuzzyPID_Controller');
%设置模糊PID系统的采样周期为1ms
ts=0.001;
%建立被控对象的MATLAB函数表述
```

```
sys=tf(55000,[1,90.5,4200,7]);
%将被控对象离散化处理
dsys=c2d(sys,ts,'tustin');
%获取离散化被控对象的分子、分母排列向量
[num,den]=tfdata(dsys,'v');


%初始化控制量及输出量
u_1=0.0;u_2=0.0;u_3=0.0;
y_1=0;y_2=0;y_3=0;


%初始化输入量
x=[0,0,0]';

Input_e=0;
Input_ec=0;


%定义kp、kd及ki的初始值
initial_kp=0.25;
initial_kd=3.0;
initial_ki=0.0;


for n=1:1:6000
time(n)=n*ts;


%定义控制器的位置指令信号
r(n)=sign(sin(2*pi*time(n)));
%基于模糊逻辑推理系统实时调节模糊PID的kp、ki、kd参数
%执行模糊PID控制器的模糊推理计算函数evalfis()，获取kp、ki、kd参数的调节量
Adjust_pid=evalfis([Input_e,Input_ec],Fuzzy_PID);
kp(n)=initial_kp+Adjust_pid(1);
ki(n)=initial_ki+Adjust_pid(2);
kd(n)=initial_kd+Adjust_pid(3);
```

%计算PID控制器的输出控制量 $u(n)=k_{\mathrm{p}}e(n)+\dfrac{T}{T_{\mathrm{i}}}\displaystyle\sum_{n=0}^{k}e(n)+\dfrac{T_{\mathrm{d}}}{T}\big[e(n)-e(n-1)\big]$

```
u(n)=kp(n)*x(1)+kd(n)*x(2)+ki(n)*x(3);
```

% 根据式 $y_{\mathrm{out}}(n)=-\mathrm{den}(2)*y_{\mathrm{out}}(n-1)-\mathrm{den}(3)*y_{\mathrm{out}}(n-2)-\mathrm{den}(4)*y_{\mathrm{out}}(n-3)+\mathrm{num}(1)*u(n)+\mathrm{num}(2)*$ $u(n-1)+\mathrm{num}(3)*u(n-2)+\mathrm{num}(4)*u(n-3)$ 计算被控对象在位置输入指令情况下的输出量

```
y(n)=-den(2)*y_1-den(3)*y_2-den(4)*y_3+num(1)*u(n)+num(2)*u_1+num(3)*u_2
+num(4)*u_3;
%计算输入位置指令值与被控对象输出值之间的偏差
e(n)=r(n)-y(n);
```

```
    u_3=u_2;
    u_2=u_1;
    u_1=u(n);


    y_3=y_2;
    y_2=y_1;
    y_1=y(n);
```

%计算PID控制量输出式 $u(n)=k_{\mathrm{p}}e(n)+\dfrac{T}{T_{\mathrm{i}}}\displaystyle\sum_{n=0}^{k}e(n)+\dfrac{T_{\mathrm{d}}}{T}\left[e(n)-e(n-1)\right]$ 用到的变量值

```
    x(1)=e(n);
    x(2)=e(n)-Input_e;
    x(3)=x(3)+e(n)*ts;


    Input_ec=x(2);
    e_2=Input_e;
    Input_e=e(n);
end
```

%绘制被控对象在模糊PID控制器作用下的仿真结果图
```
figure(1);
plot(time,r,'b',time,y,'r');
xlabel('time(s)');ylabel('rin,yout');
figure(2);
plot(time,e,'r');
xlabel('time(s)');ylabel('error');
figure(3);
plot(time,u,'r');
xlabel('time(s)');ylabel('u');
figure(4);
plot(time,kp,'r');
xlabel('time(s)');ylabel('kp');
figure(5);
plot(time,ki,'r');
xlabel('time(s)');ylabel('ki');
figure(6);
plot(time,kd,'r');
xlabel('time(s)');ylabel('kd');
```

　　在MATLAB中首先运行前面程序建立的模糊PID控制器,再运行上述程序后(若不先运行前面程序,直接运行上述程序,则MATLAB软件会有错误信息提示),可得图2-20~图2-25所示的仿真结果。

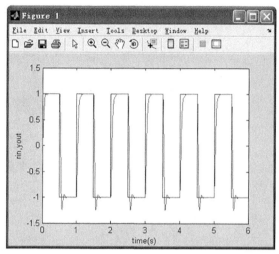

图 2-20 被控系统在模糊 PID 控制器作用下的输入与输出信号仿真

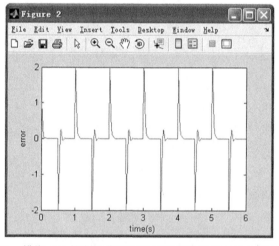

图 2-21 模糊 PID 控制器作用下被控对象的输出与输入信号误差

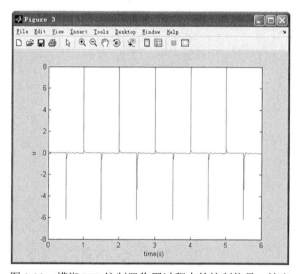

图 2-22 模糊 PID 控制器作用过程中的控制信号 u 输出

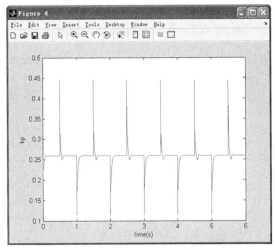

图 2-23　模糊 PID 控制器作用过程中的 k_p 调节过程

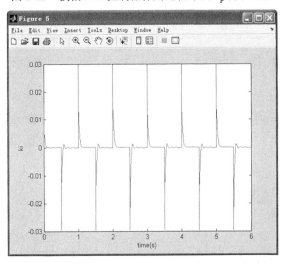

图 2-24　模糊 PID 控制器作用过程中的 k_i 调节过程

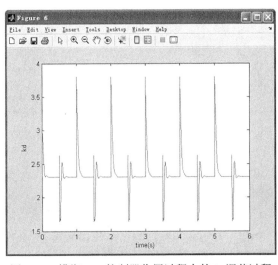

图 2-25　模糊 PID 控制器作用过程中的 k_d 调节过程

2.10.3 基于实例的模糊控制 MATLAB/Simulink 仿真介绍

Simulink 的模糊逻辑控制器方块图是一个建立在 S-函数 sffis.mex 基础上的屏蔽模块。

在 MATLAB/Simulink 窗口的"Fuzzy Logic Toolbox"节点上双击，可打开模糊逻辑工具箱模块库，如图 2-26 所示。

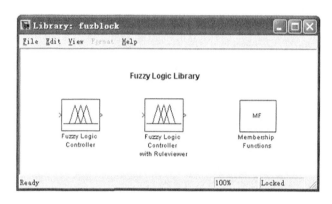

图 2-26　MATLAB/Simulink 中模糊逻辑工具箱模块库

图 2-26 中包含模糊逻辑控制器(Fuzzy Logic Controller)、带规则浏览器的模糊逻辑控制器(Fuzzy Logic Controller with Ruleviewer)、隶属度函数(Membership Functions)。用鼠标双击模块库图标，可对模块参数进行设置或打开多种隶属度函数模块的模块库，如图 2-27 所示。

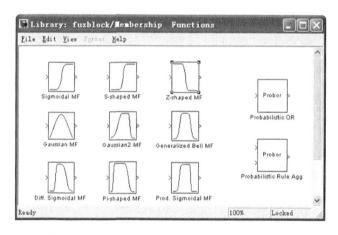

图 2-27　MATLAB/Simulink 隶属度函数模块库

本书以 MATLAB/Simulink 软件提供的水位模块控制仿真系统为实例，讲解如何应用 Simulink 模块设计模糊逻辑控制器来解决实际控制问题。

在 MATLAB 命令窗口中输入"demo"命令，在弹出的窗体左边选择"Fuzzy Logic"工具箱，单击"Water Level Control in a Tank"，弹出如图 2-28(b)所示"sltankrule"的 Simulink 仿真结构图。图 2-28(a)为被控水箱示意模型图。

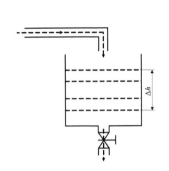

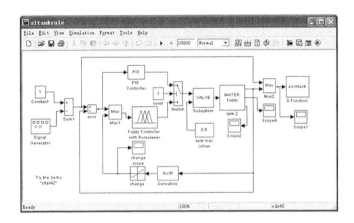

(a)水箱示意模型　　　　　　　　　　　　　(b)水箱控制仿真模型

图 2-28　MATLAB/Simulink 中的水位模糊控制系统仿真模型

图中水位控制模糊规则如下：

(1) IF (水位偏差满足设定范围，且保持稳定) then (控制阀门开度大小不变)；

(2) IF (水位偏差超出设定范围，且低于设定值) then (控制阀门开度变大)；

(3) IF (水位偏差超出设定范围，且高于设定值) then (控制阀门开度关闭)；

(4) IF (水位偏差满足设定范围，但向增大方向变化) then (控制阀门开度缓慢关闭)；

(5) IF (水位偏差满足设定范围，但向减小方向变化) then (控制阀门开度缓慢打开)。

为向图 2-28 模糊控制器中添加上述模糊控制规则，首先应打开 MATLAB 的模糊逻辑推理系统编辑器。

在 MATLAB 的命令窗口中键入"Fuzzy"按回车键，得到如图 2-29 所示的"FIS Editor"对话框。

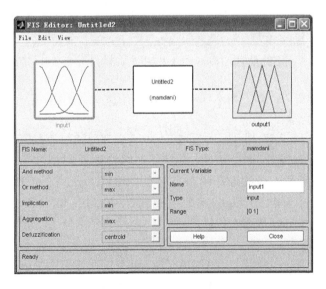

图 2-29　MATLAB 模糊逻辑推理系统编辑器

图 2-29 中窗口上半部分以图形框的形式给出了模糊推理系统的组成部分：模糊变量输入(input1)、模糊推理规则(mamdani)、模糊变量输出(output1)。鼠标双击该部分中的"input1""mamdani""output1"图框，可打开相应的输入变量编辑器、模糊规则编辑器及输出变量编辑器窗口。图中的下半部分，列出了该模糊推理系统的类型、名称及属性。用户可用鼠标单击相应的数据选择框进行设置("And method"与运算、"Or method"或运算、"Implication"蕴涵运算、"Aggregation"极大运算、"Defuzzification"去模糊化运算)。同时，下半部分给出了当前选定模糊语言变量"Current Variable"的名称、类型及相应的论域范围。

选中图 2-29 中"input1"模块，将图 2-29 下半部分"Name"框的"input1"改为"level"，表示水位输入量。单击"Edit"菜单中"Add Variable"，在弹出的菜单中单击"Input"，并将添加的"input2"的"Name"名改为"rate"，表示水位的变化率输入量。单击图2-29 中的"output1"模块，将其"Name"名改为"value"，表示阀门的开度控制输出量。更改属性后的结果如图 2-30 所示。

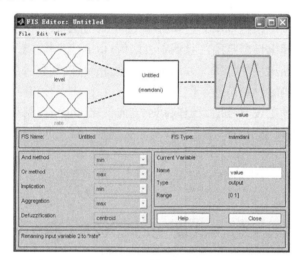

图 2-30　定义 MATLAB/Simulink 模糊控制器输入输出属性后的结果

双击图 2-30 中的"level"输入模块，弹出隶属度函数编辑器(Membership Function Editor)，如图 2-31 所示。

单击图 2-31 中"level"模块，在图 2-31 中下半部分的取值范围(Range)输入框及显示范围(Display Range)输入框中填写[−1,1]。隶属度函数类型(Type)从选择框中选择"gaussmf"(高斯形函数)。依次选择图 2-31 中的"mf1""mf2""mf3"曲线，将"Name"及"Params"属性分别设定为：high, [0.3 −1]; okay, [0.3 0]; low, [0.3 1]。其中，"high"表示水位比要求高；"okay"表示水位满足要求；"low"表示水位比要求低。设置后的"level"输入量结果如图 2-32 所示。

单击图 2-31 中"rate"模块，在图 2-31 下半部分的取值范围(Range)输入框及显示范围(Display Range)输入框中填写[−1, 1]。隶属度函数类型(Type)从选择框中选择"gaussmf"(高斯型函数)。依次选择图 2-31 中的"mf1""mf2""mf3"曲线，将"Name"及"Params"属性分别设定为：negative, [0.03 −0.1]; none, [0.03 0]; positive, [0.03 0.1]。其中，"negative"

表示水位变化率为负值；"none"表示水位变化率保持不变；"positive"表示水位变化率为正值。设置后的"rate"输入量结果如图 2-33 所示。

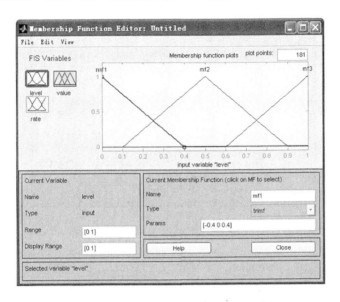

图 2-31 MATLAB/Simulink 隶属度函数编辑器

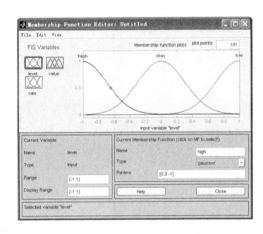
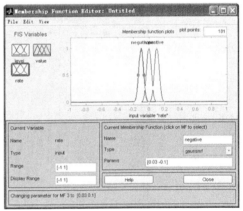

图 2-32 模糊输入量 level 隶属度函数编辑结果   图 2-33 模糊输入量 rate 隶属度函数编辑结果

　　单击图 2-31 中"value"模块，在图 2-31 下半部分的取值范围(Range)输入框及显示范围(Display Range)输入框中填写[−1, 1]。隶属度函数类型(Type)从选择框中选择"trimf"(三角形函数)。依次选择图 2-31 中的"mf1""mf2""mf3""mf4""mf5"曲线，将"Name"及"Params"属性分别设定为：close_fast, [−1 −0.9 −0.8]; close_slow, [−0.6 −0.5 −0.4]; no_change, [−0.1 0 0.1]; open_slow, [0.2 0.3 0.4]; open_fast, [0.8 0.9 1]。其中，"close_fast"表示阀门快速关闭；"close_slow"表示阀门缓慢关闭；"no_change"表示阀门开度保持不变；"open_slow"表示阀门缓慢打开；"open_fast"表示阀门快速打开。设置后的"value"输出量结果如图 2-34 所示。

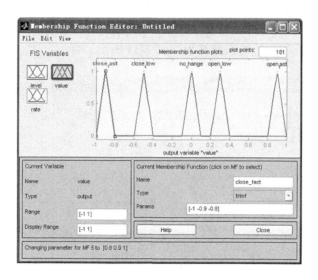

图 2-34   模糊输出量 value 隶属度函数编辑结果

单击图 2-30 中的"mamdani"模块，在"Name"框中填写模糊推理系统名称
"waterposition"。双击该模块，在弹出的水位模糊规则编辑器(Rule Editor: waterposition)
对话框中，添加前述定义的模糊控制规则，得到如图 2-35 所示的结果。

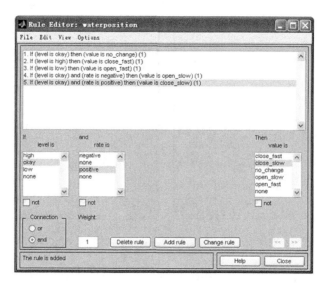

图 2-35   MATLAB/Simulink 中水位模糊控制规则编辑器

利用图 2-30 所示编辑器的 File 菜单中的"Export"→"to Workspace"，将建立的
水位模糊推理控制系统保存到 MATLAB 的工作空间。

双击图 2-28 中"Fuzzy Controller with Ruleviewer"，在弹出对话框的"FIS matrix"
框中输入"waterposition"，如图 2-36 所示。

FIS (mask) (link)

FIS with a ruleviewer for fuzzy logic rules.

Parameters

FIS matrix

waterposition

Refresh rate (sec)

2

| OK | Cancel | Help | Apply |

图 2-36　水位模糊控制器参数设置对话框

在图 2-28 中的水位 Simulink 仿真模型中，单击菜单"Simulation"下的"Configuration Parameters"选项，在弹出的对话框中填写相关仿真参数，如图 2-37 所示。

Configuration Parameters: sltankrule/Configuration

Select:
Solver
Data Import/Export
Optimization
□ Diagnostics
　Sample Time
　Data Validity
　Type Conversion
　Connectivity
　Compatibility
　Model Referencing
Hardware Implemen...
Model Referencing
□ Real-Time Workshop
　Comments
　Symbols
　Custom Code
　Debug
　Interface

Simulation time

Start time: 0　　　　　　　　　　　　Stop time: 10000

Solver options

Type:　　　　　Variable-step　　　Solver:　　　　ode45 (Dormand-Prince)
Max step size:　0.2　　　　　　　Relative tolerance: 1e-3
Min step size:　auto　　　　　　Absolute tolerance: 1e-6
Initial step size:　auto
Zero crossing control: Use local settings
□ Automatically handle data transfers between tasks

| OK | Cancel | Help | Apply |

图 2-37　水位模糊控制 Simulink 仿真参数设置对话框

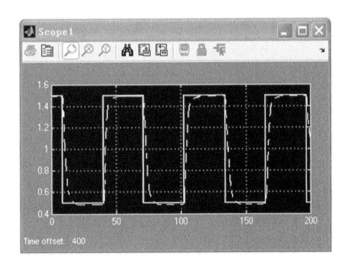

图 2-38　水位模糊控制仿真结果

单击图 2-28 中的 Simulink 仿真启动按钮，得到如图 2-38 所示的水位变化(图中虚线表示)对指令水位(图中实线表示)控制跟踪仿真结果。

2.11 习　　题

2-1　设计模糊控制器实现被控对象的位置跟踪控制。被控对象为

$$G(s) = \frac{750}{s^2 + 500s + 35}$$

输入位置指令为余弦信号 $0.5\cos(1.5\pi t)$。

2-2　针对单倒立摆的平衡问题，设计相应的模糊控制系统。已知倒立摆的动力学方程为

$$\begin{cases} \dot{x}_1 = x_2 \\ \dot{x}_2 = \dfrac{g\sin(x_1) - amlx_2^2\sin(2x_1)/2 - a\cos(x_1)u}{4l/3 - aml\cos^2(x_1)} \end{cases}$$

其中，x_1 表示倒立摆与垂直线的偏角；x_2 表示角速度；$g = 9.8\,\text{m/s}^2$ 表示重力加速度；m 表示倒立摆的质量；$2l$ 表示摆长；系数 $a = l/(M+m)$，M 表示小车的质量；u 表示作用于小车的作用力。且 $m = 2\text{kg}$、$M = 8\text{kg}$、$2l = 1\text{m}$。

第3章 神经网络控制技术

神经网络是由众多简单的神经元连接而成的一个网络。人的大脑实际上是由很复杂的神经网络所组成的，正是因为这些神经网络的作用，人才得以理解眼、耳、鼻等感觉器官传来的信息。例如，人的听觉神经网络能够在喧闹的环境中识别出对方的声音；人的视觉神经网络能够在不到 1s 的时间内辨认出多年未见的老朋友；人的智能神经网络能够归纳出某一长篇文章的中心思想。另外，人脑的神经网络具有学习能力和创造能力，它能从环境中学习，从书本中学习，从所经历的事件中学习，并能利用所学到的知识去创造新的知识。为了提高目前人造机器的能力，人们对人脑的工作机理进行了长期不懈的探索和模拟，逐步形成了一门新的学科——人工神经元网络，简称人工神经网络。人工神经网络从结构上、学习规则上模拟人脑神经网络。由于人工神经网络具有很强的自适应性和学习能力、非线性映射能力、鲁棒性和容错能力，研究人员充分利用这些特性并将其应用于控制领域，可使控制系统的智能程度大幅度提升。

人工神经网络控制在控制系统中具有多种模式，例如，利用神经网络模拟动态系统，充当控制对象模型；在反馈控制中直接充当控制器；在传统控制系统中利用神经网络优化参数等。总之，人工神经网络控制在实际应用中需要根据被控对象的特点灵活构建控制系统，只有这样才能够充分发挥其优越性，达到提升控制系统智能程度的目的。

神经网络最早的研究是由 20 世纪 40 年代心理学家 McCulloch 和数学家 Pitts 合作提出的，他们提出的 M-P 模型拉开了神经网络研究的序幕。神经网络的发展大致经过了三个阶段。1947~1969 年为初期，在这期间科学家提出了许多神经元模型和学习规则，如MP 模型、Hebb 学习规则和感知器等。1970~1986 年为过渡期，这个期间神经网络研究经过了一个低潮，继续发展。在此期间，科学家做了大量的工作，如 Hopfield 对网络引入了能量函数的概念，给出了网络的稳定性判据，提出了用于联想记忆和优化计算的途径。1984 年，Hiton 提出了 Boltzman 机模型。1986 年 Kumelhart 等提出误差反向传播神经网络，简称 BP 网络。目前，BP 网络已成为广泛使用的网络。1987 年至今为发展期，在此期间，神经网络受到国际重视，各个国家都展开研究，形成神经网络发展的另外一个高潮。神经网络具有以下优点。

(1) 可以充分逼近任意复杂的非线性关系。

(2) 具有很强的鲁棒性和容错性，因为信息是分布存储于网络内的神经元中。

(3) 并行处理方法，使得计算速度快。

(4) 可以处理不确定或不知道的系统，因为神经网络具有自学习和自适应能力。

(5) 具有很强的信息综合能力，能同时处理定量和定性的信息，能很好地协调多种输入信息关系，适用于多信息融合和多媒体技术。

神经网络的应用非常广泛，如图 3-1 所示，在水果自动化分级生产线上，需要将苹果根据大小、品相进行分级。这需要计算机控制系统具有类似人的智慧的智能性，人工神经元网络非常适合这类系统需求。

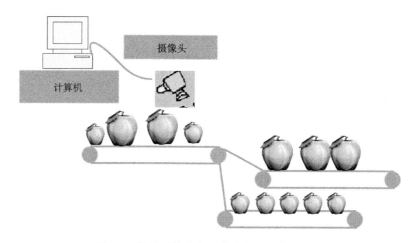

图 3-1　神经网络在水果自动化分级中的应用

3.1　神经网络基础

3.1.1　生物神经元简述

生物神经元结构如图 3-2 所示，在高等动物的神经细胞中，除了特殊的无"轴突"神经元，一般每个神经元都从自身细胞体内伸出一个粗细均匀、表面光滑的突起，长度从微米到 1m 左右，称为"轴突"。轴突的功能是传出细胞体内的神经信息。

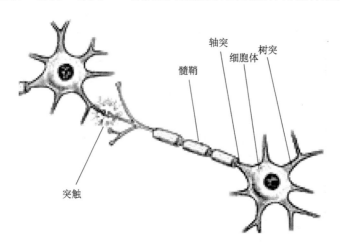

图 3-2　生物神经元结构

另外，细胞体还延伸出像树枝一样向四处分散的突起，其作用是感受其他神经元的传递信号，称为"树突"。

轴突末端有许多细的分支，是神经末梢，每一条神经末梢可以与其他神经元形成功能性接触，该接触部位称为"突触"。

细胞体相当于一个初等的处理器，它对来自其他神经元的神经信号进行总体求和，如果求和结果足够大，则产生一个神经输出信号。一般细胞膜将细胞体内外分开，细胞体外电位通常高于内部电位 70mV 左右，当细胞体内电位升高约 20mV 时，该细胞被激活，其内部电位自发地急速升高。大约 1ms 细胞内部电位升高 100mV 左右。此后，细胞体内电位又急速下降，回到初始值。这一过程称为细胞的兴奋过程。整个兴奋过程产生一个宽度为 1ms、幅值在 100mV 左右的脉冲。

当细胞体经历一次兴奋之后，即使受到很强的刺激，也不会立刻产生另一次兴奋，这段时间称为绝对不应期，不应期结束后，细胞恢复正常，可再次被正常激活。神经元具有两种常规工作状态：兴奋与抑制，即满足 0,1 律。

3.1.2 人工神经元基础

1. 基本模型

人工神经网络结构和工作机理基本上是以人脑的组织结构与活动规律为背景的，它是人脑的某种抽象简化和模仿。各种神经网络的基本单元均为图 3-3(a)所示的标准人工神经元。

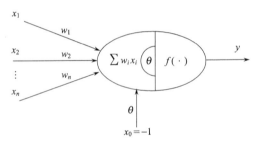

(a) 标准神经元数学模型

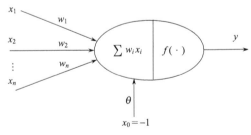

(b) 常用神经元数学模型

图 3-3　神经元数学模型

一个人工神经元模型由输入、输出、权值、激活函数组成，是一个多输入单输出元件。输入由 n 个变量 $x_1, x_2, \cdots, x_n$ 组成。

权值变量 $w_1, w_2, \cdots, w_n$ 与输入个数相同，表示输入与神经元的连接强度。$\sum w_i x_i$ 称为激活值，表示这个神经元的输入总和。

阈值 θ 表示神经元激活的起始值，若输入信号的激活值超过阈值，则人工神经元被激活。

输出是激活值和阈值之差的函数，该函数用 $f(\cdot)$ 表示，称为激活函数。

由上可知，人工神经元(以下简称神经元，相应的人工神经元网络，简称神经网络)模型的输入输出关系为

$$y = f\left(\sum_{j=1}^{n} w_j x_j - \theta\right) \tag{3.1}$$

有时，为表达清晰、简单，采用矩阵运算，对于具有 $x_1, x_2, \cdots, x_n$ 共 n 个输入的神经元，把阈值 θ 当作输入 $x_0 = -1$，权值 $w_0 = \theta$ 对待。标准神经元模型变为如图 3-3(b)所示的常用神经元模型，其表达式如下所示：

$$y = f\left(\sum_{j=0}^{n} w_j x_j\right) \tag{3.2}$$

2. 激活函数的类型

激活函数有许多种类型，其中比较常用的激活函数有以下几种。

1) 阈值型函数

阈值型激活函数结构最为简单，它是由美国心理学家 McCulloch 和数学家 Pitts 共同提出的。因此，常常称为 M-P 模型。其函数输出为二值(1、0，或+1、−1)，分别代表神经元的兴奋和抑制。

如图 3-4(a)所示，单极性阈值型激活函数输出值为 0 和 1，表达式如式(3.3)所示，最早的人工神经网络感知器采用阈值型函数作为激活函数。

$$f(x) = \begin{cases} 1 & (x \geqslant 0) \\ 0 & (x < 0) \end{cases} \tag{3.3}$$

如图 3-4(b)所示，双极性阈值型激活函数输出值为+1 和−1，表达式为

$$f(x) = \begin{cases} 1 & (x \geqslant 0) \\ -1 & (x < 0) \end{cases} \tag{3.4}$$

MATLAB 的神经网络工具箱中 hardlim 函数为单极性阈值型激活函数，hardlims 为双极性阈值型激活函数。

2) 饱和型函数

饱和型函数是阈值型函数与纯线性函数的总和，如图 3-4(c)所示，其表达式为

$$f(x) = \begin{cases} 1 & (x \geqslant 1/k) \\ kx & (-1/k \leqslant x < 1/k) \\ -1 & (x < -1/k) \end{cases} \tag{3.5}$$

3) 双曲函数

双曲函数是指采用双曲正切函数的转移函数，如图 3-4(d)所示，表达式为

$$\tanh = \frac{\sinh x}{\cosh x} = \frac{\mathrm{e}^x - \mathrm{e}^{-x}}{\mathrm{e}^x + \mathrm{e}^{-x}} \tag{3.6}$$

其中，$\sinh x = \dfrac{e^x - e^{-x}}{2}$；$\cosh x = \dfrac{e^x + e^{-x}}{2}$。

4) S 型函数

S 型(Sigmoid 响应特性)激活函数的输出特性比较软，其输出状态的取值范围为[0,1]或[−1,1]，它的硬度可由一系数 λ 调节。当输出范围为[0,1]时为单极型 S 型激活函数，如图 3-4(e)所示，其表达式为

$$f\left(x\right) = \frac{1}{1 + \exp(-\lambda x)} \qquad (\lambda > 0) \tag{3.7}$$

当输出范围为[−1,1]时为双极型 S 型激活函数，表达式为

$$f\left(x\right) = \frac{2}{1 + \exp(-\lambda x)} - 1 \qquad (\lambda > 0) \tag{3.8}$$

当 λ 趋于无穷大时，S 型曲线趋于阶跃函数。

MATLAB 的神经网络工具箱中对数 S 型函数 logsig 的表达式如式(3.9)所示，双曲正切 S 型函数 tansig 的表达式如式(3.10)所示。这两个函数常被选为 BP 神经网络的隐层激活函数。

$$\text{logsig}(x) = \frac{1}{(1 + \exp(-x))} \tag{3.9}$$

$$\text{tansig}(x) = \frac{2}{(1 + \exp(-2x)) - 1} \tag{3.10}$$

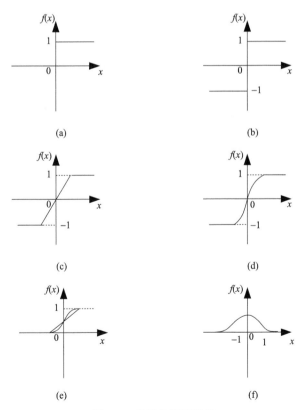

图 3-4　常见的激活函数

5) 高斯函数

高斯函数如图 3-4(f)所示,其表达式如式(3.11)所示。MATLAB 神经网络工具箱中 radbas 函数的表达式如(3.12)所示, 该函数是径向基神经网络隐层的激活函数。

$$f(x) = e^{-x^2/\delta^2} \tag{3.11}$$

$$\text{radbas}(x) = \exp(-x^2) \tag{3.12}$$

3. 几种常见的神经元

神经网络是由多个神经元按照一定的规则组合而成的,在学习常见神经网络之前,有必要学习几种常见的神经元,透彻理解了神经元之后,在学习神经网络时应注意体会单元与整体的关系。例如, 一个三层 BP 网络的中间层是一层对数 S 型神经元或双曲正切 S 型神经元,输出层是一层线性神经元;一个三层径向基神经网络的中间层是一层径向基神经元,输出层是一层线性神经元。

1) 线性神经元

线性神经元的结构如图 3-5 所示, 由图可知, 一个线性神经元包含阈值和激活函数 f。线性神经元的激活函数为纯线性函数。通常 BP 神经网络和径向基神经网络的输出层由一个或多个线性神经元组成。

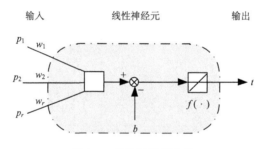

图 3-5　线性神经元结构

2) 感知器神经元(二进制神经元)

感知器神经元的结构如图 3-6 所示, 由图可知, 一个感知器神经元与线性神经元唯一不同的是激活函数。感知器神经元的激活函数为阈值型函数。由一层感知器神经元可以组成单层感知器网络, 由多层感知器神经元能够组成多层感知器网络。单层感知器神经网络即可以实现对线性可分的两类模式的几何分类。

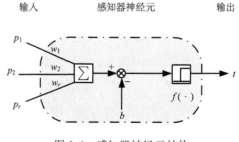

图 3-6　感知器神经元结构

3) 对数 S 型神经元

将图 3-5 中的激活函数替换为对数 S 型激活函数即可构成一个对数 S 型神经元。该神经元常作为 BP 网络的中间层。

4) 径向基神经元

径向基神经元是径向基神经网络的基础，由于径向基神经网络能够以任意精度逼近任意连续函数，且比 BP 网络具有更少的训练时间，所以该神经元是必须掌握的一种神经元。如图 3-7 所示，径向基神经元的结构与线性神经元等有很大不同。阈值 b 和激活函数构成了径向基神经元。由于径向基神经元的激活函数的特殊性，其输入不是输入与权值的乘积之和，而是输入矢量与权值矢量的"距离"与阈值的乘积。径向基神经元的数学模型如式(3.13)和式(3.14)所示。

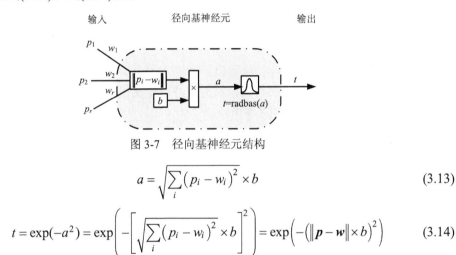

图 3-7　径向基神经元结构

$$a = \sqrt{\sum_i \left(p_i - w_i\right)^2} \times b \tag{3.13}$$

$$t = \exp(-a^2) = \exp\left(-\left[\sqrt{\sum_i \left(p_i - w_i\right)^2} \times b\right]^2\right) = \exp\left(-\left(\|\boldsymbol{p} - \boldsymbol{w}\| \times b\right)^2\right) \tag{3.14}$$

其中，神经元的阈值 b 可以调节径向基函数的"宽度"，当组成径向基神经网络时，会影响该神经元对网络的影响程度，或称"灵敏度"。实际工作中，更常用另一个参数 C(称为扩展常数)代替阈值 b，阈值 b 与扩展常数 C 的关系有多种定义。在 MATLAB 工具箱中，定义 $b=0.8326/C$，此时，径向基神经元的输出变为

$$t = \exp\left(-\left[\frac{\sqrt{\sum_i \left(p_i - w_i\right)^2} \times 0.8326}{C}\right]^2\right) = \exp\left(-0.8326^2 \times \left(\frac{\|\boldsymbol{p} - \boldsymbol{w}\|}{C}\right)^2\right) \tag{3.15}$$

由式(3.15)可以很清楚地看出，径向基神经元的输出是输入矢量 $\boldsymbol{p}$ 在中心 $\boldsymbol{w}$ 的宽度与 C 有关的高斯函数。

3.1.3　神经网络的结构

由多个神经元按照一定的结构组织起来，就可构成神经网络。神经网络结构分为两大类：层状结构和网状结构。

层状结构的神经网络是由若干层组成的，每层中有一定数量的神经元，相邻层中神经元单向连接，一般同层内的神经元不能连接。一般输入层接受外部的输入信号，并由

各输入单元传递给直接相连的中间层单元。中间层负责内部处理，与外部无直接连接，故常将神经网络中间层称为隐含层。

网状结构的神经网络中，任何两个神经元之间都可能双向连接。Hopfield 网络、波尔兹曼机模型结构均属此类。

下面介绍四种常见的网络结构：前向网络(前馈网络)、反馈网络、相互结合型网络和混合型网络。

1. 前向网络(前馈网络)

图 3-8 为简单的前向网络结构示意图，输入信息由输入层进入网络，经过中间层的信息处理，由输出层输出。这是最简单的分层网络结构，所谓前向网络是由分层网络逐层模式变换处理的方向而得名的。典型的前向网络如 BP 网络。

2. 反馈网络

反馈网络属于分层网络结构，从输出层到输入层有反馈，既可接收来自其他节点的反馈输入，又可包含输出引回到本身输入构成的自环反馈。反馈的回路形成闭环，这与生物神经网络的结构相似，如图 3-9 所示。

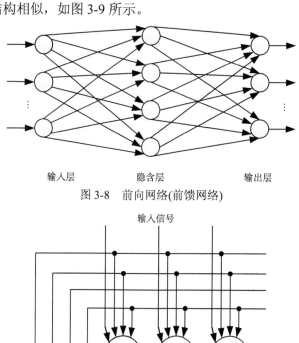

图 3-8　前向网络(前馈网络)

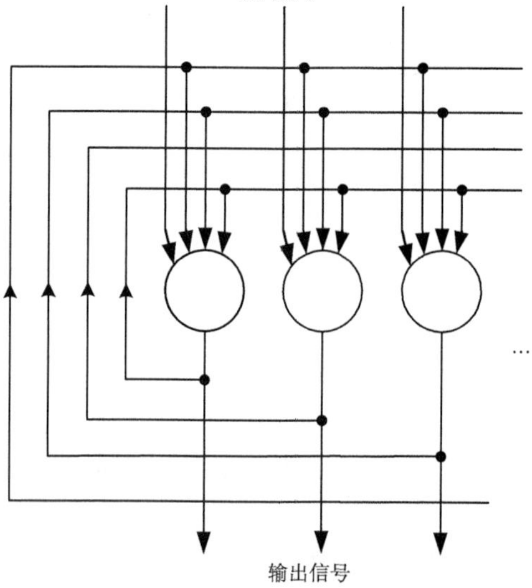

图 3-9　反馈网络

3. 相互结合型网络

相互结合型网络属于网状结构，构成网络的各个神经元都可能相互双向连接，如图 3-10 所示。若某一时刻从神经网络外部施加一个输入，各个神经元一边相互作用，一边进行信息处理，直到使网络所有神经元的活性度或输出值收敛于某个平均值时，信息处理结束。

4. 混合型网络

混合型网络连接方式介于前向网络和相互结合型网络之间，在同一层内有互连，目的是限制同层内神经元同时兴奋或抑制的神经元数目，以完成特定的功能，如图 3-11 所示。

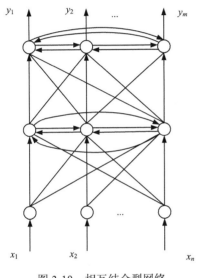 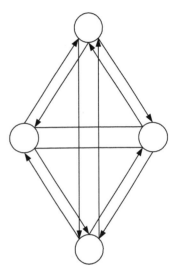

图 3-10　相互结合型网络　　　　　图 3-11　混合型网络

3.1.4　神经网络的表达

图 3-12 是一种典型的前馈网络结构图，通常将网络的输入、权值、输出以矢量形式表述。

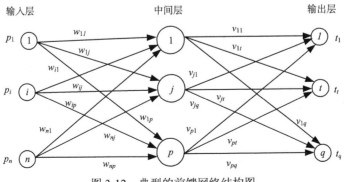

图 3-12　典型的前馈网络结构图

输入向量：$P = (p_1, p_2, \cdots, p_n)^{\mathrm{T}}$。

输出向量：$T = (t_1, t_2, \cdots, t_q)^{\mathrm{T}}$。

中间层单元输入向量：$S = (s_1, s_2, \cdots, s_p)^{\mathrm{T}}$。

中间层单元的输出向量：$B = (b_1, b_2, \cdots, b_p)^{\mathrm{T}}$。

输出层单元的输入向量：$L = (l_1, l_2, \cdots, l_q)^{\mathrm{T}}$。

输出层单元的输出向量：$C = (c_1, c_2, \cdots, c_q)^{\mathrm{T}}$。

输入层至中间层的连接权值：$w_{ij}, i = 1, 2, \cdots, n, j = 1, 2, \cdots, p$。

输入层至中间层神经元 j 的连接权值向量：$W_j = (w_{1j}, w_{2j}, \cdots, w_{nj})$，$j = 1, 2, \cdots, p$。

中间层至输出层的连接权值：$v_{jt}, j = 1, 2, \cdots, p, \ t = 1, 2, \cdots, q$。

中间层至输出层神经元 t 的连接权值向量：$V_t = (v_{1t}, v_{2t}, \cdots, v_{pt})$，$t = 1, 2, \cdots, q$。

中间层各单元的输出阈值：$\theta_j, j = 1, 2, \cdots, p$。

输出层各单元的输出阈值：$\gamma_t, t = 1, 2, \cdots, q$。

其中，w_{ij} 表示神经元 i 与 j 之间的连接权，i 为源神经元，j 为目的神经元。

中间层各单元的输入 s_j 和输出 b_j 为

$$s_j = \sum_{i=1}^{n} w_{ij} p_i - \theta_j \quad (j = 1, 2, \cdots, p) \tag{3.16}$$

$$b_j = f(s_j) \quad (j = 1, 2, \cdots, p) \tag{3.17}$$

输出层各神经元的输入和输出为

$$l_t = \sum_{j=1}^{p} v_{jt} b_j - \gamma_t \quad (t = 1, 2, \cdots, q) \tag{3.18}$$

$$c_t = f(l_t) \quad (t = 1, 2, \cdots, q) \tag{3.19}$$

3.2 神经网络的学习方法

由 3.1 节内容可知神经网络是由输入、输出、权值、激活函数等组成的一个系统。这个系统既取决于内部各神经元连接的网络结构，又取决于权值的大小以及激活函数。人们希望神经网络能够实现像人脑一样的功能，如计算、判断、分类、记忆等。当神经网络的结构确定以后，输出与输入之间的关系由权值来确定。没有经过学习的网络如同没有经过学习的小孩。没有学习过汉字的小孩见到"牛""羊""马"等汉字会模模糊糊认为有些不同，几乎头脑里不能形成任何清晰的认识。但是小孩通过学习后，能够将汉字、读音互相联系起来，并且能够在一段文字里找到他学会的汉字。这样的情景很多人都经历过，其实这就是人脑的学习过程，通过学习，网络输出输入之间混乱的联系变成清晰、直接、确定的联系。人工神经网络的学习目的也是使输出与输入之间具有清晰、直接、确定的联系。这些信息都保存于网络每个神经元的权值中。总之，神经网络学习的过程就是调整权值的过程。学习结束，权值也就确定了，最终形成固定的神经网络。

从数学的角度来说，神经网络常常被用来拟合非线性函数。与数学里经常采用的多项式拟合方法类似，需要改变各个系数使得函数能够与样本重合。神经网络必须调整网络参数，使得网络的输出与样本重合。这里的参数通常是各层间的权值。神经网络的其他应用如分类，实质也可以归纳为拟合，分类结果是函数输出的一种拟合。

对于人来讲，学习的方法每个人都有所不同，其效果也不相同。"依样画葫芦""照猫画虎"都是根据已有的"图样"学习。"摸着石头过河""投石问路"这些没有以往经验，而是边实践边学习。

1. 通用学习规则

一个神经元可以认为是一个自适应单元，其权值可以根据它所接受的输入信号、输出信号以及对应的监督信号进行调整。1990 年，日本学者 AMARI 提出了一种通用的神经网络权值调整的通用规则。神经元的输入用向量 P 表示，神经元的连接权向量为 W。通用学习规则可以表述为：神经元在 k 时刻的权向量调整量 $\Delta W(k)$ 与 k 时刻的输入 $P(k)$ 和学习信号 r 的乘积成正比。通用学习规则的重要性在于将各种学习规则在形式上进行统一，更易于理解神经网络的学习过程。

2. 联想式学习——Hebb 规则

Hebb 学习规则是由 Hebb 提出的，该学习规则是神经网络的基本学习规则，目前虽不直接应用于网络学习，但几乎所有的学习规则都是 Hebb 学习规则的变形。Hebb 学习规则可以描述为：如果神经网络中某一神经元与另一直接与其相连的神经元同时处于兴奋状态，那么这两个神经元间的连接强度应该加强。

神经元 i 是神经元 j 的上层结点，用 t_i、t_j 分别表示两个神经元的输出，w_{ij} 表示两个神经元的连接权，则权重变化为

$$\Delta w_{ij} = \eta t_i t_j \tag{3.20}$$

其中，η 是学习率常数($\eta > 0$)。

MATLAB 神经网络工具箱中 Hebb 学习函数为 learnh，其算法为

$$\Delta w = lr \times a \times P \tag{3.21}$$

其中，lr 为学习速率；a 为神经元输出；P 为神经元输入向量，考虑到神经元的输入即为上层神经元的输出，权重变化与式(3.20)一致。另外，MATLAB 还提供了另外一个 Hebb 学习函数为 learnhd，其算法为

$$\Delta W = lr \times a \times P - dr \times W \tag{3.22}$$

其中，dr 为时延系数。

按照通用学习规则的定义，Hebb 学习的学习信号等于神经元的输出。

3. 离散感知器学习规则

1957 年，美国计算机科学家罗森布拉特提出单层感知器网络。对于激活函数为阈值函数的离散感知器神经元，规定学习规则为：学习信号等于神经元期望输出与实际输出之差，即

$$r = d - t = d - \mathrm{sgn}(W^{\mathrm{T}}P) \tag{3.23}$$

由通用学习规则的定义可写出离散感知器学习规则为

$$\Delta W = \eta r P = \eta(d - \text{sgn}(W^{\mathrm{T}}P))P = \pm 2\eta P \tag{3.24}$$

其中，d 和 $\text{sgn}(W^{\mathrm{T}}P)$ 都属于集合 $\{-1,1\}$。

4. Delta 学习规则

1986 年 McClelland 和 Rumelhart 提出 Delta 学习规则。Delta 学习规则的学习信号规定如下所示：

$$r = [d - f(W^{\mathrm{T}}X)]f'(W^{\mathrm{T}}X) = (d - t)f'(W^{\mathrm{T}}X) \tag{3.25}$$

实际上 Delta 学习规则是根据输出值与期望值之间的最小平方误差条件推导出来的，定义神经元的最小平方误差 E 为连接权向量 W 的函数，如下所示：

$$E = \frac{1}{2}(d - t)^2 = \frac{1}{2}\left[d - f\left(W^{\mathrm{T}}P\right)\right]^2 \tag{3.26}$$

欲使 E 最小，ΔW 应与 E 的负梯度成正比，即

$$\begin{aligned}\Delta W &= -\eta \nabla E = \eta\left[d - f\left(W^{\mathrm{T}}P\right)\right] \cdot \left[-f'\left(W^{\mathrm{T}}P\right)P\right] \\ &= -\eta(d - t)f'\left(W^{\mathrm{T}}P\right)P\end{aligned} \tag{3.27}$$

式(3.27)中的学习信号与式(3.25)相同。

3.3 感知器网络

20 世纪 50 年代，美国心理学家 Frank Roseblatt 首次提出了感知器神经网络(Perceptron)，这是一种简单的前向型网络。虽然感知器的功能和结构非常简单，但是它是第一个真正优秀的神经网络。对感知器网络的研究、分析和设计，可以为其他网络的分析和设计提供理论依据与基础知识，非常适合作为神经网络学习的起点。

感知器网络可以分为单层感知器网络和多层感知器网络。

1. 网络结构

单层感知器网络是指只有一层处理单元的感知器，包括输入输出在内，共有两层。其拓扑结构如图 3-13 所示。输入层本身不进行数据处理，只负责数据的导入。感知器层

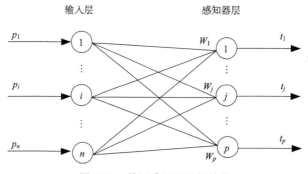

图 3-13 单层感知器网络结构

是由一层感知器神经元构成的，其激活函数为阈值函数，在 MATLAB 神经网络工具箱中可选硬限幅函数 Hardlim 和对称硬限幅函数 Hardlims 两种。

单层感知器网络的参数可以描述如下：

输入向量为 $P = (p_1, p_2, \cdots, p_n)^T$；

输出向量为 $T = (t_1, t_2, \cdots, t_p)^T$；

输入层至输出层的权值为 $w_{ij}, i = 1, 2, \cdots, n, j = 1, 2, \cdots, p$；

输入层至输出层神经元 j 的连接权值向量为 $W_j = (w_{1j}, w_{2j}, \cdots, w_{nj})$，$j = 1, 2, \cdots, p$。

由感知器神经元的基础可知，输出层每一个神经元的输出为

$$t_j = \text{sgn}\left(\sum_{i=1}^{n} w_{ij} p_i - b_j\right)$$

2. 特性

由于感知器神经网络采用阈值激活函数，其输出为 0 或 1，所以很容易按照数学的方法对其进行分析，研究其特性。以一个双输入单输出的感知器神经元为例，如图 3-14 所示。其输入向量为 $P = (p_1, p_2)^T$，输入向量在几何上对应二维平面内的一个点。输入样本即是二维平面内的多个点。按照感知器神经元的定义，其输出为

$$t = \begin{cases} 1 & (w_{1j} p_1 + w_{2j} p_2 - b_j > 0) \\ 0 & (w_{1j} p_1 + w_{2j} p_2 - b_j < 0) \end{cases} \tag{3.28}$$

由式(3.28)知，在二维平面内存在一条直线，所有的输入样本分为两类，一类输出值为 1，位于这条直线的上方；另一类输出值为 0，几何位置处于直线的下方；如图 3-15 所示。这条直线的方程为

$$w_{1j} p_1 + w_{2j} p_2 - b_j = 0 \tag{3.29}$$

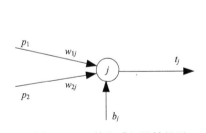

图 3-14　二输入感知器神经元

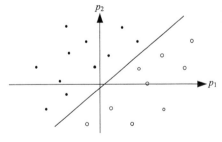

图 3-15　二输入感知器神经元分类功能

由以上分析可知，二输入感知器神经元实现了如何判断二维几何平面内的点，并将其分为两类，其分界线是一条由权值、阈值确定的直线。继续分析神经元的计算过程会发现，神经元采用的是一种类人的方法实现分类功能的。首先，在神经元设计之初，权值和阈值可以是随机的，由它们确定的直线也是随机的，并不能将所有的输入点进行分类。然后，神经元通过调整，对每一个点进行"测试"，如果点和线的位置关系正确，则直线不动。否则，调整直线位置使点和线的位置与期望一致。调整直线位置就是通过调整权值和阈值的大小实现的。因为神经元的学习过程是对每一个输入都要进行一次的，

即如果这些点能够通过一条直线就分开,则最终一定会通过调整直线位置实现分类功能。调整后的直线信息保留在权值和阈值中,而且最终获得的这条直线不是唯一的,这完全类似于人的操作。

二维几何平面内的输入样本,当不能用一条直线进行分类时,需要将双输入感知器神经元推广为具有两个输入两个输出的单层感知器网络。二输入二输出的单层感知器网络的每个输出神经元确定一条直线,两条直线形成一个凸域,将输入样本分为区域内和区域外。不难理解,当将单层感知器网络推广至两个输入多个输出时,每个神经元确定一条直线,多条直线形成一个多边形的凸域。每个节点对应凸域的一个边,每增加一个节点,凸域的边数增加 1,分类能力相应地有所增加,如图 3-16 所示。

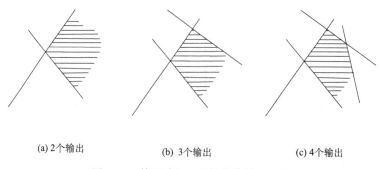

(a) 2个输出　　　　　　(b) 3个输出　　　　　　(c) 4个输出

图 3-16　单层感知器网络分类效果示意

二维平面内的输入样本,有时不能用一个凸域进行分类。下面考虑如何用感知器网络解决这一问题。从上面的分析已知单层感知器网络的输出层神经元在二维几何平面内确定了一个凸域。如果在单层感知器网络输出层之后再增加一层感知器神经元,构成多层感知器网络,则意味着是在已经确定的凸域内进行分类,而不是在二维几何平面进行分类。多层感知器网络的分类效果如图 3-17 所示。

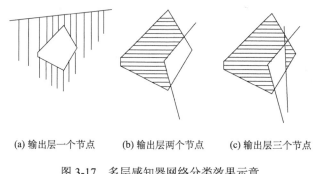

(a) 输出层一个节点　　　(b) 输出层两个节点　　　(c) 输出层三个节点

图 3-17　多层感知器网络分类效果示意

有关感知器网络,Minsky 和 Papert 于 1969 年经过多年的研究后指出:简单的感知器只能求解线性可分问题,能够求解非线性问题的感知器应当具有隐层。但是,从感知器网络的学习规则看,其学习信号为期望与输出的差,而隐层不存在期望值。因此,单层感知器网络的学习规则不适合多层感知器网络的学习。也就是说多层感知器网络的学习问题一直没有解决,从而限制了它的应用。在 MATLAB 神经网络工具箱中,感知器神经网络就限定为单层感知器网络，对于多层感知器需要自行设计，这一点需要注意。

3. 学习规则

单层感知器的学习信号为期望与输出之差，这一点在 3.2 节已经做过介绍。在这里总结一下在设计网络和编制程序时进行网络学习的算法步骤。

已知输入向量 $P = [p_1, p_2, \cdots, p_n]^{\mathrm{T}}$，输出向量 $T = [t_1, t_2, \cdots, t_p]^{\mathrm{T}}$，设计一单层感知器网络，单层感知器网络共由 p 个神经元组成。神经网络训练可以按照以下步骤进行。

(1) 对各连接权值 $W_j = (w_{1j}, w_{2j}, \cdots, w_{nj})$ 和阈值 b_j，$j = 1, 2, \cdots, p$，赋予较小的非零随机数。

(2) 将输入向量、权值向量改写为 $P = [-1, p_1, p_2, \cdots, p_n]^{\mathrm{T}}$ 和 $W_j = (b_j, w_{1j}, w_{2j}, \cdots, w_{nj})$。

(3) 对 $\{P^k, T^k\}$，$k = 1, 2, \cdots, m$，m 为样本对的数量，从第一对输入样本 $\{P^k, T^k\}$，$k = 1$，开始训练，计算各节点的实际输出：

$$y_j^k(t) = \mathrm{sgn}(W_j^{\mathrm{T}} P^k) \quad (j = 1, 2, \cdots, p) \tag{3.30}$$

$$r_j^k = t_j^k - y_j^k(t) \quad (j = 1, 2, \cdots, p) \tag{3.31}$$

$$W_j(t+1) = W_j(t) + \eta (r_j^k)^{\mathrm{T}} P^k \quad (j = 1, 2, \cdots, p) \tag{3.32}$$

其中，η 为学习速率，一般取 $0 < \eta \leqslant 1$，η 值过大会影响训练稳定性，太小则训练速度过慢。

(4) 增大 $k=k+1$，返回(3)继续，直到 $k=m$，经过一次调整。在此过程中记录 $r_j^k \neq 0$ 的个数 O。

(5) 如果 $O \neq 0$，返回(3)继续，否则，继续训练。

例 3-1　两个输入两个输出的感知器，输入向量为 $P = [p_1, p_2]^{\mathrm{T}}$，输出向量为 $T = [t_1, t_2]^{\mathrm{T}}$，权值向量 $W_1 = [w_{11}, w_{21}]^{\mathrm{T}} = [2, 1]^{\mathrm{T}}$，$W_2 = [w_{12}, w_{22}]^{\mathrm{T}} = [2, -1]^{\mathrm{T}}$，阈值向量为 $B_1 = [b_1, b_2]^{\mathrm{T}} = [1, 2]^{\mathrm{T}}$，求当输入样本为 $R = [p_1, p_2]^{\mathrm{T}} = [3, 4]^{\mathrm{T}}$ 时的输出。

解： $t_1 = \mathrm{sgn}\left(\sum_{i=1}^{n} w_{i1} p_i - b_1\right) = \mathrm{sgn}(w_{11} p_1 + w_{21} p_2 - b_1) = \mathrm{sgn}(2 \times 3 + 1 \times 4 - 1) = 1$

$t_2 = \mathrm{sgn}\left(\sum_{i=1}^{n} w_{i2} p_i - b_2\right) = \mathrm{sgn}(w_{12} p_1 + w_{22} p_2 - b_2) = \mathrm{sgn}[2 \times 3 + (-1) \times 4 - 2] = 0$

例 3-2　考虑一个简单的分类问题。设计一个感知器网络实现分类。输入矢量为 $P = [-0.5 \ -0.5 \ 0.3 \ 0; \ -0.5 \ 0.5 \ -0.5 \ 1]$，目标矢量为 $T = [1.0 \ 1.0 \ 0 \ 0]$。

解： 采用 MATLAB 编写如下程序：

```
P=[-0.5,-0.5,0.3,0;-0.5,0.5,-0.5,1];
T=[1,1,0,0];
net=newp(minmax(P),1,'hardlim','learnp');
net=train(net,P,T);
W=net.IW{1,1}
b=net.b.
```

由 MATLAB 得到训练后的权值和阈值为 $w_1 = -2.1$，$w_2 = -0.5$，$b = 0$。

3.4　BP　网　络

在人工神经网络发展历史中，在很长一段时间里都没有找到隐层的连接权值调整问题的有效算法。直到误差反向传播算法(BP 算法)的提出，它成功地解决了求解非线性连续函数的多层前馈神经网络权重调整问题。BP 网络是 1986 年由以 Rumelhart 和 McCelland 为首的科学家小组提出的，是一种按误差逆传播算法训练的多层前馈网络，是目前应用最广泛的神经网络模型之一。BP 网络能学习和存储大量的输入-输出模式映射关系，而无需事前揭示描述这种映射关系的数学方程。它的学习规则是使用最速下降法，通过反向传播来不断调整网络的权值和阈值，使网络误差的平方和最小。BP 神经网络模型拓扑结构包括输入层(input)、隐层(hide layer)和输出层(output layer)。

3.4.1　BP 网络模型

如图 3-18 所示，以一个三层 BP 网络为例介绍 BP 网络的建立、训练和使用原理。这个网络的输入层有 n 个神经元，中间层(隐层)具有 p 个神经元，输出层具有 q 个神经元。

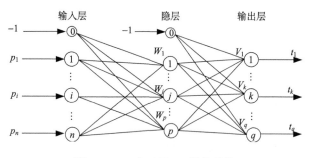

图 3-18　一个三层 BP 网络结构

三层 BP 网络可以描述为

输入向量为 $P = (-1, p_1, p_2, \cdots, p_n)^{\mathrm{T}}$，其中增加的输入常量–1 是为隐层神经元引入阈值而设置的；

隐层输入为 $Y = (-1, y_1, y_2, \cdots, y_n)^{\mathrm{T}}$，其中增加的输入常量–1 是为输出层神经元引入阈值而设置的；

输出向量为 $T = (t_1, t_2, \cdots, t_p)^{\mathrm{T}}$。

输入层至隐层神经元 j 的连接权值向量为 $W_j = (w_{0j}, w_{1j}, w_{2j}, \cdots, w_{nj})$，$j = 1, 2, \cdots, p$。其中，$w_{0j}$ 是隐层第 j 个神经元的阈值。

隐层至输出层神经元 k 的连接权值向量为 $V_k = (v_{0k}, v_{1k}, v_{2k}, \cdots, v_{nk})$，$k = 1, 2, \cdots, q$。其中，$v_{0k}$ 是输出层第 k 个神经元的阈值。

BP 网络的计算关系如下。

隐层数据计算为

$$net_j = \sum_{i=0}^{n} w_{ij} p_i \quad (j=1,2,\cdots,p) \tag{3.33}$$

$$y_j = f(net_j) \quad (j=1,2,\cdots,p) \tag{3.34}$$

输出层计算为

$$net_k = \sum_{j=0}^{p} v_{jk} y_j \quad (k=1,2,\cdots,q) \tag{3.35}$$

$$t_k = f(net_k) \quad (k=1,2,\cdots,q) \tag{3.36}$$

BP 网络隐层和输出层的激活函数必须为连续可微函数，常用单极性或双极性的 S 型函数。在 MATLAB 神经网络工具箱内提供了对数 S 型激活函数 logsig 和正切 S 型激活函数 tansig 以及线性激活函数 purelin 三种。

3.4.2 BP 网络学习算法

1. BP 网络误差与网络学习

当网络输出与期望输出不同时，认为网络存在误差，并定义误差为

$$E = \frac{1}{2}(d-T)^2 = \frac{1}{2}\sum_{k=1}^{q}(d_k - t_k)^2 \tag{3.37}$$

由式(3.33)~式(3.36)得

$$
\begin{aligned}
E &= \frac{1}{2}\sum_{k=1}^{q}\left[d_k - f(net_k)\right]^2 \\
&= \frac{1}{2}\sum_{k=1}^{q}\left[d_k - f\left(\sum_{j=0}^{p} v_{jk} y_j\right)\right]^2 \\
&= \frac{1}{2}\sum_{k=1}^{q}\left\{d_k - f\left[\sum_{j=0}^{p} v_{jk} f\left(\sum_{i=0}^{n} w_{ij} p_i\right)\right]\right\}^2
\end{aligned}
\tag{3.38}
$$

显然 BP 网络的计算误差是各层权值 w_{ij}, v_{jk} 的函数，通过调整权值可以改变误差 E 的大小，这里网络隐层和输出层的阈值信息包含在权值里。由数值分析理论可知，为使误差不断地减小，应按照误差的梯度下降方向调整权值，即

$$
\begin{aligned}
\Delta w_{ij} &= -\eta \frac{\partial E}{\partial w_{ij}} \quad (i=0,1,2,\cdots,n; j=1,2,\cdots,p) \\
\Delta v_{jk} &= -\eta \frac{\partial E}{\partial v_{jk}} \quad (j=0,1,2,\cdots,p; k=1,2,\cdots,q)
\end{aligned}
\tag{3.39}
$$

其中，$\eta \in (0,1)$ 为学习速率。

2. BP 算法推导

根据式(3.39)推导三层 BP 算法权值调整计算式，并做以下约定：对输出层均有 j=0，

$1, 2, \cdots, p; k=1, 2, \cdots, q$；对于隐层均有 $i=0, 1, 2, \cdots, n; \quad j=1, 2, \cdots, p$。

对于输出层，考虑到 $net_k = \sum_{j=0}^{p} v_{jk} y_j$ ，有 $\dfrac{\partial net_k}{\partial v_{jk}} = \dfrac{\partial}{\partial v_{jk}} \left(\sum_{j=0}^{p} v_{jk} y_j \right) = y_j$ ，则权值 v_{jk} 的调整量为

$$\Delta v_{jk} = -\eta \frac{\partial E}{\partial v_{jk}} = -\eta \frac{\partial E}{\partial net_k} \frac{\partial net_k}{\partial v_{jk}} = -\eta \frac{\partial E}{\partial net_k} y_j \tag{3.40}$$

考虑到 $t_k = f(net_k)$ ，有

$$\frac{\partial E}{\partial net_k} = \frac{\partial E}{\partial t_k} \frac{\partial t_k}{\partial net_k} = \frac{\partial E}{\partial t_k} f'(net_k)$$

则式(3.40)可写为

$$\Delta v_{jk} = -\eta \frac{\partial E}{\partial net_k} y_j = -\eta \frac{\partial E}{\partial t_k} f'(net_k) y_j \tag{3.41}$$

由式(3.37)知，$\dfrac{\partial E}{\partial t_k} = -(d_k - t_k)$ ，并且 S 型激活函数 $f(x) = \dfrac{1}{1+\mathrm{e}^{-x}}$ ，有

$$f'(x) = \left(\frac{1}{1+\mathrm{e}^{-x}} \right)' = \frac{-\mathrm{e}^{-x}}{(1+\mathrm{e}^{-x})^2} = f(x)[1-f(x)] \tag{3.42}$$

代入式(3.41)得

$$\Delta v_{jk} = -\eta \frac{\partial E}{\partial t_k} f'(net_k) y_j = \eta(d_k - t_k) t_k (1-t_k) y_j \tag{3.43}$$

对于隐层，考虑到 $net_j = \sum_{i=0}^{n} w_{ij} p_i$ ，有 $\dfrac{\partial net_j}{\partial w_{ij}} = \dfrac{\partial}{\partial w_{ij}} \left(\sum_{i=0}^{n} w_{ij} p_i \right) = p_i$ ，则权值 w_{ij} 的调整量为

$$\Delta w_{ij} = -\eta \frac{\partial E}{\partial w_{ij}} = -\eta \frac{\partial E}{\partial net_j} \frac{\partial net_j}{\partial w_{ij}} = -\eta \frac{\partial E}{\partial net_j} p_i \tag{3.44}$$

考虑到 $y_j = f(net_j)$ ，有

$$\frac{\partial E}{\partial net_j} = \frac{\partial E}{\partial y_j} \frac{\partial y_j}{\partial net_j} = \frac{\partial E}{\partial y_j} f'(net_j)$$

则式(3.44)可写为

$$\Delta w_{ij} = -\eta \frac{\partial E}{\partial net_j} p_i = -\eta \frac{\partial E}{\partial y_j} f'(net_j) p_i \tag{3.45}$$

式(3.45)与式(3.41)类似，但是由于不能直接求得 $\dfrac{\partial E}{\partial y_j}$ ，所以可以通过间接变量分析，考虑到 $net_k = \sum_{j=0}^{p} v_{jk} y_j$, $k=1,2,\cdots,q$。因此有

$$\frac{\partial E}{\partial y_j} = \sum_{k=1}^{q}\left(\frac{\partial E}{\partial net_k}\cdot\frac{\partial net_k}{\partial y_j}\right)$$

$$= \sum_{k=1}^{q}\left[\frac{\partial E}{\partial net_k}\cdot\frac{\partial}{\partial y_j}\left(\sum_{j=0}^{p}v_{jk}y_j\right)\right] \tag{3.46}$$

$$= \sum_{k=1}^{q}\left(\frac{\partial E}{\partial net_k}\cdot v_{jk}\right)$$

将式(3.46)代入式(3.45)得

$$\Delta w_{ij} = -\eta\frac{\partial E}{\partial net_j}p_i$$

$$= -\eta\sum_{k=1}^{q}\left(\frac{\partial E}{\partial net_k}\cdot v_{jk}\right)f'(net_j)p_i \tag{3.47}$$

$$= -\eta\sum_{k=1}^{q}\left[(d_k-t_k)t_k(1-t_k)\cdot v_{jk}\right]\cdot y_j(1-y_j)p_i$$

在式(3.43)和式(3.47)中根据通用学习规则,定义输出层神经元 k 的学习信号为 r_k^v,隐层神经元 j 的学习信号为 r_j^w,其中,w 和 v 分别表示隐层和输出层,k 和 j 是神经元序号,则有

$$r_k^v = -(d_k-t_k)t_k(1-t_k) \tag{3.48}$$

$$r_j^w = -\sum_{k=1}^{q}\left[(d_k-t_k)t_k(1-t_k)\cdot v_{jk}\right]\cdot y_j(1-y_j) \tag{3.49}$$

输出层和隐层的误差调整算式可以统一写为

$$\Delta v_{jk} = \eta r_k^v y_j \tag{3.50}$$

$$\Delta w_{ij} = \eta r_j^w p_i \tag{3.51}$$

由式(3.47)可知,隐层的某神经元误差是由输出层各神经元误差与自身共同决定的,隐层误差是由输出层误差反传而得到的。推导可知,这一特征对于多隐层的 BP 网络误差计算同样适用。

3. BP 算法程序实现

由前面的推导可知,考虑采用计算机软件实现 BP 网络学习功能的算法流程图如图 3-19 所示。在程序初始化时对权值矩阵 W 和 V 赋随机数,定义模式计数器 a 和训练次数计数器 b,a 最大值为具有的样本数目,b 最大值为设定的最大训练次数;另外,定义网络误差限制 E_{min},当一次训练(所有样本遍历一次)后,检验误差是否小于误差限制 E_{min}。

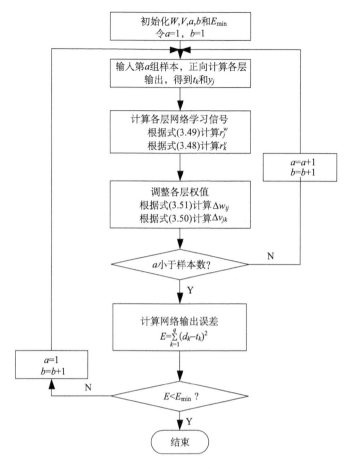

图 3-19　BP 算法流程图

3.5　径向基网络

BP 神经网络在学习过程中对于每一个输入样本，都需要对所有的连接权值进行一次调整，计算量大，耗时长。这种网络的一个或多个可调参数的改变对任何一个输出都有影响，称为全局逼近网络。另外有一种神经网络，每个输入输出样本对，只有少量的连接权需要进行调整，这种网络称为局部逼近神经网络。径向基函数神经网络是一种局部逼近神经网络，近年来，由于其在分类和函数近似应用中的优越性与快速学习的特点，径向基神经网络得到了越来越多的关注。本节将介绍正则化 RBF 网络和广义 RBF 网络的结构与学习方法等基础知识。

3.5.1　RBF 网络结构

1. 正则化 RBF 网络

图 3-20 为 N-S-Q 结构的 RBF 网络，即网络具有 n 个输入节点，S 个隐节点，q 个输出节点。正则化网络的特征是隐节点数等于输入样本数，隐节点的激活函数为格林

(Green)函数。输入层的任意节点用 i 表示，隐层的任意节点用 j 表示，输出层的任意节点用 k 表示。正则化网络的数学描述如下：

输入向量为 $P = (p_1, p_2, \cdots, p_n)^{\mathrm{T}}$；

输出向量为 $T = (t_1, t_2, \cdots, t_q)^{\mathrm{T}}$；

隐层至输出层权值向量为 $W_k = (w_{1k}, w_{2k}, \cdots, w_{Sk})^{\mathrm{T}}, k = 1, 2, \cdots, q$；

隐层第 j 个节点与输出层第 k 个节点间的权值为 $w_{jk}, j = 1, 2, \cdots, S; \quad k = 1, 2, \cdots, q$。

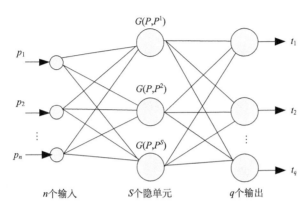

图 3-20 N-S-Q 典型正则化 RBF 网络结构

N 维空间内的 S 个输入向量表达为：$P^1, P^2, \cdots, P^S$；它们在输出空间相应的目标值为 $D^1, D^2, \cdots, D^S$；S 对输入-输出样本构成训练样本集。

输入向量为 $P^r = (p_1^r, p_2^r, \cdots, p_n^r)$ 时，输出层各单元的输出为

$$t_1 = w_{11}G(P^r, P^1) + w_{21}G(P^r, P^2) + \cdots + w_{S1}G(P^r, P^S) = \sum_{s=1}^{S} W_1 G(P^r, P^S)$$

$$t_2 = w_{12}G(P^r, P^1) + w_{22}G(P^r, P^2) + \cdots + w_{S2}G(P^r, P^S) = \sum_{s=1}^{S} W_2 G(P^r, P^S) \tag{3.52}$$

$$\vdots$$

$$t_q = w_{1q}G(P^r, P^1) + w_{2q}G(P^r, P^2) + \cdots + w_{Sq}G(P^r, P^S) = \sum_{s=1}^{S} W_q G(P^r, P^S)$$

则输出向量为 $T = (t_1, t_2, \cdots, t_q)^{\mathrm{T}}$，其中，隐层激活函数一般选用格林函数，适合正则化 RBF 网络的 Green 函数可选多元高斯(Gauss)函数，定义为

$$G(P, P^s) = \exp\left(-\frac{1}{2\sigma_s^2} \left\| P - P^s \right\|^2\right) \tag{3.53}$$

其中，σ_s 称为该基函数的扩展常数或宽度，在正则化 RBF 网络各径向基函数中取统一的扩展常数；P^s 称为高斯函数的中心。

2. 正则化 RBF 网络的设计和训练

正则化网络设计中，隐层神经元的个数即为训练集中样本的个数，对应的期望输出就是教师信号。训练过程就是通过训练样本获得隐层到输出层的权值矩阵。以图 3-20 中

N-S-Q 正则化网络为例，有 S 个训练样本，输入向量序列为 $P^1, P^2, \cdots, P^S$，对应的目标向量序列为 $D^1, D^2, \cdots, D^S$。

为了确定网络隐层到输出层第 k 个神经元的权值向量 $W_k = (w_{1k}, w_{2k}, \cdots, w_{Sk})^{\mathrm{T}}$，$k = 1, 2, \cdots, q$，需要将训练集合中的样本逐一输入一遍，可得以下方程组：

$$
\sum_{s=1}^{S} W_k G(P^1, P^s) = d_k^1
$$
$$
\sum_{s=1}^{S} W_k G(P^2, P^s) = d_k^2 \tag{3.54}
$$
$$
\vdots
$$
$$
\sum_{s=1}^{S} W_k G(P^S, P^s) = d_k^S
$$

令 $\varphi_{ir} = G(P^i, P^r), i = 1, 2, \cdots, S; r = 1, 2, \cdots, S$，则上述方程组可改写为

$$
\begin{bmatrix} \varphi_{11} & \varphi_{12} & \cdots & \varphi_{1S} \\ \varphi_{21} & \varphi_{22} & \cdots & \varphi_{2S} \\ \vdots & \vdots & & \vdots \\ \varphi_{S1} & \varphi_{S2} & \cdots & \varphi_{SS} \end{bmatrix} \begin{bmatrix} w_{1k} \\ w_{2k} \\ \vdots \\ w_{Sk} \end{bmatrix} = \begin{bmatrix} d_k^1 \\ d_k^2 \\ \vdots \\ d_k^S \end{bmatrix} \tag{3.55}
$$

令 $\varPhi$ 表示 φ_{ir} 组成的 $S \times S$ 阶矩阵，W_k 和 d_k 分别表示权值向量和期望输出向量，则式(3.55)可写成下面的向量形式：

$$
\varPhi W_k = d_k \tag{3.56}
$$

若 $\varPhi$ 为可逆矩阵，则可以根据式(3.56)计算出权值向量 W_k，即

$$
W_k = \varPhi^{-1} d_k \tag{3.57}
$$

对于 $\varPhi$ 为可逆矩阵的条件，可根据 Michhelli 定理给出的条件确定：对于 Gauss 函数，如果 $P^1, P^2, \cdots, P^S$ 各不相同，则 $S \times S$ 阶矩阵是可逆的。因此，根据式(3.57)可以求得 $W_k, k = 1, 2, \cdots, q$ 的权值向量，继而获得正则化 RBF 网络。

3. 广义 RBF 网络

由正则化网络的特点可知，当样本数 S 很大时，实现网络的计算量将非常大。为了解决这一问题，可减少隐节点的个数，从而得到广义 RBF 网络。

图 3-21 为一广义 RBF 网络，网络具有 n 个输入节点，M 个隐节点，q 个输出节点，且 $M < S$。广义 RBF 网络的数学描述如下：

输入向量为 $P = (p_1, p_2, \cdots, p_n)^{\mathrm{T}}$；

隐层节点激活函数 $\varphi_j(P), j = 1, 2, \cdots, M$；

输出向量为 $T = (t_1, t_2 \cdots, t_q)^{\mathrm{T}}$；

输出层阈值向量为 $B = (b_1, b_2, \cdots, b_q)^{\mathrm{T}}$；

隐层至输出层权值向量为 $W_k = (w_{1k}, w_{2k}, \cdots, w_{Sk})^{\mathrm{T}}, k = 1, 2, \cdots, q$；

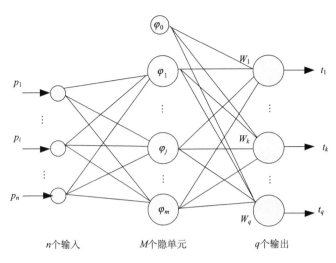

图 3-21 广义 RBF 网络

隐层第 j 个节点与输出层第 k 个节点间的权值为 w_{jk}, $j=1,2,\cdots,M;k=1,2,\cdots,q$。

隐层激活函数选用格林函数，常选择高斯函数。

广义 RBF 网络与正则化 RBF 网络相比有以下几点不同：

(1) 隐层节点数目 M 与样本数 S 不相等；

(2) 隐层激活函数的中心不再是样本数据点，而是由训练算法确定的；

(3) 隐层激活函数的扩展常数不再统一，而是由训练算法确定的；

(4) 输出节点包含阈值参数。

3.5.2 RBF 网络的学习算法

广义 RBF 网络的设计需要考虑三种参数：各激活函数的数据中心、扩展常数，以及输出节点的权值。广义 RBF 网络的设计方法较多，并不断发展，下面介绍一种数据中心的聚类算法。

该方法分两个步骤：第一个步骤采用 K-均值法聚类算法确定数据中心，并确定扩展常数；第二个步骤为监督学习，其任务为训练输出层的权值。

1.K-均值法确定数据中心

该步骤要解决的问题是，将数量为 S 的样本集划分成一定数量的子集，即聚类。聚类准则为

$$J_{\mathrm{e}} = \sum_{i=1}^{k} \sum_{u \in \varGamma} \left\| u - c_i \right\|^2$$

其中，u 是子集中的任意样本；c_i 为第 i 子集样本均值；$\|\cdot\|$ 表示样本间欧氏距离。准则的含义是求 k 个子集中的各类样本 u 与其所属样本均值 c_i 间的误差平方和，再对所有 k 类求和。由于准则函数与 k 类的均值有关，故称 K-均值法。下面是 K-均值法的算法步骤：

(1) 将各样本分为 k 个聚类 $\varGamma_i, i=1,2,\cdots,k$，计算各聚类初始均值 $c_i(k)$，$i=1,2,\cdots,k$；

(2) 对每一个输入样本 $p^r, r=1,2,\cdots,S$，根据其与聚类中心的最小欧式距离确定其归

类 Γ_i，即

$$\min_{j} \left\| p^r - c_i(k) \right\| (r=1,2,\cdots,S; i=1,2,\cdots,k)$$

(3) 更新各聚类的中心，令各聚类中心为聚类中的样本均值。

(4) 计算 J_e，判断 J_e 的增加量是否小于设定值，满足则停止，否则 k 加 1，返回(2)。

2. 确定扩展常数

各聚类中心确定后，可根据各中心之间的距离确定对应径向基函数的扩展常数。令

$$d_j = \min_{i} \left\| c_j - c_i \right\|$$

则扩展常数取 $\delta_j = \lambda d_j$，其中，λ 为重叠系数。

3. 调整隐层至输出层权值

可以用梯度法来调节权值矩阵 W，迭代公式如下：

$$W(t+1) = W(t) + \eta (T-D) \Phi^{\mathrm{T}}$$

由于输出为线性单元，因而可以确保梯度算法收敛于全局最优解。

3.6 神经网络控制

神经网络由于其所具有的特性，目前广泛用于动态系统的识别和控制中，在此介绍两种使用广泛的控制结构，即神经网络预测控制和神经模型参考控制。

3.6.1 神经网络预测控制

预测控制是近年来发展起来的一类新型的计算机控制算法。由于它采用多步测试、滚动优化和反馈校正等控制策略，因而控制效果好，适用于控制不易建立精确数字模型且比较复杂的工业生产过程，所以它一出现就受到国内外工程界的重视，并已在石油、化工、电力、冶金、机械等工业部门的控制系统中得到了成功的应用。

预测控制包括两个阶段：第一个阶段是系统辨识，即通过采样实际控制系统的输入输出数据，建立一个预测系统与实际系统模拟真实系统；第二个阶段是预测控制，即根据模拟真实系统的模型的输出，依据一定的优化控制算法决定系统控制量的输出。神经网络预测控制就是在系统辨识阶段采用神经网络来模拟真实系统。其结构如图 3-22 所示。

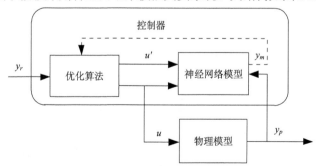

图 3-22 神经网络预测控制结构

神经预测控制器的期望输出为 y_p，控制器会采用超前当前时刻一段时间的期望输出作为优化对象。$y_r(t+j)(j=N_1,N_1+1,\cdots,N_2)$ 表示超前当前 N_1 时刻开始，到超前当前 N_2 时刻的时间序列。为了进行优化计算，采用如下目标函数：

$$J = \sum_{j=N_1}^{N_2}\left[y_r(t+j) - y_m(t+j)\right]^2 + \rho\sum_{j=1}^{N_3}\left[u'(t+j-1) - u'(t+j-2)\right]$$

目标函数的后半部分是输出控制量 u' 的增量累加和，控制增量不宜出现大幅波动。ρ 为调节系数，N_3 为累加数量。优化算法模块根据上述目标函数决定使 J 最小的控制输出量 $u'(t+j)(j=0,1,\cdots)$。并且，将 $u'(t)$ 作为真实控制量 $u(t)$ 输出给系统。

3.6.2 神经模型参考控制

模型参考控制是包含有理想系统模型并能以模型的工作状态为标准自行调整参数的自适应控制系统。这种适应控制系统已有较成熟的分析综合理论和方法。模型参考适应控制系统最初是为设计飞机自动驾驶仪而提出的，初期阶段由于技术上的困难而未能得到广泛应用。随着微型计算机技术的发展，这种系统的实现已较容易。模型参考适应控制技术已在飞机自动驾驶仪、舰船自动驾驶系统、光电跟踪望远镜随动系统、可控硅调速系统和机械手控制系统等方面得到应用。

典型的模型参考自适应系统如图 3-23 所示，其中，参考模型是一个具有固定结构和恒定参数的理想系统。在系统的参考输入作用下，模型的输出规定为系统的受控对象所应具有的理想输出。由于外界干扰和内部的随机变化(参数漂移等)，受控对象的实际输出与理想输出之间会出现误差 $e(t)$。自适应环节根据误差信号，按照事先设计的调整策略(自适应律)向自适应控制器发出调整信号。控制器根据参考输入 $r(t)$、受控对象实际输出的反馈信号和调整信号，对受控对象发出相应的控制信号，使误差 $e(t)$ 减小以至消失，也就是使受控对象的输出接近于理想状态。

图 3-24 为直接神经网络模型参考控制结构，即采用神经网络作为自适应控制器和调节器。直接模型参考控制力图维持被控对象的输出与参考模型的输出之差为零，但是由于反向传播需要知道被控对象的数学模型，因而直接神经网络模型参考控制的学习与修正遇到许多问题。

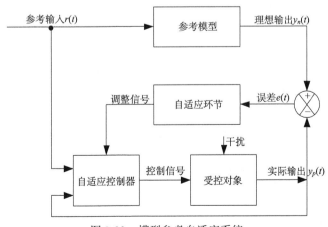

图 3-23　模型参考自适应系统

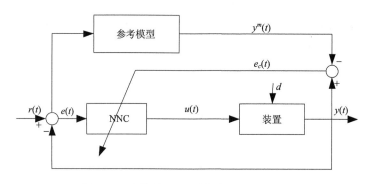

图 3-24　直接神经网络模型参考控制结构

间接神经网络模型参考控制结构如图 3-25 所示，相比直接神经模型参考控制结构，多采用一个神经网络作为模型辨识器，该神经网络能够提供控制误差或其变化率。

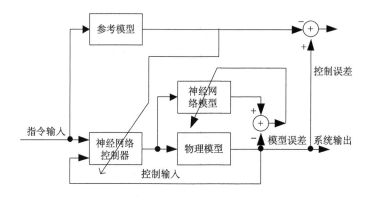

图 3-25　间接神经网络模型参考控制结构

3.7　神经网络芯片

神经网络技术目前已经成为国际学术界的热点研究课题之一，提出了多种网络拓扑结构与算法。神经网络也广泛地在模式识别、信号处理、知识工程、专家系统、优化组合、机器人控制等领域使用。这些网络算法基本上是在通用或特殊目的计算机上用软件模拟实现的。软件实现中的基本问题是神经网络模型计算量特别大，主要消耗在权值调整计算时间上。尽管目前已提出了一些快速学习算法，但在线计算时间仍然是主要问题。为了满足神经网络计算的需求，要求计算机进行 32 位浮点，有时是 64 位浮点计算，才能收敛到网络的最佳权值集合。一个中等大小 10000 个连接的反向传播网络在 2000 个训练向量上进行训练，要求 1012 次浮点运算来计算一套连接权值。这种计算在中等型号的计算机上将占用几个 CPU 周期。由于占用大量的计算资源，所以神经网络软件的实时应用受到限制。为此，人们开始探求神经网络的硬件实现方法。

神经网络的硬件实现也就是神经网络芯片的开发。对于特定的神经网络模式，直接大规模集成电路芯片实现是当前最快的实现方法。目前，一些大公司正致力于开发各类神经网络芯片，市场上也已有多种神经网络芯片出售。神经网络大规模集成电路芯片实现可以分为 3 种类型，即模拟式、数字式和混合式。IBM 公司和 Silicon 公司联合生产的一种具有自学习功能的径向基函数神经网络芯片 ZISC78 是一种典型的数字式神经网络芯片，如图 3-26 所示。

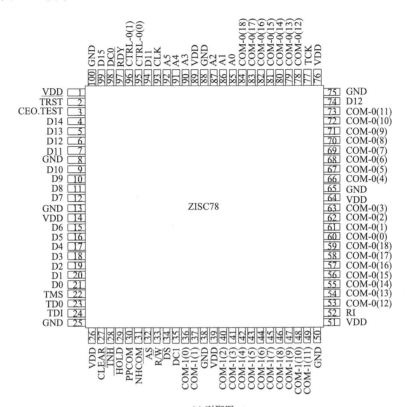

(a) 引脚图

(b) 外形图

图 3-26 ZISC78 神经网络芯片

1. ZISC78 的功能及工作原理

ZISC78 是由 IBM 公司和 Sillicon 联合研制的一种低成本、在线学习、33MHz 主频、CMOS 型 100 脚 LQFP 封装的 VLSI 芯片，图 3-26 是 ZISC78 的引脚排列图。

ZISC78 的特点如下：
- 内含 78 个神经元；
- 采用并行结构，运行速度与神经元数量无关；
- 支持 RBF/KNN 算法；
- 内部可分为若干独立子网络；
- 采用菊花链连接，扩展不受限制；
- 具有 64 字节宽度向量；
- L_1 或 L_{sup} 范数可用于距离计算；
- 具有同步/异步工作模式。

2. ZISC78 的神经元结构

ZISC78 采用的神经元结构如图 3-27 所示，该神经元有以下几种状态。

(1)休眠状态：神经网络初始化时，通常处于这种状态。

(2)准备学习状态：在任何时候，神经网络中的神经元都处于这种状态。

(3)委托状态：一个包含有原型和类型的神经元处于委托状态。

(4)激活状态：一个处于委托状态的神经元，通过评估，其输入矢量处于其影响域时，神经元就被激活了而处于激活状态。

(5)退化状态：当一个神经元的原型处于其他神经元类型空间内，而大部分被其他神经元类型空间重叠时，这个神经元宣布处于退化状态。

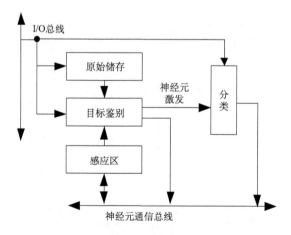

图 3-27　ZISC78 的神经元结构

3. ZISC78 神经网络结构

从图 3-28 所示的 ZISC78 神经网络结构可以看出，所有神经元均通过"片内通信总线”进行通信，以实现网络内所有神经元的“真正”并行操作。“片内通信总线”允许若干个 ZISC78 芯片进行连接，以扩大神经网络的规模，而这种操作不影响网络性能。ZISC78 芯片内有 6bit 地址总线和 16bit 数据总线，其中数据总线用于传输矢量数据、矢量类型、距离值和其他数据。

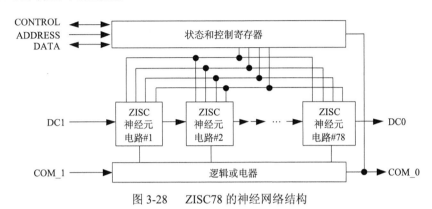

图 3-28 　 ZISC78 的神经网络结构

4. ZISC78 的寄存器组

ZISC78 使用两种寄存器：全局寄存器和神经元寄存器。全局寄存器用于存储与所有神经元有关的信息，每片仅有一组全局寄存器。全局寄存器组中的信息可被传送到所有处于准备学习状态和委托状态的神经元。神经元寄存器用于存储所属神经元的信息，该信息在训练学习操作中写入，在识别操作中读出。

5. ZISC78 的操作

ZISC78 的操作包括初始化、矢量数据传播、识别和分类三部分。初始化包括复位过程和清除过程。矢量数据传播包括矢量数据输入过程和神经元距离计算过程。神经元距离就是输入矢量和神经元中存储的原型之间的范数。通常可选 L_1 范数或 L_{sup} 范数：

$$L_1 = \sum |x_i - x_s|$$
$$L_{\text{sup}} = \max \left(|x_i - x_s| \right)$$

其中，x_i 为输入矢量数据；x_s 为存储的原型数据。对于识别和分类，ZISC78 提供两种可选择的学习算法 RBF 和 KNN。其中 RBF 是典型的径向基函数神经网络，在该 RBF 模式下，可输出识别、不确定或不认识的状态；KNN 模式是 RBF 模式的限制形式，即在 KNN 模式下，新原型的影响域总被设为 1，输出的是输入向量和存储原型之间的距离。需要指出的是，ZISC78 具有自动增加或减小神经元个数以适应输入信号的分类和识别的功能，神经元个数的最大值和最小值在全局寄存器组中设定。

6. ZISC78 的组网

一个 ZISC78 芯片内可以通过寄存器操作定义若干个独立的网络。若干个 ZISC78 芯片通过层叠可以组成一个更大的神经网络，组网芯片数量没有限制，当小于 10 个 ZISC78 组网时，甚至连电源中继器件也不需要。所以，ZISC78 具有最大的灵活性，能够满足不同的需要。

3.8　神经网络库函数介绍、实例及 Simulink 仿真

MATLAB 神经网络工具箱提供了许多神经网络设计和分析的工具函数,给用户带来了极大的方便。用户即使不了解算法的本质,也可以直接应用功能丰富的函数来达到自己的目的。

3.8.1　BP 神经网络工具箱函数介绍

在 MATLAB 工作空间的命令行输入"Help backprop",便可得到与 BP 神经网络相关的函数,并得到相关函数的详细介绍。

1. BP 神经网络创建函数 newff()

格式:

```
net=newff 或net=newff(PR,[S1 S2 … SNl],{TF1 TF2 … TFNl},BTF,BLF,PF)
```

说明:

net——生产新的 BP 神经网络;

PR——输入矩阵,由输入元素的最大值和最小值组成的 R×2 维矩阵;

[S1 S2 … SNl]——网络隐含层和输出层的神经元个数;

{TF1 TF2 … TFNl}——网络隐含层和输出层的传输函数,默认值为"tansig";

BTF——BP 网络的训练函数,默认值为"trainlm";

BLF——BP 网络权值和阈值的学习函数,默认值为"learngdm";

PF——BP 网络的性能函数,默认值为"mse"。

2. BP 神经网络初始化函数 initff()

格式:

```
[w,b]=initff(PR,S,'Tf')
[w1,b1,w2,b2]=initff(PR,S1,'Tf1',S2,'Tf2')
[w1,b1,w2,b2,w3,b3]=initff(PR,S1,'Tf1',S2,'Tf2',S3,'Tf3')
```

说明:

wi——BP 神经网络初始化后各层的权值矩阵;

bi——BP 神经网络初始化后各层的偏值矩阵;

PR——输入矩阵,由输入元素的最大值和最小值组成的 R×2 维矩阵;

Si——BP 神经网络各层的神经元个数;

Tfi——BP 神经网络各层的传输函数。

3. BP 神经网络神经元传递函数

(1) 线性传递函数 purelin()。

格式:

```
A=purelin(N) 或 info=purelin(code)
```
说明：

N——S×Q 输入矩阵；

A——函数返回值，A=N；

info——根据 code 值返回不同的信息(name：返回函数全称；output：返回输出值域；active：返回有效的输入区间)。

(2) S 型对数传递函数 logsig()。

格式：

```
A=logsig(N) 或 info=logsig(code)
```
说明：

N——S×Q 输入矩阵；

A——函数返回值，位于区间(0,1)中；

info——根据 code 值返回不同的信息(name：返回函数全称；output：返回输出值域；active：返回有效的输入区间)。

(3) S 型双曲正切传递函数 tansig()。

格式：

```
A=tansig(N) 或 info=tansig(code)
```
说明：

N——S×Q 输入矩阵；

A——函数返回值，位于区间(-1,1)中；

info——根据 code 值返回不同的信息 (name：返回函数全称；output：返回输出值域；active：返回有效的输入区间)。

4. BP 神经网络学习规则函数 learnbp()

格式：

```
[dw,db]=learnbp(X,delta,lr)
```
说明：

dw——BP 神经网络的权值修正矩阵；

db——BP 神经网络的偏值修正向量；

X——BP 神经网络本层的输入向量；

delta——BP 神经网络误差导数 δ 矢量；

lr——BP 神经网络的学习速率。

BP 神经网络学习规则为调整网络的权值和偏差值，使该网络误差的平方和为最小。通过在梯度下降最陡方向上，不断地调整网络的权值和偏差值来达到。

5. BP 神经网络快速训练前向网络函数 trainbpx()

格式：

```
[w,b,te,tr]=trainbpx(w,b,'Tf',X,T,tp)
[w1,b1,w2,b2,te,tr]=trainbpx(w1,b1,'Tf1',w2,b2,'Tf2',X,T,tp)
```

```
[w1,b1,w2,b2,w3,b3,te,tr]=trainbpx(w1,b1,'Tf1',w2,b2,'Tf2',w3,b3,'Tf3',X,
T,tp)
```

说明：

wi——BP 神经网络训练前后的权值矩阵；

bi——BP 神经网络训练前后的偏差值向量；

te——BP 神经网络的实际训练次数；

tr——BP 神经网络训练误差平方和的行向量；

Tfi——BP 神经网络的传输函数；

X——BP 神经网络的输入向量；

T——BP 神经网络的目标向量；

tp——BP 神经网络训练控制参数，设定训练方式。tp(1)：设定训练间隔次数，默认值为 25；tp(2)：设定训练循环次数，默认值为 100；tp(3)：设定目标误差值平方和，默认值为 0.02；tp(4)：设定网络的训练速率，默认值为 0.01；tp(5)：设定网络训练速率的增长系数，默认值为 1.05；tp(6)：设定网络训练速率的减小系数，默认值为 0.7；tp(7)：设定网络训练动量常数值，默认值为 0.9；tp(8)：设定 BP 网络训练的最大误差率，默认值为 1.05。

6. BP 神经网络仿真函数 simuff()

格式：

```
y=simuff(X,w,b,'Tf')
[y1,y2]=simuff(X,w1,b1,'Tf1',w2,b2,'Tf2')
[y1,y2,y3]=simuff(X,w1,b1,'Tf1',w2,b2,'Tf2',w3,b3,'Tf3')
```

说明：

yi——BP 神经网络各层输出向量矩阵；

X——BP 神经网络的输入向量；

wi——BP 神经网络的权值矩阵；

bi——BP 神经网络的偏差值矩阵；

Tfi——BP 神经网络的传输函数。

3.8.2 BP 神经网络工具箱函数应用实例

例 3-3 对于 5×3 布尔量网络标识的十进制数字(图 3-29)，设计一个两层 BP 神经网络结构，对该神经网络进行训练，使之能够识别前述表示的十进制数 0, 1, 2, …, 9。

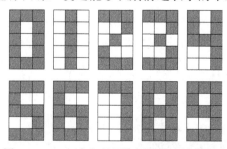

图 3-29　5×3 布尔量网络标识的十进制数字

```
%定义5×3布尔量网络标识的十进制数字0,1,2,…,9
BP_input0=[1 1 1;1 0 1; 1 0 1;1 0 1; 1 1 1];
BP_input1=[0 1 0;0 1 0; 0 1 0;0 1 0; 0 1 0];
BP_input2=[1 1 1;0 0 1; 0 1 0;1 0 0; 1 1 1];
BP_input3=[1 1 1;0 0 1; 0 1 0;0 0 1; 1 1 1];
BP_input4=[1 0 1;1 0 1; 1 1 1;0 0 1; 0 0 1];
BP_input5=[1 1 1;1 0 0; 1 1 1;0 0 1; 1 1 1];
BP_input6=[1 1 1;1 0 0; 1 1 1;1 0 1; 1 1 1];
BP_input7=[1 1 1;0 0 1; 0 0 1;0 0 1; 0 0 1];
BP_input8=[1 1 1;1 0 1; 1 1 1;1 0 1; 1 1 1];
BP_input9=[1 1 1;1 0 1; 1 1 1;0 0 1; 1 1 1];
%生成BP神经网络输入矩阵X
BP_input=[BP_input0(:) BP_input1(:) BP_input2(:) BP_input3(:) BP_input4(:)
BP_input5(:) BP_input6(:) BP_input7(:) BP_input8(:) BP_input9(:)];
%定义十六进制标识的目标向量
BP_output0=[0;0;0;0];
BP_output1=[0;0;0;1];
BP_output2=[0;0;1;0];
BP_output3=[0;0;1;1];
BP_output4=[0;1;0;0];
BP_output5=[0;1;0;1];
BP_output6=[0;1;1;0];
BP_output7=[0;1;1;1];
BP_output8=[1;0;0;0];
BP_output9=[1;0;0;1];
%生成BP神经网络目标矩阵
BP_output=[BP_output0   BP_output1   BP_output2   BP_output3   BP_output4
BP_output5 BP_output6 BP_output7 BP_output8 BP_output9];
%建立BP神经网路，并计算权值和偏值
[R,N1]=size(BP_input);%计算输入矩阵行数及列数
[S2,N1]=size(BP_output);%计算输出矩阵行数及列数
BP_layer =9;%设置隐含层个数
[w1,b1,w2,b2]=initff(BP_input,BP_layer,'logsig',BP_output,'logsig');
%初始化BP神经网络
[y1,y2]=simuff(BP_input,w1,b1,'logsig',w2,b2,'logsig');
%对BP神经网络进行初次仿真模拟
%利用不含噪声的理想输入数据对BP神经网络进行训练
BP_display_freq=15;          %设定显示BP神经网络的训练时间间隔
BP_study_time=3500;          %设定BP神经网络的训练时间尺度
BP_error=0.0005;             %设定BP神经网络的训练目标偏差值
BP_momentum=0.90;            %设定BP神经网络的训练动量参数值
%设定BP神经网络的训练控制参数
tp=[BP_display_freq BP_study_time BP_error NaN NaN NaN BP_momentum];
```

```
%对BP神经网络进行训练
[w1,b1,w2,b2,te,tr]=trainbpx(w1,b1,'logsig',w2,b2,'logsig',BP_input,BP_output,tp);
[y1,y2]=simuff(BP_input,w1,b1,'logsig',w2,b2,'logsig');
%对BP神经网络进行二次仿真模拟
%利用含有噪声的非理想输入数据,对BP神经网络进行训练,使该BP网络具备一定的容错能力
BP_study_time=550;        %设定BP神经网络的训练时间
BP_error=0.5;             %设定BP神经网络的训练目标偏差值

BP_output1=[BP_output BP_output BP_output BP_output];
tp=[disp_frequency BP_study_time BP_error];

for i=1:10
 BP_input1=[BP_input BP_input(BP_input+randn(R,N1)*0.15)(BP_input+ randn(R,N1)*0.30)];
[w1,b1,w2,b2,te,tr]=trainbpx(w1,b1,'logsig',w2,b2,'logsig',BP_input1,BP_output1,tp);
end

[y1,y2]=simuff(BP_input,w1,b1,'logsig',w2,b2,'logsig');
%对BP神经网络进行容错仿真模拟
%为保证建立的BP神经网络总能对理想输入数据正确识别,再次对理想信号输入进行网络训练

BP_display_freq=15;       %设定显示BP神经网络的训练时间间隔
BP_study_time=3500;       %设定BP神经网络的训练时间
BP_error=0.0005;          %设定BP神经网络的训练目标偏差值
%设定BP神经网络的训练控制参数
tp=[BP_display_freq BP_study_time BP_error];
%对BP神经网络进行训练
[w1,b1,w2,b2,te,tr]=trainbpx(w1,b1,'logsig',w2,b2,'logsig',BP_input,BP_output,tp);
%定义BP神经网络输入阵
BP_input1=BP_input(:);
y=simuff(BP_input1,w1,b1,'logsig',w2,b2,'logsig')
%对BP神经网络进行输入数据识别仿真模拟

程序运行结果如下:
y =
0.00100.0000  0.0000  0.0000  0.0000  0.0010  0.0000  0.0000  0.9994  1.0000
0.0000  0.0000  0.0000  0.0000  0.9999  0.9986  1.0000  0.9998  0.0000  0.0000
0.0000  0.0000  1.0000  0.9999  0.0001  0.0000  0.9980  0.9996  0.0000  0.0000
0.0002  1.0000  0.0000  1.0000  0.0007  1.0000  0.0001  1.0000  0.0000  0.9985
```

程序运行过程截图如图 3-30 所示。

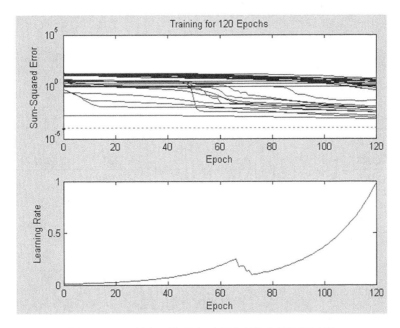

图 3-30　BP 神经网络程序对十进制数字的识别过程

3.8.3　基于实例的 BP 神经网络的 MATLAB/Simulink 仿真介绍

在 MATLAB 命令窗口中，输入"neural"即可打开神经网络仿真模型库，如图 3-31 所示。

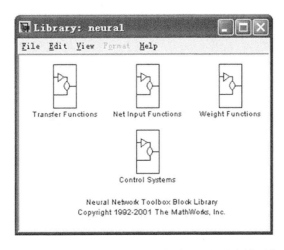

图 3-31　MATLAB/Simulink 中神经网络仿真模型库

图中包含传输函数模块(Transfer Functions)、网络输入函数模块(Net Input Functions)、权值函数模块(Weight Functions)和控制系统模块(Control Systems)。

神经网络的全局逼近功能使得神经网络在系统辨识和动态系统控制中得到非常成功

的应用。本节结合 MATLAB 软件神经网络工具箱中提供的搅拌器预测控制(Predictive Control of a Tank Reactor)实例，解释 Simulink 实现的神经网络结构在预测与控制中的应用问题。

1. BP 神经网络预测控制问题的描述

对于图 3-32 所示的系统，其动力学方程可表述为

$$\begin{cases} \dfrac{\mathrm{d}h(t)}{\mathrm{d}t} = v_1(t) + v_2(t) - 0.2\sqrt{h(t)} \\ \dfrac{\mathrm{d}L_{\mathrm{out}}(t)}{\mathrm{d}t} = \left[L_{\mathrm{in}1} - L_{\mathrm{out}}(t)\right]\dfrac{v_1(t)}{h(t)} + \left[L_{\mathrm{in}2} - L_{\mathrm{out}}(t)\right]\dfrac{v_2(t)}{h(t)} - \dfrac{L_{\mathrm{out}}(t)}{\left[1 + L_{\mathrm{out}}(t)\right]^2} \end{cases} \tag{3.58}$$

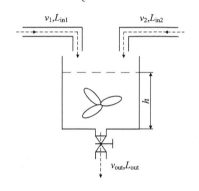

图 3-32　搅拌器示意图

其中，$h(t)$——搅拌器箱体中液面高度；

$L_{\mathrm{out}}(t)$——搅拌后成品液的浓度；

$v_1(t)$——需要搅拌的浓缩液 $L_{\mathrm{in}1}$ 的注入速度；

$v_2(t)$——需要搅拌的稀释液 $L_{\mathrm{in}2}$ 的注入速度。

设定浓缩液浓度 $L_{\mathrm{in}1} = 24.5$，稀释液浓度 $L_{\mathrm{in}2} = 0.5$。则根据式(3.58)可建立该搅拌器对象模型，如图 3-33 所示。

该控制系统的设计目标为：实时调节稀释溶液的注入速度 $v_2(t)$，保持搅拌后成品液的浓度满足设定值。

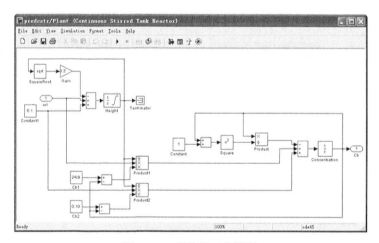

图 3-33　搅拌器对象模型

2. BP 神经网络预测控制模型的建立

进入 Simulink 的 Neural Network Demo，找到"Control System"中的"Predictive Control of a Tank Reactor"，可得图 3-34 所示的搅拌器的神经网络预测控制模型，其中，"Plant (Continuous Stirred Tank Reactor)"模块即为图 3-33 所示的封装结果。

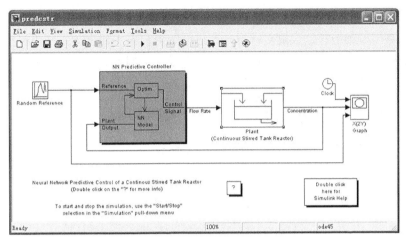

图 3-34　搅拌器的神经网络预测控制模型

图 3-34 中"NN Predictive Controller"为设置的神经网络控制模块。该模块控制信号 (Control Signal)的输出作为搅拌器的控制输入(Flow Rate)，而搅拌器的输出信号 (Concentration)又返回连接到控制模块的"Plant Output"端，图中控制模块的"Reference" 端接外参考信号输入(Random Reference)。

双击神经网络控制模块(NN Predictive Controller)，可得该神经网络控制器的参数设 置窗口(Neural Network Predictive Control)，如图 3-35 所示。

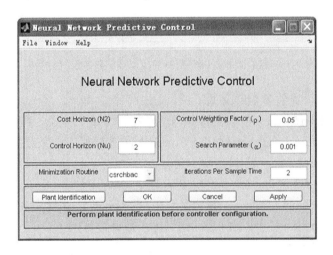

图 3-35　搅拌器神经网络预测控制器的参数设置对话框

图 3-35 中神经网络预测控制器各参数定义如下：

(1)Cost Horizon (N2)——设定预测时域长度；

(2)Control Horizon (Nu)——设定控制时域长度；

(3)Control Weighting Factor (ρ)——设定控制量的加权系数；

(4)Search Parameter (α)——设定搜索参数；

(5)Minimization Routine——选择搜索用的最优化算法；

(6)Iterations Per Sample Time——设定每个采样周期内优化算法的迭代次数。

单击图 3-35 中的"Plant Identification(预测控制器参数辨识)"按钮，得到图 3-36 所示的神经网络模型辨识参数设置对话框。通过系统辨识技术建立神经网络模型，并预测该控制系统的未来输出数值。神经网络控制器中隐含层的大小、输入和输出的延时及训练函数都在图 3-36 所示的对话框中设置。

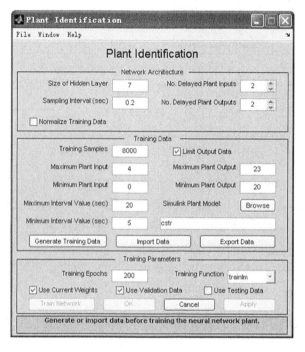

图 3-36　搅拌器神经网络控制的模型辨识参数设置对话框

图 3-36 中需要设置的参数定义如下：

(1) Size of Hidden Layer——设置神经网络模型隐含层中神经元数；

(2) Sampling Interval(sec)——设定从 Simulink 仿真模型中采集数据的时间间隔；

(3) Delayed Plant Inputs——设定输入延迟；

(4) Delayed Plant Outputs——设定输出延迟；

(5) Normalize Training Data——设定是否应用 premnmx()函数对数据进行标准化；

(6) Training Samples——设置神经网络训练用数据数目；

(7) Maximum Plant Input——设定神经网络预测控制系统输入的最大值；

(8) Minimum Plant Input——设定神经网络预测控制系统输入的最小值；

(9) Maximum Interval Value(sec)——神经网络预测控制系统输入保持不变的情况下，设定最大时间间隔；

(10) Minimum Interval Value(sec)——神经网络预测控制系统输入保持不变的情况下，设定最小时间间隔；

(11) Limit Output Data——设置神经网络预测控制系统的输出值是否具有有界性；

(12) Maximum Plant Output——设置神经网络预测控制系统的最大输出值；

(13) Minimum Plant Output——设置神经网络预测控制系统的最小输出值；

(14) Simulink Plant Model——选择生成神经网络训练用数据的仿真模型(.mdl 格式);

(15) Training Epochs——设定神经网络训练的迭代次数;

(16) Training Function——设定神经网络训练函数;

(17) Use Current Weights——选择是否应用当前的权值进行神经网络训练;

(18) Use Valid Data——选择是否应用合法数据进行神经网络训练;

(19) Use Testing Data——选择是否跟踪神经网络训练过程中的测试数据。

单击图 3-36 对话框中的"Generate Training Data"按钮,生成神经网络训练用数据,如图 3-37 所示。

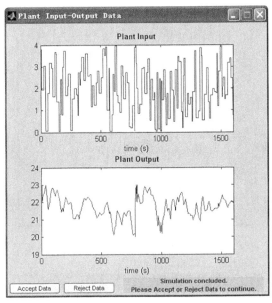

图 3-37　搅拌器神经网络预测控制器生成的训练用数据

图 3-37 中通过 Simulink 仿真模型为神经网络模型提供了一系列随机阶跃信号,用于系统生成训练用数据。

单击图 3-37 中的"Accept Data"按钮即可接收图中生成的训练用数据,否则放弃此次生成的数据。

接收图 3-37 生成的神经网络训练用数据,并单击图 3-36 中的"Train Network"按钮,则图 3-34 设计的神经网络模型即可开始训练。在图 3-36 中的"Training Function"下拉框中选择神经网络训练用函数,得到图 3-38 所示的训练结果数据图,从中可提取有效结果数据,如图 3-39 所示。

图 3-38 中的上左图给出了图 3-34 中神经网络训练系统输入数据的阶跃高度和宽度信息;上右图给出了被控制对象在上左图数据输入情况下的输出;下左图给出了神经网络训练后的输出误差;下右图给出了神经网络模型(NN Predictive Controller)的输出结果。图 3-39 是根据神经网络预测控制需要,从图 3-38 中提取的控制用有效输出训练数据。

在"Simulink"窗体菜单中选择"Parameter",根据仿真需要设置相应的参数,运行"Start"命令,即开始对图 3-34 所示的神经网络预测控制系统进行仿真。仿真过程结束后可得图 3-40 所示的仿真结果。

由实验现象分析知，神经网络预测控制器能使用神经网络系统模型来预测被控对象的未来行为，并且不需在线优化算法，因此，相比其他控制算法能完成更多、更优的计算控制。

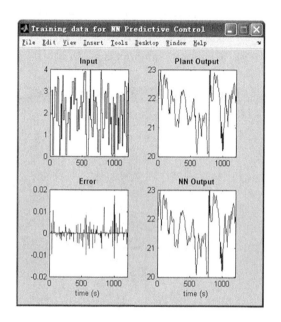

图 3-38　搅拌器神经网络控制器训练结果数据

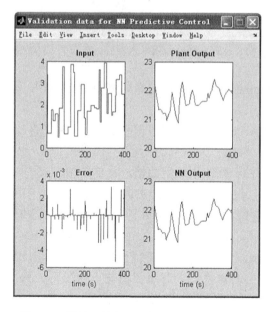

图 3-39　搅拌器神经网络控制器有效结果数据

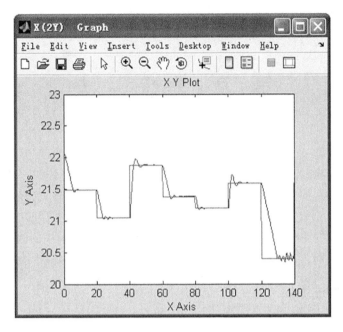

图 3-40　搅拌器在神经网络预测控制器作用下输出与输入信号仿真结果

3.9　习　　题

3-1　利用 BP 神经网络逼近对象：

$$y(k) = u(k)^3 + \frac{y(k-1)}{1 + y(k-1)^2}$$

输入信号 $u(k) = 0.5\sin(5\pi t)$；采样时间间隔为 1ms；权值 w_1、w_2 初始值范围是位于 $[-1,1]$的随机值。

3-2　设计神经网络控制器实现被控对象的位置跟踪控制。被控对象为

$$y(k) = 0.35y(k-1) + 0.16y(k-2) + 0.1u(k-1) + 0.67u(k-2)$$

输入位置指令为振幅为 0.5，频率为 1.5Hz 的方波信号。

第4章 遗传算法

4.1 概　　述

遗传算法(Genetic Algorithms, GA)是基于自然选择和基因遗传的一种搜索方法。最初的思想来源于达尔文的生物进化论，生物进化论认为在自然选择的进化过程中，只有适应生存环境的物种才能生存下来，繁殖后代，从而达到最优的生存形态。遗传算法通过用计算机模拟生物的进化过程，解决了很多传统优化方法难以解决的问题，在函数优化、自动控制、图像识别、神经网络、优化调度等领域解决了很多实际问题。

4.1.1　遗传与生物进化

19世纪中叶，英国的生物学家达尔文(Darwin)以自然选择为核心创立了生物进化论。他认为，生物之间存在着生存斗争，适应者生存下来；不适应者则被淘汰，这就是自然的选择。生物正是通过遗传、变异和自然选择，从低级到高级种类由少到多地进化着。遗传就是子代继承父代的特征，这是一切生物所共有的特性。生物的各种性状由基因控制，细胞在分裂的过程中具有自我复制的能力，遗传基因也被复制到子代，子代也就继承了父代的性状。变异是指生物体子代和父代之间的差异，以及子代个体之间的差异。自然选择是指环境对生物的变异进行选择而导致适者生存、不适应者被淘汰。

生物所有的遗传信息都包含在染色体中，而决定生物遗传特性的染色体是由脱氧核糖核酸(DNA)组成的，遗传信息在DNA中按一定的模式在一条长链上排列，也就是进行了遗传编码。在生物细胞分裂时，DNA通过复制转移到新的细胞中，同时也继承了原始细胞的基因。有性生物繁殖时，在两个染色体的某一位置DNA被切断，又分别交叉组合形成新的染色体。在细胞复制时，也会产生DNA变异，产生新的染色体，表现出和以前不一样的性状。所以在遗传过程中，染色体会发生各种各样的变化。

进化是指生物的遗传随着时间发生了改变，使其更能适应生存环境的需要。1859年，达尔文出版了《物种起源》一书，阐述了他的进化学说的观点。他认为生物的变异、遗传和自然选择都将导致生物的适应性发生改变，物种将逐渐地进化产生新的优良品种。

4.1.2　遗传算法的发展与应用

1. 遗传算法的产生与发展

20世纪40年代，就有一些学者开始利用计算机研究生物进化过程。60年代，美国Michigan大学的John Holland教授及其学生受到这种生物模拟技术的启发，创造出了基于生物遗传和进化的自适应优化方法——遗传算法。Holland教授认识到了生物的遗传和进化现象与人工自适应系统相似，提出了在研究和设计人工自适应系统时，可以借鉴生物的遗传机制，以种群的方式进行自适应搜索。

1967 年，Holland 教授的学生 J.D.Bagley 在博士论文中首次提出了"遗传算法"一词，发表了第一篇关于遗传算法应用方面的论文。他发现了选择、交叉、变异等遗产算子，还意识到了在遗传运算中，不同的阶段可以使用不同的选择率，创立了自适应遗传算法的概念。

20 世纪 70 年代初，Holland 教授提出了遗传算法的基本定理——模式定理(Schema Theorem)，奠定了遗传算法的理论基础。模式定理指出了群体中的优良个体(较好的模式)的样本数将以指数级的规律增长，从理论上分析了遗传算法是一个可以用于寻求最优可行解的优化过程。并于 1975 年出版了《自然系统和人工系统的自适应性(Adaptation in Nature and Artificial Systems)》一书，系统地论述了遗传算法和人工自适应系统，为遗传算法奠定了基础。这是第一本系统论述遗传算法的人工自适应系统的专著。

20 世纪 80 年代，Holland 教授开创了基于遗传算法的机器学习的概念，实现了第一个基于遗传算法的机器学习系统——分类器系统(Classifier Systems)。

1989 年，D.J.Goldberg 出版了《搜索、优化和机器学习中的遗传算法(Genetic Algorithms in Search, Optimization and Machine Learning)》一书，系统地总结了遗传算法的主要研究成果，论述了遗传算法的基本原理及其应用。

1991 年，Davis 出版了《遗传算法手册(Handbook of Genetic Algorithms)》，介绍了遗传算法在科学计算、工程技术和社会经济中的应用实例，对推广和普及遗传算法的应用起到了重要的指导作用。

1992 年，J.R.Koza 提出了遗传编程(Genetic Programming)的概念，将遗传算法应用于计算机程序的优化设计及自动生成，并将遗传编程的方法成功地应用于人工智能、机器学习、符号处理等方面。

2. 遗传算法的应用

遗传算法对于解决复杂系统的优化问题，特别是对于一些组合优化问题的求解，具有计算简单、功能强、优化效果好等优点。

它提供了一种求解复杂系统优化问题的通用框架，广泛应用于很多科学领域。

1) 函数优化和组合优化

对于函数优化问题，特别是一些非线性、多模型、多目标函数优化问题，当用其他优化方法难于求解时，遗传算法却可以很方便地得到较好的结果。可以说函数优化是遗传算法的经典应用领域。

随着问题规模的增大，组合优化问题的搜索空间急剧扩大，枚举法已经很难求出最优解了，而遗传算法却能得到问题的满意解。遗传算法已经在求解旅行商问题、背包问题、装箱问题、图形划分问题等方面得到了成功的应用。

2) 生产调度问题

目前，现实生产中的调度问题一般依靠经验。由于建立起来的数学模型难以精确求解，所以虽然简化之后可以求解，但也会由于简化的内容太多而影响了解的精确性。遗传算法的出现解决了生产调度问题，在生产规划、任务分配等方面都取得了满意的效果。

3) 机器人学

遗传算法起源于人工自适应系统的研究，而机器人就是一类复杂的人工系统。目前，遗传算法已经成功地应用于移动机器人路径规划、运动轨迹规划、运动学逆问题等方面。

4) 自动控制

遗传算法在自动控制领域的应用非常广泛，如遗传算法的模糊控制器的优化设计、参数辨识和人工神经网络的结构优化设计等。

此外，遗传算法在图像识别、图像恢复和图像边缘特征提取等优化计算方面也得到了应用。在人工智能、机器学习等领域也都有成功的应用。

4.1.3 遗传算法的编码方法

在遗传算法中，用数字串来表示问题的解，求解过程是对串进行操作。利用遗传算法进行问题求解时，先要确定目标函数和变量，然后针对变量的特点进行编码。编码就是把一个问题的可行解从其解空间转换到遗传算法能够处理的搜索空间的转换方法。遗传算法通过对个体编码的操作，不断地搜索出适应度较高的个体，在种群中逐渐增加其数量，最终求出问题的最优解。

编码是设计遗传算法的一个关键步骤，编码的方法不仅决定了个体染色体的排列形式，还决定了个体从搜索空间的基因型到解空间的表现型的解码方式。编码同时影响了交叉算子、变异算子等遗传算子的运算形式，它是影响遗传算法运行效率的主要因素之一。

针对一个具体的问题，如何设计一种完美的编码方法一直是遗传算法研究的难点。De Jong 提出了两条操作性较强的编码原则。

(1) 有意义积木块编码原则：应使用能易于产生与所求问题相关的且具有低阶、短定义长度模式的编码方案。

这里面模式是指具有基因相似性的个体的集合，这个编码原则就是应使用易于生成适应度较高的个体的编码方案。

(2) 最小字符集编码原则：应使用能使问题得到自然表示或描述的具有最小编码字符集的编码方案。

在遗传算法中，比较常用的是二进制编码方法，就是因为它满足了最小字符集编码原则。事实上，理论分析与实际应用都表明，二进制编码方法与其他编码字符集相比较，能包含最大的模式数，使得遗传算法在确定规模的群体中能够处理最多的模式。

当然 De Jong 的编码原则并不能适用于所有的问题，对于实际的问题，必须对编码方法、交叉运算方法、变异运算方法、解码方法等进行全局考虑，以找到一种最为方便、遗传运算效率最高的编码方法。目前，人们提出了许多种不同的编码方法，比较常用的有二进制编码方法、浮点数编码方法、符号编码方法。

1) 二进制编码方法

二进制编码是遗传算法中最常用的一种编码方式，它使用的编码符号集是用二进制数，也就是"0,1"的形式表示的，组成位串进行遗传操作，求出来的解再还原成解空间的解，进行适应度值的计算。二进制编码具有操作简单方便、便于模式定理分析等优点，数值计算和非数值优化问题大多用二进制编码实现。但是当求解连续优化问题时，相邻两数的二进制有较大的 Hamming 距离，这会降低遗传算子的搜索效率。例如，7 和 8 的二进制数表示为 0111 和 1000，可以看出，算法要从 7 改进到 8 必须要改变所有的位。

在求解高维优化问题时，二进制编码位串将会很长，从而影响算法的收敛效率。

2) 浮点数编码方法

对于一些多维、高精度、连续函数的优化问题，浮点数编码就能够弥补二进制编码的不足之处。浮点数编码适合于表示精度高、搜索空间较大的遗传问题，它改善了遗传算法的计算复杂性，提高了运算效率。

3) 符号编码方法

符号编码是指个体染色体编码串的基因值用符号表示，可以是数字序号，如 $\{1,2,3,4\cdots\}$；也可以是字符，如 $\{A,B,C,D,\cdots\}$；或者是代码，如 $\{A_1,A_2,A_3,A_4,\cdots\}$ 等。符号编码便于遗传算法与相关近似算法之间的混合使用。

4.1.4 遗传算法的基本操作

遗传算法一般包含三个基本操作：选择、交叉、变异(也称为遗传算子：选择算子、交叉算子、变异算子)。下面通过一个具体的例题介绍这三个基本操作，用手工计算简单模拟遗传算法的各个主要步骤执行过程。

对于求解函数的最大值问题：

$$\begin{cases} \max \quad f(x) = x^2 \\ \text{s.t} \quad x \in |0,1,\cdots,31| \end{cases}$$

遗传算法首先对问题进行编码，针对自变量的定义域，采用二进制数进行编码，由于 x 是在 0~31 取整数，所以可以用 5 位二进制数来表示，如 01010 表示 $x=10$，而 11111 表示 $x=31$。传统的优化方法是从定义域的单点出发，按照一定路线点到点的顺序搜索。遗传算法是从一个种群开始，这个种群是由很多个串组成的，每个串对应一个自变量，不断地产生新的种群。这种方法相对于传统的优化方法一开始就扩大了搜索的范围，可以较快地完成问题的求解。初始种群的生成大多是随机产生的，例如，可以设种群大小为 4，则需要随机生成 4 个 5 位二进制串。可以通过掷硬币 20 次(正面="1"，背面="0")，产生维数 $n=4$ 的初始种群，并将其编号。

位串 1：01101。

位串 2：11000。

位串 3：01000。

位串 4：10011。

对于位串 1~4 分别解码为十进制数。

位串 1：$x_1=0\times2^4+1\times2^3+1\times2^2+0\times2^1+1\times2^0=13$。

位串 2：$x_2=1\times2^4+1\times2^3+0\times2^2+0\times2^1+0\times2^0=24$。

位串 3：$x_3=0\times2^4+1\times2^3+0\times2^2+0\times2^1+0\times2^0=8$。

位串 4：$x_4=1\times2^4+0\times2^3+0\times2^2+1\times2^1+1\times2^0=19$。

1. 选择

选择(Selection)：是指在生物的遗传与自然进化过程中，对生存环境适应性强的物种将有更多的机会遗传到下一代。模仿这个过程，遗传算法使用选择算子来对群体中的个体进行优胜劣汰的操作。根据个体的适应度值,按照一定的规则从父代群体中选择出优良的个体遗传到下一代群体中。适应度较高的个体被遗传到下一代群体中的概率较大;适应度较低的个体被遗传到下一代群体中的概率较小。选择的主要目的是避免基因缺失、提高全局收敛性和计算效率。

取目标函数或适配值为 $f(x) = x^2$,可得种群的适配值和适配值的比例,见表 4-1。

表 4-1 种群的初始位串及对应的适配值及比例

编号	位串(x)	适配值 $f(x)=x^2$	占整体的百分比/%
1	01101	169	14.4
2	11000	576	49.2
3	01000	64	5.5
4	10011	361	30.9
总计(初始种群整体)		1170	100

目前流行的选择机制有以下几种。

1) 赌轮选择法

赌轮选择法也叫适应度比例法或蒙特卡罗选择法,是遗传算法中最基本,也是最常用的选择机制。个体每次被选中的概率与其在群体环境中的相对适应度成正比。

设群体大小为 n,其中,个体 i 的适应度值为 f_i,则 i 被选择的概率 P_i 为

$$P_i = \frac{f_i}{\sum f_i}$$

从上面的公式可以看出,个体的适应度值越大,被选择的概率就越大。

2) 最佳个体保存法

最佳个体保存法是指把群体中适应度值最高的个体不进行配对交叉,而直接复制到下一代中,这种选择操作也叫复制。

若采用最佳个体保存法,则进化过程中某一代的最优解可不被交叉和变异操作破坏,但是可能出现局部最优解。这种方法的全局搜索能力差,比较适合单峰的空间搜索,而不适合多峰的空间搜索。

3) 期望值法

在赌轮选择法中,有可能会出现不正确反映个体适应度的选择,适应度高的个体可能被淘汰,适应度低的个体可能被选择,也就是统计误差。为了克服这种误差,可以采用期望值法。

首先,计算群体中的个体在下一代生存的期望数目:

$$M = \frac{f_i}{\bar{f}} = \frac{f_i}{\dfrac{\sum f_i}{n}}$$

然后,如果某个体被选中,并且要参与配对和交叉,则在下一代的生存的期望数目减去 0.5;如果不参与配对和交叉,则该个体的生存期望数目减 1;如果个体的期望值小

于零，则该个体不参与选择。

De Jong 曾对比了赌轮选择法、最佳个体保存法和期望值法在函数优化中的性能，实验表明，在离线性和在线性方面，期望值法都要高于赌轮选择法和最佳个体保存法。

4) 排序选择法

排序选择法是指在计算每个个体的适应度后，根据适应度大小顺序对群体中个体进行排序，然后把设计好的概率作为各自的选择概率。选择概率与适应度没有直接关系，只与序号有关。

这种方法的缺点是选择概率和序号的关系需事先确定，存在统计误差。

5) 联赛选择法

联赛选择法是指从群体中任意选择一定数目的个体，适应度最高的个体保存到下一代(这个个体称为联赛规模)。反复执行这种操作，直到保存到下一代的个体数达到预定的数目为止，联赛的规模一般取 2。

6) 排挤法

排挤法是指新生成的子代代替或排挤相似的父代个体。由于在自然环境中，个体大量繁殖，为了争夺有限的生存资源，群体中个体之间的竞争力加剧，就会导致个体的寿命和出生率降低。排挤选择法就是基于这种竞争机制，可以提高群体的多样性。

以上是几种常用的选择方法，具体使用时应根据具体问题选择应用。

如果用计算机程序实现，则可以考虑首先产生 0~1 均匀分布的随机数，假如某位串的选择概率为 40%，则当产生的随机数在 0~0.4 时，这个位串被选择，否则被淘汰。还可以使用轮盘赌的转盘。根据表 4-1 可以绘制出轮盘赌转盘，如图 4-1 所示。群体中的每个位串按照其适配值的比例占转盘上呈比例的一块区域。

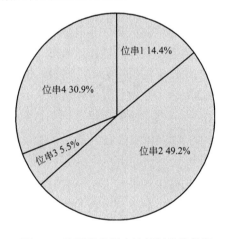

选择时就是转动这个转盘 4 次，产生 4 个下一代的种群。例如，位串 1 占转盘的比例为 14.4%，则每转动一次轮盘，结果落入位串 1 所占区域的概率就是 0.144。当需要另一个后代时，就转动一下这个轮盘，产生一个选择的新串。当位串的适配值

图 4-1　按适配值所占比例划分的轮盘

高时，它将在下一代中产生较多的后代。当一个位串被选中时，这个位串将被完整地选择，然后将选择位串送入匹配池。旋转 4 次轮盘就产生 4 个串，这 4 个串是上一代种群的选择，有的位串可能被选择一次或者多次，有的位串可能被淘汰。选择后产生的新的种群为

01101

11000

11000

10011

可以看出，位串 1 被选择了一次，位串 2 被选择了两次，位串 3 被淘汰，位串 4 被

选择了一次。选择之后的各项数据如表 4-2 所示，可见适配值较好的有较多的选择，较差的则被淘汰了。

表 4-2　选择之后的各项数据

位串编号	初始种群	x 值	$f(x)=x^2$	选择复制的概率 $f_i/\sum f_i$	期望的选择数 $f_i/\overline{f_i}$	实际得到的选择数
1	01101	13	169	0.14	0.58	1
2	11000	24	576	0.49	1.97	2
3	01000	8	64	0.06	0.22	0
4	10011	19	361	0.31	1.23	1
总计			1170	1.00	4.00	4
平均			293	0.25	1.00	1
最大值			576	0.49	1.97	2

2. 交叉

交叉(Crossover)：是指将群体中的个体随机两两配对，然后以某个概率(交叉概率)交换它们之间的部分染色体。交叉操作可以分为两个步骤：第一步是将选择产生的位串随机两两配对；第二步是随机选择交叉点，对匹配的两个位串进行交叉繁殖，产生一对新的位串。具体的操作过程如下。

设位串的长度为 l，则位串的 l 个数字位之间的标记为 $1,2,\cdots,l-1$。在 $[1,l-1]$ 内，随机地选取一个整数位置 k 作为交叉点，将配对的两个位串从位置 k 之后的所有字符互相交换，形成两个新的位串。例如，取表 4-2 中两个初始种群中的配对位串为 A_1 和 A_2：

$$A_1=0110 \vdots 1$$
$$A_2=1100 \vdots 0$$

则可知位串的长度 $l=5$，假设在 1~4 随机选取 $k=4$，如上用分隔符"$\vdots$"所示位置处交叉操作，产生如下两个新的位串：

$$A'_1=01100$$
$$A'_2=11001$$

上面的交叉操作是简单的交叉，又称为单点交叉，可以用图 4-2 来表示。

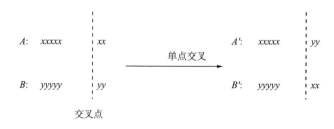

图 4-2　单点交叉示意图

单点交叉是指在编码串中随机设置一个交叉点，在该点之后的字符相互交换，是最常用的交叉操作。但是单点交叉又有一定的适用范围，因此，人们发展了其他一些交叉方法：双点交叉、多点交叉、均匀交叉等。

　　双点交叉是指在编码串中随机设置两个交叉点，进行字符交换。同单点交叉一样，双点交叉也需要两个步骤：一是选择配对的两个编码串；二是设置交叉点，相互交换。具体的操作过程如图 4-3 所示。

交叉点1　　交叉点2

图 4-3　双点交叉示意图

　　多点交叉又称为广义交叉，操作与单点交叉和双点交叉类似。但是在实际操作的时候一般不能选择太多的交叉点，以免影响遗传算法的性能。

　　均匀交叉是指配对的编码串以相同的交叉概率进行交换，实际上也是多点交叉的一种。操作过程如下。

　　(1)　随机产生一个与编码串长度等长的屏蔽字 $W=w_1,w_2,\cdots,w_l$。

　　(2)　若 $w_i=0$，则交叉操作后的第 i 个字符不变；若 $w_i=1$，则交叉操作后的第 i 个字符相互交换，操作如图 4-4 所示。

图 4-4　均匀交叉示意图

　　对于初始种群进行交叉操作之后的各项数据列于表 4-3 中。

表 4-3　交叉操作后的各项数据

新串编号	选择后的种群("┊"为交叉点)	匹配对象(随机选取)	交叉点(随机选取)	新种群	x 值	$f(x)=x^2$
1	0110┊1	2	4	01100	12	144
2	1100┊0	1	4	11001	25	625
3	11┊000	4	2	11011	27	729
4	10┊011	3	2	10000	16	256
总计						1754
平均						439
最大值						729

从表 4-3 中可以看出交叉操作的执行过程。首先，随机地将匹配池中的个体进行配对，位串 1 和位串 2 配对，位串 3 和位串 4 配对。然后，随机选择交叉点，位串 1(01101) 和位串 2(11000)的交叉点为 4，交叉后产生新串 01100 和 11001；位串 3(11000)和位串 4(10011)的交叉点为 2，交叉后产生新串 11011 和 10000。

3. 变异

变异(Mutation)：是指以一定的概率(变异概率)随机改变个体中某个串的位置。变异的概率很小，目的是防止丢失一些有用的遗传因子。特别是当种群中的个体经遗传操作后使某些串的值失去多样性，从而失去检验有用遗传因子的机会时，变异操作就可以起到恢复种群位串多样性的作用。根据经验，变异的频率为每一个千位只变异一位，即变异概率为 0.001。

变异有基本位变异、均匀变异、边界变异、非均匀变异和高斯变异等。基本位变异是最常见、最基本的变异操作。对于用二进制编码的个体，变异操作就是在某一基因座上原有的值为 0，变异后变为 1；反之，如果原来是 1 则变异后为 0。

具体的执行过程为如下。

(1) 根据种群的具体情况，依据变异概率，找出变异点。

(2) 对变异点的基因值进行变异操作，产生一个新的个体。

基本位的变异操作过程如图 4-5 所示。

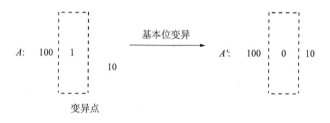

图 4-5　基本位的变异操作过程

在表 4-3 中的共有 20 个字符，每个位串有 5 个字符，一共 4 个位串。期望的变异串的位数为 20×0.001=0.02，所以此例中的位串字符不发生改变。

从表 4-2 和表 4-3 中可以看出，经历了一次选择、交叉和变异操作之后，平均值和最大值都有了很大程度的提高，平均值从 293 提高到 439，最大值从 576 提高到 729。这说明经过了一次遗传运算后，问题的解朝着最优解又近了一步，只要这个过程一直进行下去，最终将会得到全局最优解。

从上述的运算过程可以看出，交叉运算是产生新个体的主要方法，它决定了遗传算法的全局搜索能力。而变异运算决定了遗传算法的局部搜索能力，它只是一个产生新个体的辅助方法。交叉与变异相互配合，共同完成了全局搜索和局部搜索，使得遗传算法能够很好地解决最优化问题。

从上面的例子可以总结出遗传算法的工作原理图，如图 4-6 所示。

从图 4-6 中也可以看出，编码方法和遗传算子的设计是构造遗传算法的关键步骤，对于不同的优化问题需要不同的编码方法和遗传算子，这也是遗传算法应用成功与否的关键。

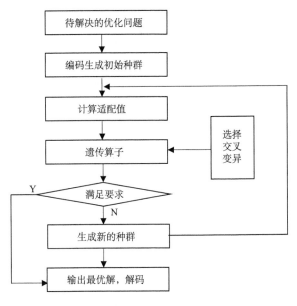

图 4-6　遗传算法工作原理图

4.2 遗传算法的模式理论

4.2.1 模式理论

1. 模式

模式是一个种群中的字符串在某些位置上的相似性。对于二进制的编码方式，个体由两个字符{0,1}表示，再加入一个通配符"*"，它的含义是既可以理解为 0 也可以理解为 1。这样就用三个字符{0,1,*}构成了任一种模式。

例如，在 4.1.4 节的例子中有

位串	适配值
01101	169
11000	576
01000	64
10011	361

可以看出，以"1"开头的位串的适配值较高，以"0"开头的位串适配值较低。它说明了位串的模式在遗传算法的运算中起着关键的作用。

一个位串与一个模式相匹配就是：模式中的 1 与位串中的 1 相匹配；模式中的 0 与位串中的 0 相匹配，模式中的"*"与位串中的 0 或 1 都可能匹配。例如，模式 00*000 匹配两个位串{000000,001000}；而模式*000*可以与{00000,00001,10000,10001}四个位串中的任何一个匹配。可以看出，模式使人们更容易概括位串的相似性。但是，"*"只是一个符号，它能代表其他符号，却不能被遗传算法直接处理运算。

由于模式的每一位可取 0、1 或*，假设位串的基数为 k，则{0,1}的基数为 2，长度

为 l，则位串所能包含的最大模式数为 $(k+1)^l$，而位串的数量只有 k^l。例如，前面的例子，位串的长度为 5，模式可以取 0、1 或*，则 $k=2$，对应的模式数为 $(k+1)^l=3^5$；而位串的数量为 $k^l=2^5$。由此可见，模式的数量要大于位串的数量。

一般地，对于长度为 l 的位串，包含 2^l 种模式。例如，位串 00000 是 2^5 个模式，它可以与每个位串是 0 或*的任一种模式相匹配，即任意位置上都有两种不同的表示。所以，对于大小为 n 的种群，包含有 $2^l \sim n \times 2^l$ 种模式。

下面只考虑二进制的位串，设一个长度为 l 的二进制位串用符号 $A=a_1, a_2, a_3, \cdots, a_l$ 来表示，其中 $a_i \in \{0,1\}$。这里称 a_i 为基因，每个 a_i 代表一个二值特性。任一种模式 H 由 $\{0,1,*\}$ 生成，可以表示为 $H=100*111*$。第 t 代种群 $A(t)$ 中的个体位串用 $A_j(j=1,2,\cdots,n)$ 表示。模式之间还存在着一些差别。例如，模式 011*1** 比模式 0****0* 具有更加确定的相似性，而模式 1****1 比模式 1**1*1 的跨越长度要长。

为了区分不同类型的模式，下面定义模式的位数(Order)和模式的定义长度(Defining Length)。一个模式的位数由 $O(H)$ 表示，它等于模式中确定位置的个数，对于二进制来说是 0 或 1 所在位置的个数。例如，模式 $H=01*1*$，位数为 3，则 $O(H)=3$。模式的定义长度由 $\delta(H)$ 表示，它等于第一个和最后一个确定位置之间的距离。例如，模式 $H=011*1**$，它的第一个确定位置是第 1 位，最后一个确定位置在第 5 位，则模式的定义长度 $\delta(H)=5-1=4$。如果模式为 $H=****$，则 $\delta(H)=0$；如果模式 $H=*****0$，则 $\delta(H)=0$；如果模式 $H=1*****$，则 $\delta(H)=0$。模式的位数和定义长度描述了模式的基本性质，用这两个参数就可以分析模式在遗传运算中的变化规律了。

下面分析遗传算法中选择、交叉、变异对模式的影响。

2. 选择对模式的影响

假设在时间 t，种群 $A(t)$ 包含了 m 个模式 H，$m=m(H,t)$。在选择过程中，种群 $A(t)$ 中的任意位串 A_i 以 $f_i/\Sigma f_i$ 的概率被选中进行选择。则在选择完成之后，在 $t+1$ 时刻，模式 H 的数量为

$$m = m(H,t+1) = m(H,t) \times n \times f(H) / \Sigma f_i \qquad (4.1)$$

其中，$f(H)$ 是 t 时刻模式 H 的平均适配值，而整个种群的平均适配值为 $\overline{f} = \Sigma f_i / n$，则代入式(4.1)，可写为

$$\frac{m(H,t+1)}{m(H,t)} = \frac{f(H)}{\overline{f}} \qquad (4.2)$$

由此可见，经过遗传运算的选择操作后，下一代的特定模式数量 H 与该模式的平均适配值和整个种群的平均适配值的比值成比例。当比值 $f(H) > \overline{f}$ 时，模式 H 的数量将增加；而当比值 $f(H) < \overline{f}$ 时，模式 H 的数量将减少。种群 A 所有的模式经过选择操作后，适配值高于种群平均值的模式在下一代中的数量将增加；适配值低于平均适配值的模式在下一代的数量将减少。

假设 $f(H) = (1+c)\overline{f}$，其中，c 是一个大于零的常数，则式(4.1)可以改写为

$$m(H,t+1) = m(H,t) \times (1+c) \qquad (4.3)$$

从原始种群开始($t=0$)，式(4.3)可以写为

$$m(H,t+1) = m(H,0) \times (1+c)^t \qquad (4.4)$$

由此可见，当 $c>0$ 时，高于平均适配值的模式数量将呈指数形式增长。

从上面的选择过程可以看出，虽然选择操作能使模式的数量以指数的形式增减，但是由于选择操作只能将某些适配值高的个体选择，淘汰适配值低的个体，并不能产生新的模式结构。因而，选择操作对性能的改进是有限的。

3. 交叉对模式的影响

交叉操作是基因串之间有组织而又随机的信息交换。它在创造新的结构的同时，尽可能少地破坏选择过程所选择的高适配值模式。交叉操作对于模式 H 的影响与模式的定义长度 $\delta(H)$ 有关。$\delta(H)$ 越大，H 的跨度就越大，而交叉操作是对相匹配的位串的某一位置进行交叉，随机的交叉点落入其中的可能性就越大，所以模式 H 被分裂的可能性也就越大。

例如，对于位串长度 $l=7$，包含以下两个代表模式：

$$A=0111000$$
$$H_1=*1****0$$
$$H_2=***10**$$

其中，$\delta(H_1)=5$，$\delta(H_2)=1$。简单的交叉过程是随机地选择一对匹配对象，任意选取一个交叉点，进行交换。针对上面的模式选择交叉点为 3，用分隔符"¦"标记，得

$$A=011 \vdots 1000$$
$$H_1=*1* \vdots ***0$$
$$H_2=*** \vdots 10**$$

令 A 的匹配对象为 $A'=101 \vdots 0001$，则交叉后产生的新的子代为

$$A_1=011 \vdots 0001$$
$$A_2=101 \vdots 1000$$

与前面给出的基因的两个代表模式：

$$H_1=*1* \vdots ***0$$
$$H_2=*** \vdots 10**$$

对比可知，经交叉后产生的子代都不是 H_1 的样本。也就是说经过交叉操作后 H_1 被丢弃了，而 H_2 却继续存在。因为无论与 A 匹配的对象为何种形式，H_2 的第 4 位"1"和第 5 位"0"都将传入子代，从而使得 H_2 依然存活。由于交叉点是随机选取的，所以模式 H_1 被破坏的概率要大于模式 H_2 被破坏的概率。

由于模式 H_1 的定义长度 $\delta(H_1)=5$，所以如果交叉点始终是随机地从 $l-1=7-1=6$ 的可能位置中选择，那么，模式 H_1 被破坏的概率为

$$P_d = \delta(H_1)/(l-1) = 5/6$$

而它的存活概率为

$$P_s = 1 - P_d = 1/6$$

模式 H_2 被破坏的概率为

$$P_d = \delta(H_2) / (l-1) = 1/6$$

存活概率为

$$P_s = 1 - P_d = 5/6$$

综合上面的计算，可以得出任何模式的交叉存活的概率为

$$P_s = 1 - \frac{\delta(H)}{l-1} \tag{4.5}$$

在式(4.5)中忽略了交叉点发生在定义长度内模式 H 不被破坏的情况，实际中，如果 A 的匹配对象在第 2 位和第 7 位上有一位与 A 相同，那么模式 H_1 将被保留下来。所以式(4.5)中给出的存活概率只是一个下限，所以有

$$P_s \geqslant 1 - \frac{\delta(H)}{l-1} \tag{4.6}$$

而在前面的讨论中都假设交叉概率为 1，若对于一般情况，令交叉概率为 P_c，则模式 H 在交叉操作后的存活率为

$$P_s \geqslant 1 - P_c \frac{\delta(H)}{l-1} \tag{4.7}$$

综合选择、交叉操作之后，模式 H 的数量为

$$m(H, t+1) \geqslant m(H, t) \frac{f(H)}{\bar{f}} P_s \tag{4.8}$$

式(4.8)也可以写为

$$m(H, t+1) \geqslant m(H, t) \frac{f(H)}{\bar{f}} \left[1 - P_c \frac{\delta(H)}{l-1} \right] \tag{4.9}$$

可见，在选择和交叉的共同作用下，模式 H 数量的增减取决于模式适配值的高低（$f(H) > \bar{f}$ 或 $f(H) < \bar{f}$）和定义长度 $\delta(H)$ 的长短，$f(H)$ 越大，$\delta(H)$ 越小，模式 H 的数量越多。

4. 变异对模式的影响

变异是对位串中的某个位置以概率 P_m 进行随机的改变，在它创造新的位串的同时，尽可能地减少破坏待定的模式。一个模式要存活就意味着它所有的确定位置都存活。因此，单个基因位存活的概率为 $1 - P_m$，而每个变异的发生是统计独立的，所以一个特定模式仅当它的 $O(H)$ 个确定位置都存活时才能存活，即可得到变异后模式 H 的存活率为

$$(1 - P_m)^{O(H)} \tag{4.10}$$

由于在一般情况下 $P_m \ll 1$，所以模式 H 的存活率可以写为

$$(1 - P_m)^{O(H)} \approx 1 - O(H)P_m \tag{4.11}$$

综合考虑选择、交叉、变异操作的共同作用，则模式 H 在下一代的数量为

$$m(H, t+1) \geqslant m(H, t) \frac{f(H)}{\bar{f}} \left[1 - P_c \frac{\delta(H)}{l-1} \right] \left[1 - O(H)P_m \right] \tag{4.12}$$

式(4.12)忽略了极小项 $P_c \dfrac{\delta(H)}{l-1} O(H) P_m$，可以近似表示为

$$m(H,t+1) \geqslant m(H,t) \frac{f(H)}{\bar{f}} \left[1 - P_c \frac{\delta(H)}{l-1} - O(H) P_m \right] \tag{4.13}$$

5. 遗传算法的模式理论

从上面关于选择、交叉和变异对模式的影响可知，那些定义长度短的、位数低的、平均适配值高的模式数量将在后代中呈指数级增长，这个结论成为遗传算法的模式理论(Schema Theory)。

根据模式理论，随着遗传算法一代一代地进行下去，那些定义长度短的、位数低的、适配值高的模式将会越来越多，最后得到的位串(这些模式的组合)的期望性能越来越得到改善，最终趋向全局最优点。

遗传算法的模式定理最初由 Holland 提出，并经过了不断的完善。模式理论是遗传算法的理论基础，它适用于二进制编码，但对于其他编码方式不一定适用。

4.2.2 积木块假设

由遗传算法的模式理论可知，位数低、定义长度短、平均适配值高的模式，在后代中模式的数量呈指数级增长，把这类模式称为积木块(Building Block)。这类模式在遗传算法中是非常重要的，同搭积木一样，这些好的模式在遗传操作下相互拼接、结合，产生了适配值更高的位串，最终找到最优的可行解。

积木块假设(Building Block Hypothesis)：是指位数低、定义长度短、平均适配值高的模式在遗传算子的作用下，相互结合，能够生成位数高、定义长度长、平均适配值高的模式，可最终生成全局最优解。

积木块假设说明了采用遗传算法求解问题的基本思想：通过基因块之间的相互拼接、结合能产生出问题的最优解。

基于模式理论和积木块假设，人们能够在很多应用问题中广泛使用遗传算法。

但是，积木块假设并没有得到最终证明，只能称为假设，而不是定理。虽然已经有大量的实践证据都说明这一假设正确，但是并不等于理论证明，对于大多数问题应用积木块假设还是有效的。

4.2.3 遗传算法的欺骗问题

遗传算法适用于大多数问题，但是也存在一些遗传算法难以解决的问题，如最终的搜索偏离全局最优解，把这类问题称为欺骗问题(Deceptive Problem)。

欺骗问题不满足积木块假设，当由基因块拼接时，往往会欺骗遗传算法，使其进化过程偏离最优解。

在欺骗问题中，为了造成骗局所需要设置的最小问题规模(位数)称为最小欺骗问题。

研究表明，欺骗问题一般包含有孤立的最优点，即最好的点往往被差的点包围，从而使遗传算法较难通过基因之间的相互拼接而达到这个最优点。

遗传算法中欺骗性的产生往往与适配值确定和调整、编码方式的选取有关。采用合

适的编码方式或者调整适配值，可以化解和避免欺骗问题。

4.2.4 遗传算法的收敛性

遗传算法通过编码、适配值计算、选择、交叉、变异、解码等遗传操作，可以实现局部搜索和全局搜索。对于许多传统的优化方法不能解决的问题，如多参数、非线性、耦合等，遗传算法的高鲁棒性能够很好地解决。但是也存在着一些缺点，其中很重要的是未成熟收敛问题。

未成熟收敛也称早熟(Premature Convergence，PC)，是遗传算法中不可忽视的现象，主要表现在以下两个方面：

群体中的所有个体都陷于同一极值而停止进化；

接近最优解的个体总是被淘汰，进化过程不收敛。

未成熟收敛的特征是群体中的个体结构的多样性急剧减少，使得选择操作和交叉操作不能再产生更有生命力的新个体，各个体非常相似，在找到最优解或者满意解之前，整个群体就收敛到了一个非最优解。而遗传算法希望保持群体中个体结构的多样性，丧失的搜索能够进行下去。未成熟收敛的产生是随机的，很难预见是否会出现未成熟收敛现象。

未成熟收敛产生的原因主要有：所解决的问题是遗传算法的欺骗问题；选择、交叉、变异的操作不能够精确实现具体的要求；处理的群体存在随机误差等。

可以说在遗传算法的每个环节都有可能产生未成熟收敛现象，例如，有以下几种情况：

(1) 在进化的初始阶段，生成了具有很高适应度的个体 X。

(2) 在基于适应度比例的选择下，其他个体被淘汰，而大部分个体与 X 一致。

(3) 相同的两个个体进行交叉操作，没有产生新的个体，失去了个体的多样性。

(4) 变异操作产生的个体适应度高，并且数量少，所以被淘汰的概率较大等。

针对这些情况，需要采取措施防止遗传算法出现未成熟收敛现象，维持种群的多样性，以保证在找到最优解之前不出现这种现象。具体的解决方法如下：

(1) 重新启动。在遗传算法中碰到未成熟收敛问题时，随机选择一组初始值重新进行遗传运算。

(2) 调整选择概率。把选择概率本身作为个体进行优化。

(3) 维持种群个体的多样性。①交叉操作能够产生与父辈不同的个体，从而使产生的群体具有多样性。可以通过增加交叉使用的频率和改变适应度函数以及动态改变交叉点的方法来维持种群的多样性。②把群体分成若干子群体，每个子群体单独进行选择操作。此外，还可以增加配对个体距离和增加群体规模等。

4.3 遗传算法的改进

许多学者对遗传算法进行了不断的研究，但是还存在一些问题。如早熟现象是遗传算法中最难解决的问题；接近最优解时，左右摆动、收敛较慢等。为此，他们在参数编码、初始群体设定、适应度函数标定、遗传操作算子、控制参数的选择等方面提出了改进方案。基本途径主要有以下几种：

(1) 采用混合遗传算法(Hybrid Genetic Algorithm)。

(2) 采用动态自适应技术，在进化的过程中调整遗传算法控制参数和编码方式。

(3) 采用非标准的遗传操作算子。

(4) 采用并行算法。

下面分别介绍几种改进的遗传算法。

4.3.1 分层遗传算法

分层遗传算法(Hierarchic Genetic Algorithm，HGA)是将种群分成 N 个子种群，每个子种群包含 n 个个体，对每个子种群独立地运用遗传运算。这 N 个遗传算法在设置特性上有很大的差异，这样就可以为将来的高层遗传算法产生更多种类的优良模式。

N 个低层的遗传算法中的每一个在经过一段时间后，均可获得位于个体位串上的一些特定位置的优良模式。通过高层遗传算法的操作，就可以获得包含不同种类的优良模式的新个体，从而给它们提供了更加平等的竞争机会。

分层遗传算法的执行过程如图 4-7 所示。

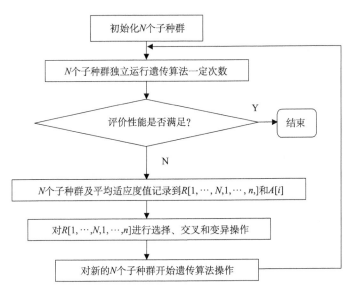

图 4-7　分层遗传算法的执行过程

4.3.2　CHC 算法

1991 年，Eshelman 提出了 CHC 算法。第一个 C 是指 Cross Generational Elitist Selection(跨世代精英选择)，H 是指 Heterogeneous Recombination(异物种重组)，第二个 C 是指 Cataclysmic Mutation (大变异)。CHC 不同于基本的遗传算法，它强调优良个体的保留，牺牲了简单遗传算法的操作简单性。

对于选择操作，CHC 算法把上一代的种群与通过新的交叉操作产生的个体混合起来，从中按一定的概率选择优良的个体，这一策略称为跨世代精英选择。

交叉操作使用的是均匀交叉的一种改进。均匀交叉是对个体的每个位置以相同的概率实行交叉操作，而 CHC 算法是当两个个体位值相异的位数为 m 时，随机选取 $m/2$ 个位置进行交叉操作。这种操作具有很强的破坏性。

在进化的前期，CHC 算法不采取变异操作，当种群进化到一定的收敛时期时，从优秀的个体中选择一部分个体进行初始化。

4.3.3　Messy 遗传算法

根据积木块假设，那些定义长度长的模式容易受到破坏，只有从小积木块的模式中才能最终得到最优解。为了克服这一缺点，1989 年，Goldberg 等提出了一种变长度染色体遗传算法——Messy 遗传算法，它在不影响模式的定义长度的情况下，使得优良模式可以繁殖。

基因型中存在着许多无用的染色体，导致遗传算法运行时间的增加，用变长度染色体描述这类问题很便利。

Messy 遗传算法将常规的遗传算法的染色体编码位串中的各基因座位置及相应的基因值组成一个二元组，把这个二元组按照一定的顺序排列起来，形成了一个变长度染色体。由于编码长度可变，所以遗传算子的选择也具有特殊性，选择算子用锦标赛选择法 (Tournament Selection)，交叉操作不再使用交叉算子，而是采用切断算子和拼接算子。切断算子(Cut Operator)是指在变长度染色体中，以某一指定的概率，随机选择一个基因座，使之成为两个个体的基因型。拼接算子(Splice Operator)是指以某一指定的概率，将两个个体的基因型连接在一起，使它们合并成一个个体的基因型。

4.3.4　自适应遗传算法

自适应遗传算法(Adaptive Genetic Algorithm, AGA)是指个体的交叉和变异率由个体在当前种群中的优良程度来自适应决定，并随遗传代数的变化而变化。在进化过程中，调整遗传控制参数可以克服早熟现象。在进化的早期，由于种群中个体的差异较大，选择和交叉的作用明显，可以以较快的速度进化。但是到了进化的后期，固定的交叉、变异使得个体近亲繁殖，失去了群体的多样性，容易产生早熟现象。下面介绍一种自适应调整遗传参数的方法：平均适应度实现交叉和变异。

遗传算法中的交叉概率 P_c 和变异概率 P_m 的选择是影响遗传算法行为与性能的关键所在，直接影响算法的收敛性。交叉概率大，则产生新个体的速度快。但是交叉概率过大，遗传算法的模式被破坏的可能性就大。交叉概率小，搜索的速度慢。变异概率过小不易产生新的个体，过大即变成了随机搜索。所以说针对不同的问题，需要反复试验来确定交叉概率和变异概率。

平均适应度实现交叉和变异是指在遗传运算过程中，交叉和变异随该代的平均适应度变化而变化。

在自适应遗传算法中，交叉概率 P_c 和变异概率 P_m 按照下面的公式进行调整：

$$P_c = \begin{cases} \dfrac{k_1\left(f_{\max} - f'\right)}{f_{\max} - f_{\mathrm{avg}}} & (f' \geqslant f_{\mathrm{avg}}) \\ k_2 & (f' < f_{\mathrm{avg}}) \end{cases} \tag{4.14}$$

$$P_m = \begin{cases} \dfrac{k_3\left(f_{\max} - f\right)}{f_{\max} - f_{\mathrm{avg}}} & (f \geqslant f_{\mathrm{avg}}) \\ k_4 & (f < f_{\mathrm{avg}}) \end{cases} \tag{4.15}$$

其中, $f_{\max}$ ——群体中最大的适应度值;

f_{avg} ——每一代群体中的平均适应度值;

f' ——要交叉的两个个体中较大的适应度值;

f ——要变异个体的适应度值;

k_1, k_2, k_3, k_4 ——0~1 的常数。

当适应度值低于平均适应度值时, 说明个体的性能不好, 对它采用较大的交叉率和变异率; 如果适应度值高于平均适应度值, 则说明个体优良。当适应度值越接近最大适应度值时, 交叉率和变异率的值越小; 当适应度值等于最大适应度值时, 交叉率和变异率为零; 当适应度值小于最大适应度值时, 交叉率和变异率最大。

这种方法对于进化的后期比较合适, 因为在进化后期, 群体中每个个体基本上都表现出较好的性能, 而这时不适宜对个体进行大的变动, 以免破坏个体的良好结构。但对于进化初期就会使进化过程太慢, 因为进化初期群体的优良个体几乎处于一种不发生变化的状态, 这时的个体不一定是全局最优解, 容易出现局部最优解。

为此, 做进一步的改进, 使得群体中最大适应度的个体交叉率和变异率不为零, 相应地提高群体中优良个体的交叉率和变异率。经过改进后的交叉率和变异率为

$$P_c = \begin{cases} P_{c1} - \dfrac{\left(P_{c1} - P_{c2}\right)\left(f' - f_{\max}\right)}{f_{\max} - f_{\mathrm{avg}}} & (f' \geqslant f_{\mathrm{avg}}) \\ P_{c1} & (f' < f_{\mathrm{avg}}) \end{cases} \tag{4.16}$$

$$P_m = \begin{cases} P_{m1} - \dfrac{\left(P_{m1} - P_{m2}\right)\left(f_{\max} - f'\right)}{f_{\max} - f_{\mathrm{avg}}} & (f' \geqslant f_{\mathrm{avg}}) \\ P_{m1} & (f' < f_{\mathrm{avg}}) \end{cases} \tag{4.17}$$

4.3.5 基于小生境技术的遗传算法

在用遗传算法进行多峰值函数的优化计算时, 经常是只能找到个别的几个最优解, 或是在局部最优解徘徊, 使得进入进化后期的大量个体收敛于局部最优解, 陷入早熟现象。小生境技术就是为了实现寻求全局最优解。

基于小生境技术的遗传算法(Niched Genetic Algorithm, NGA)就是将每一代个体划分为若干类, 每个类中选出若干个适应度较大的个体作为一个类的优秀代表, 组成一个种群, 在种群中以及不同种群之间通过交叉、变异产生新的个体, 采用不同的机制完成选择操作, 如预选择机制、排挤机制、隔离机制、共享机制等。这样就能很好地保持解的多样性, 具有很高的全局寻优能力和收敛速度, 适用于复杂多峰值函数的优化问题。

1970 年，Cavichio 提出了预选择机制的小生境策略：当子代个体的适应度值超过父代个体时，子代个体才能代替父代个体，遗传到下一代，否则父代个体将保留在下一代群体中。由于子代个体和父代个体的编码结构相似，所以替换掉的只是一些编码结构相似的个体，能够维持群体的多样性。

1975 年，De Jong 提出了排挤机制的选择策略：在有限的生存环境下，各种不同的生物为了能够生存，它们之间必须相互竞争，以获得有限的生存资源。算法设置了排挤因子 CF，在群体中随机地选取 1/CF 个个体组成排挤成员，根据新产生的个体和排挤成员的相似性来排挤一些与预排挤成员相类似的个体。个体之间的相似性可用个体编码位串之间的汉明距离度量。随着排挤的进行，个体逐渐被分类，形成小的生存环境，维持了群体的多样性。

1987 年，Goldberg 提出了共享机制的小生境策略：通过个体之间相似程度的共享函数来调整群体中个体的适应度，使得在群体的进化中，算法能够依据新的适应度来进行选择操作，以此来维护群体的多样性，创造出小生境的进化环境。

4.3.6　混合遗传算法

基本遗传算法存在着局部搜索能力较差的缺点，为了解决这一问题，需要对基本遗传算法做适当的改进。例如，可以在基本遗传算法中增加交叉约束算子，使交叉操作限制在编码串相似的染色体之间，这样就能一定程度地改善遗传算法的局部搜索能力；还可以将遗传算法与一些搜索技术相结合，构成混合遗传算法。例如，将遗传算法与神经网络学习算法相结合，形成 GA-BP 混合算法，就可以在一定程度上改进单纯遗传算法的求解质量和收敛速度等性能了。

混合遗传算法(Hybrid Genetic Algorithm, HGA)是在标准遗传算法中融入了局部搜索的思想，主要体现在以下两个方面：

(1) 引入局部搜索过程，找出个体的局部最优解，以达到改善群体总体性能的目的。

(2) 增加编码变换操作过程，对于局部搜索的局部最优解，通过编码将它们变换为新的个体，以优良的新群体进行下一步的遗传操作。

De Jong 提出了构成混合遗传算法的三条基本原则：

(1) 尽量采用原有算法的编码。便于实现混合遗传运算。

(2) 利用原有算法全局搜索的优点。保证混合遗传算法所得到的解的质量不低于原有的算法。

(3) 改进遗传算子。设计能适应新的编码方式的遗传算子，使混合遗传算法既能够保持全局寻优的特点，又能够提高运行效率。

下面介绍两种比较常用的混合遗传算法。

1. 遗传算法与最速下降法相结合的混合遗传算法

最速下降法也称为梯度法，有一阶的收敛速度，实现简单。但是它求的解是局部最优解，不能保证是全局最优解。将最速下降法与遗传算法相结合，在遗传算法中嵌入一个最速下降算子，主要进行线性搜索，这样可以保证产生的新个体继承了父代的优良品质。

混合遗传算法中的遗传算子(选择算子、交叉算子、变异算子)是进行宏观搜索的,处理的是大范围的搜索问题,而最速下降算子的线性搜索是极值局部搜索,处理的是搜索加速和小范围的搜索问题。

2. 遗传算法与模拟退火法相结合的混合遗传算法

模拟退火法是 1982 年 Kirkpatrick 等将固体退火思想引入组合优化领域而提出的,适合于求解大规模组合优化问题。Stoffa 借鉴模拟退火思想,提出了模拟退火遗传算法,对适应度进行拉伸,具体的公式如下:

$$f_i = \frac{e^{f_i/T}}{\sum_{i=1}^{M} e^{f_i/T}} \qquad (4.18)$$

$$T = T_0 \times 0.99^{g-1} \qquad (4.19)$$

其中,f_i 为第 i 个个体的适应度;M 为种群大小;g 为遗传代数;T 为温度;T_0 为初始温度。

在遗传算法前期(温度高时),适应度相近的个体产生的后代概率相近,当温度不断下降后,拉伸作用加强,使得适应度相近的个体适应度差异放大,优良个体的优势更加明显。

4.4 遗传算法应用举例

遗传算法已经在很多复杂问题(如函数优化、NP 难题)、机器学习和简单的进化规划中得到了使用。遗传算法在一些艺术领域也取得了很大成就,如进化图片和进化音乐。

遗传算法的优势在于它的并行性。遗传算法在搜索空间中非常独立地移动(按照基因型而不是表现型),所以它几乎不可能像其他算法那样找不到全局最优点,而在局部极值点附近徘徊。

遗传算法比较容易实现。一旦有了一个遗传算法的程序,如果想解决一个新的问题,那么只需要针对新的问题重新进行基因编码就行。如果编码方法也相同,那只需要改变一下适应度函数就可以了。当然,选择编码方法和适应度函数是一个非常难的问题。

当然遗传算法也有缺点,遗传算法的缺点是它的计算时间太长。它们可能比其他任何算法需要的时间都长。当然,对于今天的高速计算机来说,这已经不是个大问题了。

4.4.1 遗传算法的具体步骤

遗传算法的具体步骤如下:
① 选择编码策略;
② 定义适应函数,便于计算适配值;
③ 确定遗传策略,选择群体大小、选择、交叉、变异方法,以及确定交叉概率、变异概率等遗传参数;
④ 随机产生初始种群;

⑤ 计算种群中个体的适配值；

⑥ 按照遗传策略，运用选择、交叉和变异算子，形成下一代群体；

⑦ 判断群体性能是否满足指标，不满足则返回⑤，或者修改遗传策略，继续计算，直到满足要求。

4.4.2 应用举例

例 4-1 求下述二元函数的最大值：

$$\max \quad f(x_1, x_2) = x_1^2 + x_2^2$$

$$\text{s.t.} \quad x_1 \in \{1,2,3,4,5,6,7\}$$

$$x_2 \in \{1,2,3,4,5,6,7\}$$

解：(1) 编码。

本例题是由多个变量组成的，对于多个变量问题的编码，首先将单个变量进行编码，然后连在一起就是最后的编码。该例题中，x_1 和 x_2 取 0～7 的整数，可分别用 3 位无符号二进制整数来表示，编码均为 000~111，将它们连接在一起所组成的 6 位无符号二进制整数就形成了个体的基因型，表示一个可行解。例如，基因型 x=101110 所对应的表现型是 x=[5,6]。个体的表现型和基因型之间可以通过编码和解码相互转换。

(2) 初始群体的产生。

遗传算法是对群体进行遗传进化操作，需要一些表示起始搜索点的初始群体数据。本例中群体规模的大小取为 4，即群体由 4 个个体组成，每个个体可通过随机方法产生。如 011101，101011，011100，111001。

(3) 计算适配值。

本例中，目标函数总取非负值，并且是以求函数最大值为优化目标的，可直接利用目标函数值作为个体的适配值，即 $F(x) = f(x)$。表 4-4 中分别为位串对应的解码、计算得到的适配值和所占百分比，然后随机产生选择结果。

表 4-4 适配值和选择结果

编号	位串	x_1	x_2	适配值	所占百分比/%	选择次数	选择结果
1	011101	3	5	34	24	1	011101
2	101011	5	3	34	24	1	111001
3	011100	3	4	25	17	0	101011
4	111001	7	1	50	35	2	111001

(4) 交叉操作。

本例中采用单点交叉的方法，并取交叉概率 P_c=1.00 。位串 1 与位串 2 交叉，位串 3 与位串 4 交叉，交叉运算的结果如表 4-5 所示。

表 4-5　交叉运算的结果

位串	交叉结果
011101	011001
111001	111101
101011	101001
111001	111011

(5) 变异操作。

为了能显示变异操作，取变异概率 P_m =0.25，并采用基本位变异的方法进行变异运算。表 4-6 为变异运算的结果。

表 4-6　变异运算的结果

位串	变异位数	变异结果
011001	4	011101
111101	5	111111
101001	2	111001
111011	6	111010

对种群进行一轮选择、交叉、变异操作之后得到新一轮群体。新群体的位串、解码值及适配值如表 4-7 所示。可以看出群体经过一代进化以后，其适配值得到了明显的改进。事实上，这里已经找到了最佳个体"111111"。

表 4-7　新群体及适配值

位串	x_1	x_2	适配值
011001	3	1	10
111111	7	7	98
101001	5	1	26
111011	7	3	58

需要说明的是，表 4-6 中选择初始种群、选择结果、交叉操作和变异操作的数据都是随机产生的。这里为了说明问题而选择了一些较好数值以便能够得到较好的结果。在实际运算过程中有可能需要一定的循环次数才能达到这个结果。

例 4-2　求函数 $z = 100(x^2 + y^2) + (1-x)^2$ 的极小值。

函数曲线如图 4-8 所示，编码可采用长度为 10 位的二进制编码表示变量，采用 MATLAB 遗传算法工具箱求函数的极小值，从仿真结果可知，随着算法的进化，适应度低的个体被淘汰，个体的适应度随计算过程的变化如图 4-9 所示，找到问题的最优解。

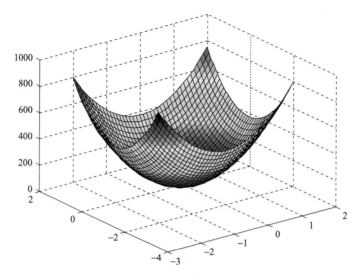

图 4-8　函数曲线

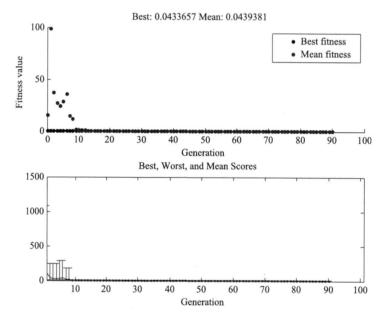

图 4-9　适应度优化过程

MATLAB 程序编码如下：

```
[x,y]=meshgrid(-2.048:.1:2.048,-2.048:.1:2.048);
z=100*(x.^2+y.^2)+(1-x).^2;
surf(x,y,z)
```

命令窗口运行：

```
FitnessFunction=@simple_fitness;numberOfVariables=2;
[x,fval]=ga(FitnessFunction,numberOfVariables);
Optimization terminated: average change in the fitness value less than
options.TolFun.
```

4.5 遗传算法库函数介绍、实例及 Simulink 仿真

遗传算法(GA)是 1962 年由美国 Michigan 大学的 Holland 教授提出的，模拟自然界遗传机制及生物进化论而成的一种并行随机搜索最优化方法。目前，在 MATLAB 软件平台上主要有三个遗传算法工具箱 GAOT、GATBX 和 GADS，其中，GADS 工具箱是 MathWorks 公司提供的遗传算法与直接搜索工具箱(Genetic Algorithms and Direct Search Toolbox)，在 MATLAB 7.0 以后版本中自带，给用户带来了极大的方便，本节将介绍 GADS 工具箱及其用法。

4.5.1 遗传算法工具箱函数介绍

在 MATLAB 工作空间的命令行输入"Help gatool"，便可得到 MATLAB 软件帮助文件中与遗传算法相关的函数介绍。

1. 遗传算法创建函数 ga()

格式：

```
x=ga(fitnessfcn,nvars)
x=ga(fitnessfcn,nvars,A,b)
x=ga(fitnessfcn,nvars,A,b,Aeq,beq)
x=ga(fitnessfcn,nvars,A,b,Aeq,beq,LB,UB)
x=ga(fitnessfcn,nvars,A,b,Aeq,beq,LB,UB,nonlcon)
x=ga(fitnessfcn,nvars,A,b,Aeq,beq,LB,UB,nonlcon,options)
[x,fval]=ga(fitnessfcn,nvars,A,b,Aeq,beq,LB,UB,nonlcon,options)
[x,fval,reason]=ga(fitnessfcn,nvars,A,b,Aeq,beq,LB,UB,nonlcon,options)
```

说明：

x——系统最优值所对应的自变量的值(即适应度函数在 x 处的值)，如果系统有多个自变量，则 x 表示自变量的一个 vector 矩阵；

fval——系统的最优值(即系统在 x 处的值)；

reason——标记遗传算法终止原因的字符串，例如，为确保算法收敛，规定了总时间不超过 30s，总代数不超过 N 代，系统计算的最优值连续多少代不变时终止等原因；

fitnessfcn——表示需要被优化目标函数的句柄。目标函数可以是单独的 M 文件，则 fitnessfcn 为@M 文件名；

nvars——独立自变量个数；

A、b——组成对变量 x 的线性约束，即 A*x<=b；

Aeq、beq——组成对变量 x 的等式约束，即 Aeq*x=beq；

LB——变量 x 的范围下界。若 x 为矢量矩阵，则 LB 为矩阵中所有分量的取值范围下界组成的矩阵；

UB——变量 x 的范围上界。若 x 为矢量矩阵，则 UB 为矩阵中所有分量的取值范围上界组成的矩阵；

nonlcon——对变量 x 进行非线性约束的函数句柄；

options——设定遗传算法运行时的参数，包括交叉概率、变异概率、采用何种方式进化等。可采用遗传算法工具箱函数 gaoptimget()和 gaoptimset()取得与设置这些参数。

2. 创建遗传算法参数结构函数

格式：

```
options=gaoptimset
options=gaoptimset('param1',value1,'param2',value2,...)
options=gaoptimset(oldopts,'param1',value1,...)
options=gaoptimset(oldopts,newopts)
```

说明：

options——创建的遗传算法参数结构，各参数及相应说明见表 4-8；

param1——设定遗传算法参数，令其为 value1；

param2——设定遗传算法参数，令其为 value2；

oldopts——修改旧的参数结构中的部分参数值，令 param1 为 value1，param2 为 value2……；

newopts——新的参数结构，函数 gaoptimset(oldopts,newopts)是将新的参数结构值覆盖旧的参数结构中的对应值。

表 4-8 **options 参数结构体中的参数说明**

序号	参数名称	说明	参数值
1	CreationFcn	创建遗传算法初始种群的函数句柄	{@gacreationuniform}
2	CrossoverFraction	利用交叉函数创建的下一代种群的交叉概率	Positive scalar | {0.8}
3	CrossoverFcn	创建交叉子辈函数的句柄	@crossoverheuristic {@crossoverscattered} @crossoverintermediate @crossoversinglepoint @crossovertwopoint @crossoverarithmetic
4	EliteCount	标明当前代中一定能生存到下一代的个体数。正整数	Positive integer | {2}
5	FitnessLimit	如果适应度值到达 FitnessLimit 值,则遗传算法停止执行。标量	Scalar | {-Inf}
6	FitnessScalingFcn	变换适应度函数值的函数句柄	@fitscalingshiftlinear @fitscalingprop @fitscalingtop {@fitscalingrank}
7	Generations	设定遗传算法停止前可迭代的最大次数。正整数	Positive integer |{100}
8	PopInitRange	设定初始种群中个体的范围值。矩阵或向量	Matrix or vector | [0;1]
9	PopulationType	指定种群的数据类型。字符串	'bitstring' | 'custom' | {'doubleVector'}

序号	参数名称	说明	参数值
10	HybridFcn	遗传算法终止后继续进行优化所使用函数的句柄	Function handle | @fminsearch @patternsearch @fminunc @fmincon {[]}
11	InitialPopulation	初始化遗传算法种群	Matrix | {[]}
12	InitialScores	决定适应度的初始分值	Column vector | {[]}
13	InitialPenalty	设定适应度的初始惩罚值	Positive scalar | {10}
14	PenaltyFactor	设定惩罚值更新因子	Positive scalar | {100}
15	MigrationDirection	设定迁移方向	'both' | {'forward'}
16	MigrationFraction	设定每个子种群迁移到不同子种群的比率。0~1 的标量	Scalar | {0.2}
17	MigrationInterval	设定间隔多少代子种群间个体发生迁移	Positive integer | {20}
18	MutationFcn	产生变异子辈函数的句柄	@mutationuniform @mutationadaptfeasible {@mutationgaussian}
19	OutputFcns	遗传算法每次迭代调用的函数句柄数组	@gaoutputgen |{[]}
20	PlotFcns	绘制结果图形的函数句柄数组	@gaplotbestf @gaplotbestindiv @gaplotdistance @gaplotexpectation @gaplotgeneology @gaplotselection @gaplotrange @gaplotscorediversity @gaplotscores @gaplotstopping | {[]}
21	PlotInterval	设定调用图形函数的间隔值	Positive integer | {1}
22	PopulationSize	设定种群尺度	Positive integer | {20}
23	SelectionFcn	选择进行交叉或变异的父辈函数句柄	@selectionremainder @selectionrandom {@selectionstochunif} @selectionroulette @selectiontournament
24	StallGenLimit	设定停止遗传算法迭代代数限	Positive integer | {50}
25	StallTimeLimit	设定停止遗传算法迭代时间限	Positive scalar | {20}
26	Display	设定显示等级	'off' | 'iter' | 'diagnose' | {'final'}
27	TimeLimit	设定遗传算法运行 TimeLimit 秒后停止	Positive scalar | {Inf}
28	Vectorized	标明遗传算法的适应度函数是否是向量	'on' | {'off'}

3. 获取遗传算法参数值结构函数

格式:

```
val=gaoptimget(options,'name')
val=gaoptimget(options,'name',default)
```

说明:

val——获取的遗传算法"name"的结构参数值;

options——遗传算法参数结构,见表4-8;

name——需要获取参数值的参数名称(name 为 options 结构中的变量名)。

4.5.2 遗传算法工具箱函数应用实例

例 4-3 求函数 $f(x)=x+10\sin(5x)+7\cos(4x)$ 的最小值,其中 $0 \leqslant x \leqslant 9$。且种群中个体数目为 10,交叉概率为 0.95,变异概率为 0.08。

解:

(1) 编写目标函数 m 文件。

```
%编写目标函数
Functioneval=fitness(x);
eval=-[x+10*sin(5*x)+7*cos(4*x)]
%把上述函数存储为fitness.m文件,并放在工作目录下
```

(2) 设置遗传算法的参数结构值。

```
%设置遗传算法的种群个数为10,交叉概率为0.95,变异概率为0.08
options=gaoptimset('EliteCount',10,'CrossoverFraction',0.95,'Migration
Fraction',0.08)
```

运算结果如下:

```
options=

       PopulationType:'doubleVector'
         PopInitRange:[2x1 double]
       PopulationSize:20
           EliteCount:10
    CrossoverFraction:0.9500
   MigrationDirection:'forward'
    MigrationInterval:20
     MigrationFraction:0.0800
           Generations:100
            TimeLimit:Inf
          FitnessLimit:-Inf
          StallGenLimit:50
         StallTimeLimit:20
                TolFun:1.0000e-006
                TolCon:1.0000e-006
     InitialPopulation: []
```

```
      InitialScores:[]
     InitialPenalty:10
      PenaltyFactor:100
       PlotInterval:1
       CreationFcn:@gacreationuniform
 FitnessScalingFcn:@fitscalingrank
       SelectionFcn:@selectionstochunif
      CrossoverFcn:@crossoverscattered
       MutationFcn:@mutationgaussian
         HybridFcn:[]
           Display:'final'
          PlotFcns:[]
        OutputFcns:[]
        Vectorized:'off'
```

(3) 编写遗传算法程序来计算目标函数最小值。

```
[x,fval,reason]=ga(@fitness,1,[],[],[],[],[0],[9])
```

运算结果如下：

```
x=
    7.8549
fval=
   -24.8548
reason=
Optimization terminated: average change in the fitness value less than
options.TolFun.
```

注：在运行遗传算法函数进行求解时，MATLAB 软件会提示警告信息，告知结果是取得的近似最优解，而不是最优解。另外，在使用遗传算法的过程中会发现，遗传算法的收敛性与其初始值有关，运行上面的命令所得到的结果可能会有差异，但多次执行上面的命令(即取不同的初始群体)一定可以得到近似最优解。

4.5.3 基于实例的遗传算法 MATLAB/Simulink 仿真介绍

在 MATLAB 命令窗口中输入"gatool"，即可打开遗传算法仿真工具界面"Genetic Algorithm Tool"，如图 4-10 所示。

图 4-10 中"Fitness function"即是函数 ga()中的第一个输入参数项(表示需要被优化操作的目标函数句柄)。"Number of variable"是独立自变量的个数。"Constraints"框中的 A、b、Aeq、beq、Lower、Upper 参数填写项与 ga()函数中的同名参数量一一对应。"Nonlinear constraint function"框需填写非线性约束函数的句柄。

图 4-10 中"Plots"框中内容是与绘图选项有关的各种选择项。"Run solver"框是进行遗传算法运算中的操作项，将在后续的实例中给出详细描述。

图 4-10 中"Options"列表项与 ga()函数中的"options"参数结构是一致的，各参数的名称及默认值可参见表 4-8。其中，"Population type"表示选用遗传算法的编码方式(实数编码 Double Vector 或二进制编码 Bit String)。"Population size"表示遗传算法种群的

大小，默认值为 20。"Creation function"表示遗传算法初始化的方式。"Fitness scaling"设置变换适应度函数值的函数句柄。"Elite count"设定保留父代个体的个数。"Crossover fraction"设置遗传算法的交叉概率。"Migration"设定遗传算法的迁移方向、概率。"Stopping criteria"设定遗传算法运算的结束条件，其中，"Generations"设定代数最大极限；"Time limit"设定时间的最大极限；"Fitness limit"设定当计算值与 fitness 值相差小于某阈值时结束；"Stall generation"设定遗传算法经历多少代后，计算值不变，即收敛；"Stall time limit"设定遗传算法经历多长时间后，计算值不变，即收敛。

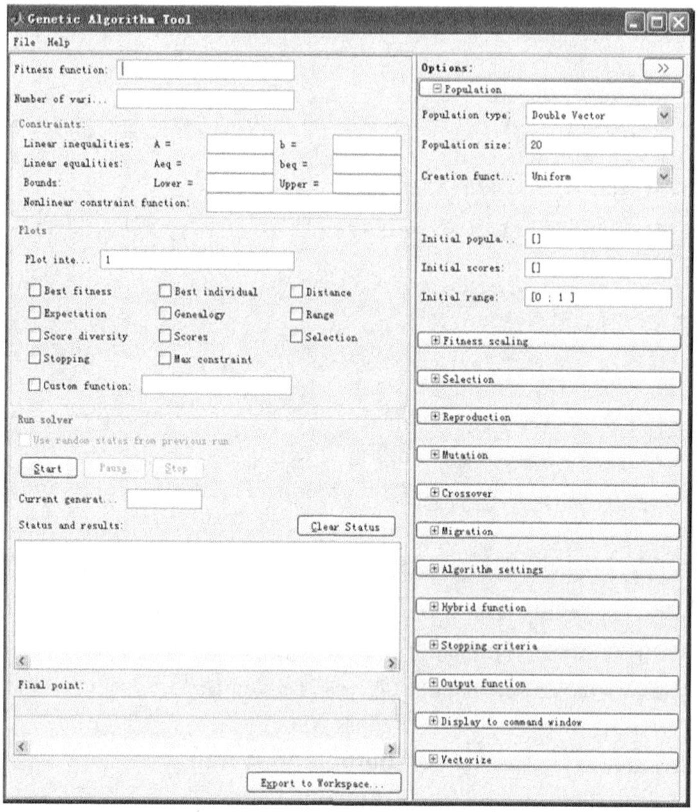

图 4-10　MATLAB/Simulink 中遗传算法参数设置界面

在设置好各项参数后，单击"Start"按钮即可开始遗传算法的运算，并在"Status and results"窗口中出现结果。

例 4-4　对于前述例题，在图 4-11 中设置相应的参数，单击"Start"按钮进行遗传算法运算，得到图 4-11 中"Status and results"显示的结果。对比可见，图 4-11 中的计算结果与 4.5.2 节中例 4-3 基于函数的计算结果相一致。

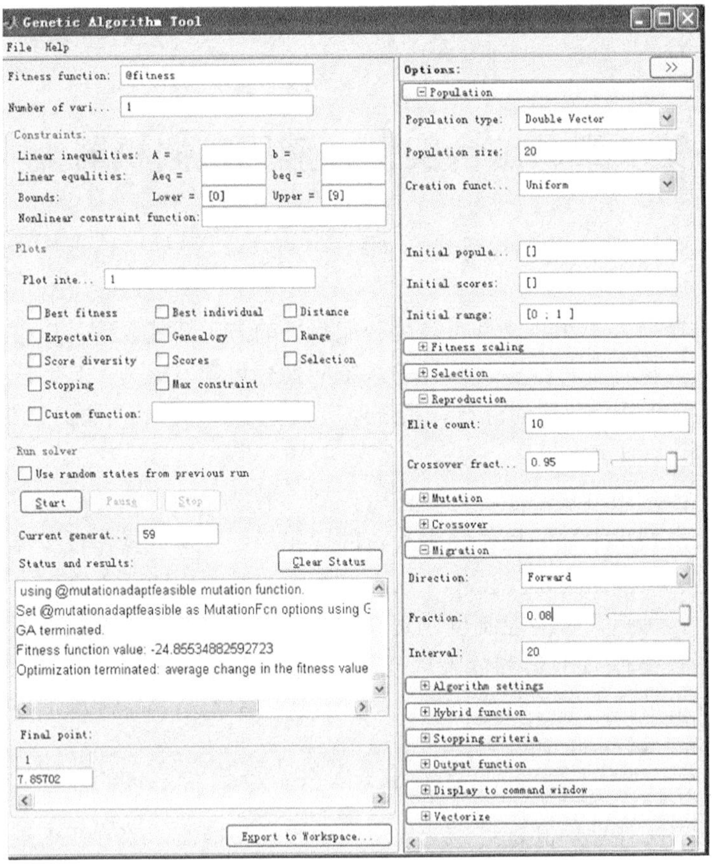

图 4-11 MATLAB/Simulink 中遗传算法计算结果

4.6 习 题

4-1 利用遗传算法求 Rosenbrock 函数的极大值。

$$\begin{cases} f(x_1,x_2)=150\times\left(x_1^2-x_2\right)^2+\left(1-x_1\right)^2 \\ -2.058\leqslant x_i\leqslant 2.058 \quad (i=1,2) \end{cases}$$

群体种群大小为 85，终止进化代数 100，交叉概率为 0.55，变异概率为 0.12。

4-2 利用遗传算法求函数

$$f(x_1,x_2,x_3)=1050-x_1^2-2x_2^2-x_3^2-x_1x_2-x_1x_3$$

的最小值。

其中，约束条件为

$$\begin{cases} x_1^2+x_2^2+x_3^2-25=0 \\ 9x_1+13x_2+7x_3-63=0 \\ x_1,x_2,x_3\geqslant 0 \end{cases}$$

群体种群大小为 25，交叉概率为 0.58，变异概率为 0.17。

第 5 章 综合实例：液压挖掘机器人

5.1 概 述

某些工程机械拟人操作需要具有高度智能水平的人工智能系统，以便在那些必要的场合能够代替人去执行各种任务。这样的系统应具有自学习能力、自组织能力、自适应能力以及容错性、鲁棒性、实时性等，系统还应具有友好的人机界面，以保证人机通信、人机互助和人机协同工作。

某些工程机械采用专家控制、神经网络控制、模糊控制和遗传控制等人工智能控制方法模拟具有最高技术水平的操作技术人员的操作。这种拟人操作很少需要或根本不需要人的干预，这就可以避免由于技术工人不熟练而造成工作质量下降，生产效率降低，甚至引发事故。这种拟人智能控制可以充分发挥高级技术工人的作用，大幅度提高劳动生产率。并且在必要时(如有毒和危险场合)实现无人操作。

对某些工程机械拟人操作智能控制，一些发达国家都给予了高度重视，并投入了巨额资金在这一领域进行研究和开发。

20 世纪 90 年代，美国卡内基-梅隆大学(Carnegie Mellon)研制的自主机器人挖掘机实现了挖掘机的自主作业，其视觉系统采用两个激光扫描器，放置在挖掘机的两侧，用来确定挖掘土壤及装车位置，该系统能够准确地对车辆进行识别，采用实时轨迹规划和执行复杂挖掘运动的参数化方法,实验样机的自动作业效率已接近熟练的操作人员水平，如图 5-1 和图 5-2 所示。

图 5-1　拟人操作控制挖掘机的工作过程(一)　　图 5-2　拟人操作控制挖掘机的工作过程(二)

澳大利亚机器人技术中心通过对小松 PC05-7 型挖掘机进行改造,将驾驶室的所有操作手柄取消,原有人工操纵的方向控制阀被电-液伺服阀所代替。提出两级控制结构,高级控制完成工作规划,低级控制执行高级控制的指令，实现对挖掘机铲斗的控制，建立了挖掘机工作装置的动力学模型，将挖掘机连杆的运动与关节力矩和外力联系起来。建立了液压伺服系统的模型，验证了多种控制策略，如图 5-3 所示。

图 5-3　挖掘机器人 PC05 在挖沟

5.2　液压挖掘机的机器人化改造

原 PC02-1 型小松挖掘机液压系统由油箱、齿轮泵(两泵流量均为 6 L/min)、溢流阀、节流阀、动臂油缸、斗杆油缸、铲斗油缸、摆动油缸、推土铲油缸、整机回转马达、左右行走马达、散热器和滤清器等组成。PC02-1 型小松挖掘机的液压系统为三泵三回路。主回路为双泵双回路。泵一负责动臂、铲斗油缸和右行走马达；泵二负责斗杆、动臂摆动油缸和回转、左行走马达；泵三负责推土板和其他附属装置(如破碎机)。从泵一、泵二所在的回路来看，此液压系统可实现泵一中任意一路和泵二中任意一路的复合动作，有效提高了工作效率。

为了实现液压挖掘机的机器人化，首先对 PC02-1 型小松挖掘机进行电液比例改造。由于手动换向阀无法接收电信号，所以增设电磁比例换向阀实现对挖掘机工作装置的电液控制。对动臂、斗杆、铲斗、回转、左右行走等 6 个回路安装电磁比例换向阀，通过比例放大器对 6 个电磁比例换向阀进行控制。电液控制回路与原有的手动回路并联，采用两位电磁换向阀进行手动与自动模式的切换。为了对挖掘机的工作装置进行闭环控制，采用倾角传感器获取动臂、斗杆和铲斗关节的角度值，采用压力变送器获取动臂、斗杆和铲斗油缸的进出油口压力参数。

PC02-1 型小松液压挖掘机改造前后的图片分别如图 5-4 和图 5-5 所示。

5.2.1　对液压挖掘机的电液比例改造

1. 电液控制系统的设计

考虑到功能需求、控制性能、稳定性和可靠性等因素，最终液压系统改造的原理图如图 5-6 所示。

所改造的 6 路液压回路分别与手动回路相对应，即泵一负责动臂、铲斗油缸和右行走马达；泵二负责斗杆、动臂摆动油缸和回转、左行走马达。液压泵的出口通过三通接头分别接手动回路和自动回路，液压缸和液压马达的进出油口通过三通接头分别接手动回路和自动回路。这样就可以将手动和自动回路并联起来。

图 5-4 改造前的小松液压挖掘机

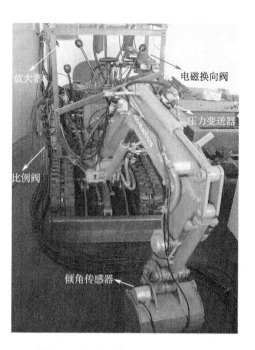

图 5-5 改造后的小松液压挖掘机

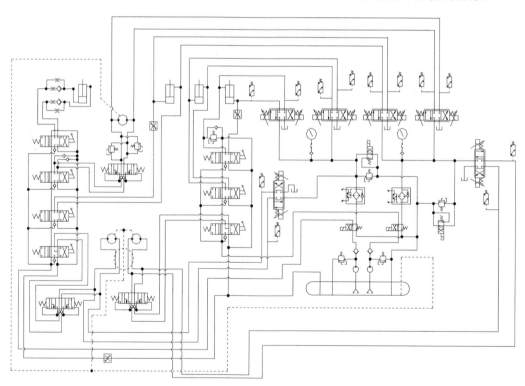

图 5-6 挖掘机的液压改造原理图

为了获取较好的控制性能且维修保养方便，比例阀的安装位置如图 5-7 所示。为了检测液压缸进出油口压力的准确性，压力变送器通过三通接头安装在液压缸的进出油口处，如图 5-8 所示。

图 5-7　比例阀的安装位置　　　　　图 5-8　压力变送器的安装位置

所设计的电液比例控制系统为双闭环控制系统。大闭环实现对挖掘机器人工作装置各关节角的闭环控制，利用倾角传感器获取实际关节角度值；小闭环通过比例阀放大器运用 PID 控制算法实现对比例阀阀芯位置的反馈控制。

改造后的单路电液系统原理图如图 5-9 所示。

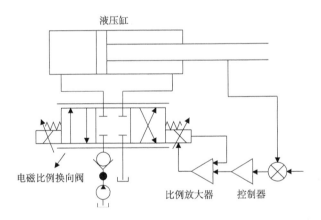

图 5-9　改造后的单路电液系统原理图

从图 5-9 可以看出，电液系统包括两个回路：液压回路和电气回路。电气回路由控制器提供电压信号，经过比例放大器进行放大，放大后的电流信号用于驱动电磁比例换向阀的比例电磁铁，以决定比例阀的"位"，以使挖掘机器人的工作装置产生相应的运动。液压回路由液压泵提供压力，经过单向阀到达电磁比例换向阀，根据电磁比例换向阀的"位"决定液压缸的伸缩。两种回路的交叉点在电磁比例换向阀，即比例电磁铁接收电信号(电气回路)后决定液压油(液压回路)的流向。通过这种交互实现计算机对液压系统的控制。

2. 液压元件及传感器的选型

改造用的液压元件要根据液压回路的压力、流量、性能、价格和必要性来选择，通过研究，确认使用表 5-1 所示型号的液压元件。

表 5-1　改造用的液压元件

液压元件	型号	生产厂家
电磁比例方向阀	4WRE6E8-10B/24Z4/M	北京华德
比例放大器	VT-5005	北京华德
放大器支架	VT-3002	北京华德
电磁换向阀	4WE6D60B/CG24NZ5L	北京华德
安全阀	DBDS6P10B/200	北京华德
单向阀	RVP610B	北京华德
过滤器	ZU-H25*10DFS	——
压力表	Y60III*40	温州远东
测压接头	PPT-3	温州远东
测压软管	HFH2-P1-3-P-1.5	温州远东
压力变送器	XKY-211	淄博福瑞德

由于一些关键元件对控制系统的影响较大，因此对主要的液压元件进行如下介绍。

1) 电磁比例换向阀

电液比例控制中最关键的元件是电磁比例换向阀。该阀可以接受电流或电压信号指令，连续地控制液压系统的压力、流量等参数，使之与输入信号呈比例变化。电磁比例换向阀的输出量是流量，由于它既能实现液流方向的控制，又能根据输入信号的大小控制流量，因此，比例换向阀也可以称为比例方向流量阀。本书选用带阀芯位置反馈的 4WRE 系列直动式节流型电磁比例换向阀，其技术参数如表 5-2 所示。阀芯的位移由位置传感器来检测。

表 5-2　4WRE6E8-10B/24Z4/M 型电磁比例换向阀的技术参数

技术参数	参数值
最大流量/(L/min)	10
通径/mm	6
工作压力/MPa	31.5
滞环/%	<1
重复精度/%	<1
响应灵敏度/%	≤0.5 名义信号
频率响应/Hz	6
介质	矿物质、磷酸酯液压油

技术参数	参数值
介质黏度/(mm²/s)	
介质温度/℃	≥20~70
过滤精度/μm	≥20
供电电压/V	24
电磁铁最大电流/A	1.5
重量/kg	2.66

图 5-10 为 4WRE6E8-10B/24Z4/M 型比例阀在 10L/min 名义流量时的特性曲线。从下向上分别为 1MPa、2MPa、3MPa、4MPa、5MPa 阀压降下的曲线。从图中可以看出，比例阀在输入值 0~10%内存在死区。对于 4WRE6E8-10B/24Z4/M 型比例阀来说，选择 1MPa 阀压降状态，由于挖掘机的齿轮泵额定流量为 6L/min，所以当输入值超过 80%时，虽然比例阀开口量继续增大，但是流量不会再继续增加。

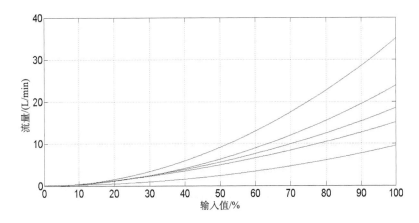

图 5-10　4WRE6E8-10B/24Z4/M 型比例阀的特性曲线

2) 比例放大器

本书选用 VT5005 型模拟式闭环控制比例放大器，用于带电反馈的电磁比例方向阀的方向和流量的控制，如图 5-11 所示。其接受来自电磁比例方向阀位移传感器的位置信号，完成对阀芯位移的闭环控制。

另外，VT5005 型比例放大器中包含了反死区功能。当输入电压值小于电磁比例方向阀死区对应的输入电压时，比例放大器中的阶跃发生器会输出一个与其极性对应的阶跃信号，这个阶跃信号和给定的电压信号相加，使阀芯快速通过电磁比例方向阀的正遮盖区；当给定电压信号较大时，阶跃发生器会输出一个恒定的输出信号。表 5-3 为 VT5005 型比例放大器的技术参数。

图 5-11　VT5005 型比例放大器

表 5-3　VT5005 型比例放大器的技术参数

技术参数	参数值
电源电压/ V	24
功率要求/ V · A	50
保险丝/ A	3
控制电压/ V	−9~+9
控制电压的最小负载/Ω	500
最大输出电流/ A	2.2
环境温度/℃	0~45
振荡频率/ kHz	2.5
质量/ kg	0.4

3）压力变送器

为了对挖掘机器人工作装置进行参数辨识，需要获取各关节液压缸两腔的压力值。为保证所测的液压缸两腔压力的准确性，通过三通接头将压力变送器直接安装在液压缸的进油口和出油口处。本书选用扩散硅型压力变送器 XKY-211，其技术参数如表 5-4所示。

表 5-4　XKY-211 型压力变送器的技术参数

技术参数	参数值
测量范围/ MPa	0~15
输出信号/V	0~10
供电电源/V	15~30
测量精度/%	0.5

技术参数	参数值
工作温度/℃	−30~80
负载电阻/Ω	0.02
外壳防护	IP65

4) 倾角传感器

为了实现对挖掘机器人工作装置的闭环控制，需要检测工作装置的各关节角或各油缸位置量。为了避免对挖掘机进行较大的破坏性改造，本书采用北京天海科公司的TDQT-360-BZ-A-Φ64 型倾角传感器，可以测量−180°~180°的角度，其主要参数如表 5-5所示。

表 5-5 倾角传感器的技术参数

技术参数	参数值
量程/ (°)	−180~180
电源电压/V	DC 24
输入信号/V	−10~10
线性度/%	0.5
分辨率/(°)	0.087~0.035

考虑到挖掘机器人工作装置各关节角的定义，动臂关节的倾角传感器与动臂等效杆平行，斗杆关节的倾角传感器与斗杆等效杆平行。为了避免在其与地面或物料接触时遭到损坏，把它安装在铲斗的后面，如图 5-12 所示。经实际测量，铲斗关节的倾角传感器与铲斗等效杆的夹角为 74.4°。

图 5-12 倾角传感器的安装位置

为了在使用中对倾角传感器输入输出的线性度有更加深入的了解，对倾角传感器重新进行标定，以确保其输出电压与所测角度的准确关系。将挖掘机器人的操作臂设置在不同角度，针对不同的角度值采集其所对应的电压值，如表 5-6 所示。

表 5-6　倾角传感器输入输出数据

输入角度值/ (°)	输出电压值/V	输入角度值/ (°)	输出电压值/V
−180	9.92	22.5	−1.253
−157.5	8.76	45	−2.440
−135	7.52	67.5	−3.649
−112.5	6.23	90	−4.980
−90	5.01	112.5	−6.23
−67.5	3.72	135	−7.43
−45	2.525	157.5	−8.69
−22.5	1.263	180	−9.97

在 MATLAB 中采用 polyfit( )函数对测得的角度及其对应的电压数据进行多项式拟合，再运用符号运算工具箱中的 poly2sym( )函数将其转换成真正的多项式形式。得到的角度与电压的曲线如图 5-13 所示。

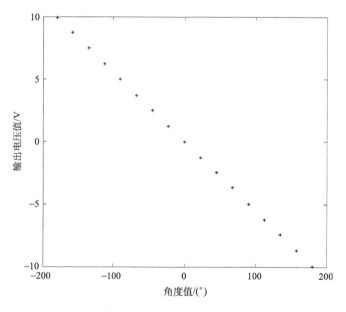

图 5-13　倾角传感器的标定

倾角传感器的电压输出 U 与所测倾角 T 的关系为

$$U = -0.0553T + 0.0254$$

5.2.2 基于 MATLAB 的 xPC Target 控制平台

为了实现对挖掘机器人工作装置的电液控制，需要搭建一个实时控制的平台，以便进行控制器的设计并输出控制信号。实时的本质就是在规定的时间内完成某种操作。以往的实时系统通常由 VB、VC、VC++和 Delphi 等编程语言在 Windows 下编写控制程序，通过接口板采集传感器的信号并输出控制信号。在 VB、VC、VC++和 Delphi 等软件的环境下进行控制程序的编程比较复杂，并且需要大量的时间调试，而且 Windows 操作系统并不是严格的实时操作系统，任务执行的频率较低，也不能保证编写的控制进程能在接口板提出中断请求时，及时响应中断，抢先执行控制进程，因此，实时性得不到保证。

xPC Target 是 MathWorks 公司提供和发行的一个基于 RTW 体系框架的附加产品，可以将 Intel×80×86/Pentium 计算机或 PC 兼容机转变为一个实时系统，是用于产品原型开发、测试和配置实时系统的 PC 机解决途径。它采用"宿主机-目标机(host PC-target PC)"双机模式，而且宿主机和目标机可以是不同类型的计算机。宿主机上运行控制器的 Simulink 模型，目标机用于执行从宿主机下载的实时代码。由于目标机专门用于执行所生成的代码，因此提高了 xPC Target 的性能和系统稳定性。宿主机和目标机之间可以通过以太网接口(TCP/IP)或串口进行通信，也可以通过 Internet 网或者局域网进行连接。依靠处理器的高性能，采样速率可以达到 100kHz。用户只需安装 MATLAB 软件、一个 C编译器和 I/O 设备板，就可将工控机作为实时系统，来实现控制系统或 DSP 系统的快速原型化、在线测试和配备实时系统的功能。本书中宿主机和目标机系统配置如下。

宿主机：Dell 计算机，CPU 为 Intel core 2 E7200，内存 2GB，安装 MATLAB 2009Ra、Simulink 7.3、Real-Time Workshop 7.3 和 xPC Target 4.1，用于控制器的设计和开发。

目标机：研祥工控计算机 810A，CPU 为 Celeron 2.5GHz，内存 256MB。

基于 xPC Target 控制平台的控制流程如下：首先通过光盘或软盘启动目标机的实时内核，在宿主机的 MATLAB/Simulink 环境下运行已经建立好的控制器模型，初始化参数，并进行系统配置；然后采用 RTW 和 C 编译器将 Simulink 模型编译为实时代码，并下载到目标机上，在宿主机上启动程序，则宿主机和目标机通过 I/O 设备板控制驱动器，并且采集传感器数据，完成实验任务。图 5-14 是 xPC Target 的软件流程图。

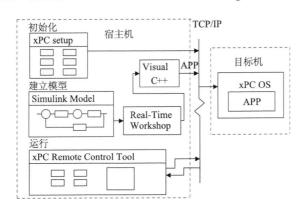

图 5-14　xPC Target 的软件流程图

目标机不需要 Windows、Linux、DOS 等任何操作系统，只需要一个包含了高度优化的 xPC Target 实时内核的启动盘来启动目标机。BIOS 是 xPC Target 所需的唯一软件。MATLAB 7.8 中提供了光盘、网络和软盘等五种启动盘方式。本书采用光盘和软盘启动两种方式。首先通过 xpcexplr 命令启动 xPC Target Explorer 界面，将宿主机的编译器设置为 VC，将目标机的配置如通信类型、目标机地址、端口、网关以及目标机网卡等设置好并进行保存；然后就可以制作目标机的启动盘了。具体的系统配置如图 5-15 所示。

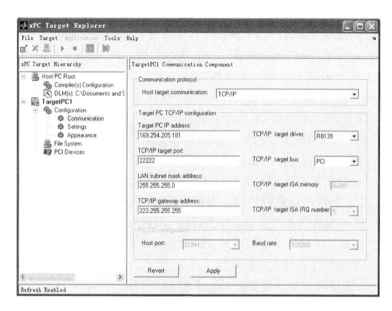

图 5-15　xPC Target 系统配置

xPC Target 有外部模式(External Mode)和普通模式(Normal Mode)之分。可以说，能使用外部模式进行控制是 xPC Target 的一大特色。在程序执行时，使用外部模式可以方便地调整模型参数，对于寻找最优控制参数很方便，用户还可以通过 Simulink 提供的各种显示模块对外部程序进行实时监视，使研究人员动态地观察信号波形，实现数据可视化和信号跟踪。也就是说，Simulink 不仅是图形建模和数学仿真的环境，还可以作为外部实时程序的图形化前向控制台。图 5-16 是目标机的监测界面。

xPC Target 支持许多知名厂商如研华、康泰克、Quanser 和 NI 等公司的 150 多种 I/O 设备板(包括 ISA 和 PCI)。在本书中，目标机上的数字量信号通过 PCL-726 模拟量输出卡转换成模拟量输入比例放大器，进而转换成电流控制电磁比例阀的电磁铁动作。倾角传感器和压力变送器的模拟量数据通过 PCL-818HG 数据采集卡传输到目标机。

PCL-726 是一款具有 6 路独立模拟量输出通道双缓冲器的全长卡。可以将通道的输出范围配置为 0~+5V、0~+10V、±5V、±10V 等电压输出，具有 12 位分辨率双缓冲 D/A 转换器。精度可以达到满量程的±0.0012%，线性度为±1/2 位。

PCL-818HG 具有 16 路单端或 8 路差分模拟量输入，带有一个可编程的信号放大器，具有 12 位 A/D 转换器，可达到 100kHz 的采样速率，带有 DMA 自动通道/增益扫描。通过软件可以将通道的输出范围配置为 0~+5V、0~+10V、±5V、±10V 等电压输出。

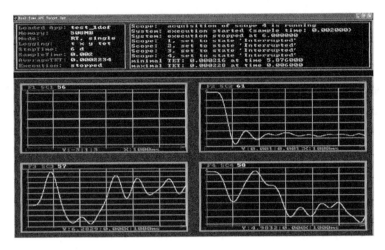

图 5-16　目标机的监测界面

采用"宿主机-目标机"双机模式可方便地实现对挖掘机器人的电液比例控制以及验证各种控制算法的效果。在 xPC Target 环境下，可以从 MATLAB 中使用命令行或 xPC 目标的图形交互界面对程序的执行进行控制。挖掘机器人工作装置的控制系统原理图如图 5-17 所示。需要说明的是，对于放大器、比例换向阀和液压缸来说，它们都属于控制信息流中的一个环节，很难界定是被控对象还是控制器的一部分。其实这种界定并不重要，而确定一个环节是前向通道的一部分还是反馈通道的一部分可能更有意义。

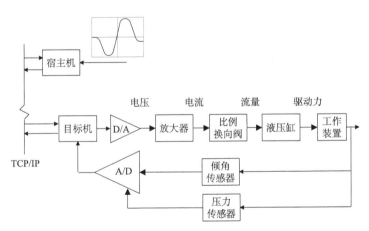

图 5-17　挖掘机器人的控制系统原理图

5.3　挖掘机器人挖掘臂的运动学建模及仿真

要实现对挖掘机器人工作装置的控制，首先要建立它的运动学和动力学模型。挖掘机器人的工作装置可以看作由液压缸驱动的开式连杆机构，是一个典型的机器人操作臂，因此，对其进行理论分析时可采用机器人的运动学和动力学理论。

5.3.1 挖掘机器人挖掘臂的运动学建模

图 5-18 给出了挖掘机器人运动学模型的示意图。挖掘机器人可以看作一个四自由度的串并联机构，回转装置的转轴垂直于水平面，动臂、斗杆和铲斗的转轴平行于水平面。为了分析方便，首先作如下规定。

(1) 在理论分析过程中，关节变量用广义关节变量 q 表示， $q = [q_1, q_2, \cdots, q_n]^T$，当关节为转动关节时，$q_i = \theta_i$；当关节为移动关节时，$q_i = d_i$。由于挖掘机器人的各关节均为转动关节，因此，针对挖掘机器人的运动学建模，推导关节变量采用 θ 表示。

(2) 各关节角都是从第 i–1 关节的正方向顺时针旋转到第 i 关节的正方向。

(3) R_{AB} 表示从点 A 到点 B 的距离，例如，R_{O_1B} 表示从 O_1 到 B 的距离。

(4) θ_{ABC} 表示 AB 和 BC 之间的夹角，例如，θ_{31x_1} 表示 O_3O_1 和 O_1x_1 之间的夹角。

(5) ${}^i p_{AB}$ 表示位置向量，上标 i 指向量所在的局部空间，$i=1,2,3,4$ 时分别表示回转、动臂、斗杆和铲斗空间，下标 AB 分别代表起始点和终止点。例如，${}^3 p_{EG}$ 表示在斗杆空间中从 E 到 G 的位置向量。

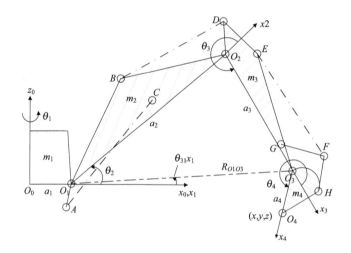

图 5-18　挖掘机器人运动学模型的示意图

在进行了符号定义之后，接下来将推导挖掘机器人工作装置的油缸空间、关节空间和位姿空间之间的运动学转换。

1.油缸空间到关节空间的变换

油缸长度向量和关节向量是一一对应的。由于油缸空间和关节空间的转换关系完全取决于挖掘机器人工作装置的几何结构，因此采用几何法推导，其优点是各连杆间没有耦合。

1) 动臂油缸空间到关节空间的变换

挖掘机器人动臂机构的简图如图 5-19 所示。

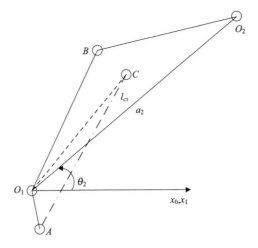

图 5-19　动臂机构的简图

在三角形 O_1CA 中，

$$\theta_{CO_1A} = \arccos \frac{R_{O_1C}^2 + R_{O_1A}^2 - l_{c2}^2}{2R_{O_1C}R_{O_1A}}$$

其中，l_{c2} 是动臂油缸的长度。

从图 5-19 中可以看出，$\theta_2 = \theta_{CO_1A} - \theta_{CO_1O_2} - \theta_{AO_1x_1}$，所以

$$\theta_2 = \arccos \frac{R_{O_1C}^2 + R_{O_1A}^2 - l_{c2}^2}{2R_{O_1C}R_{O_1A}} - \theta_{CO_1O_2} - \theta_{AO_1x_1} \tag{5.1}$$

2) 斗杆油缸空间到关节空间的变换

挖掘机器人斗杆机构的简图如图 5-20 所示。

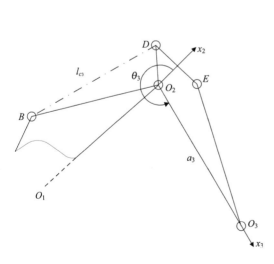

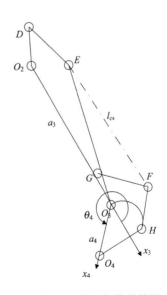

图 5-20　斗杆机构的简图　　　　　　　图 5-21　铲斗机构的简图

在三角形 O_2BD 中，

$$\theta_{BO_2D} = \arccos\frac{R_{O_2D}^2 + R_{O_2B}^2 - l_{c3}^2}{2R_{O_2D}R_{O_2B}}$$

其中，l_{c3} 是斗杆油缸的长度。

从图 5-20 中可以看出，$\theta_3 = 3\pi - \theta_{BO_2D} - \theta_{O_1O_2B} - \theta_{DO_2O_3}$，所以

$$\theta_3 = 3\pi - \arccos\frac{R_{O_2D}^2 + R_{O_2B}^2 - l_{c3}^2}{2R_{O_2D}R_{O_2B}} - \theta_{O_1O_2B} - \theta_{DO_2O_3} \tag{5.2}$$

3) 铲斗油缸空间到关节空间的变换

挖掘机器人铲斗机构的简图如图 5-21 所示。

在三角形 O_3FH 中，

$$\theta_{FO_3H} = \arccos\frac{R_{O_3F}^2 + R_{O_3H}^2 - R_{HF}^2}{2R_{O_3F}R_{O_3H}}$$

在三角形 O_3FG 中，

$$\theta_{GO_3F} = \arccos\frac{R_{O_3F}^2 + R_{O_3G}^2 - R_{GF}^2}{2R_{O_3F}R_{O_3G}}$$

其中，$R_{O_3F} = \sqrt{R_{O_3G}^2 + R_{GF}^2 - 2R_{O_3G}R_{GF}\cos(\theta_{FGO_3})}$。

因为点 D、G 和 O_3 在同一直线上，又因为 $\theta_{FGO_3} = \pi - \theta_{DGE} - \theta_{EGF}$，在三角形 EFG 中，有

$$\theta_{EGF} = \arccos\frac{R_{EG}^2 + R_{GF}^2 - l_{c4}^2}{2R_{EG}R_{GF}}$$

其中，l_{c4} 是铲斗油缸的长度。

所以

$$\theta_4 = 3\pi - \theta_{HO_3O_4} - \theta_{O_2O_3D} - \theta_{FO_3H} - \theta_{GO_3F} \tag{5.3}$$

2. 关节空间到位姿空间的变换

挖掘机器人的工作装置可以看作一系列由旋转关节连接的连杆构成的。在每个连杆上建立与连杆固定的坐标系，称为局部坐标系。与固定于地面的世界坐标系不同，局部坐标系随其依附连杆的位姿而变化，是一个动坐标系。

为了描述这些坐标系间的相对位置和姿态，需要用到齐次方程。用矩阵 A 表示某一连杆与上一个连杆的平移和旋转关系的齐次变换。用 $^0A_1$ 表示连杆 1 相对于基本坐标系(世界坐标系)的齐次变换矩阵，$^1A_2$ 表示连杆 2 相对于连杆 1 的齐次变换矩阵，那么连杆 2 在基本坐标系中的位置和姿态可以表示为

$$^0A_2 = {}^0A_1\,{}^1A_2$$

同理，n 自由度的操作臂存在如下关系：

$$^0A_n = {}^0A_1\,{}^1A_2\cdots{}^{n-1}A_n \tag{5.4}$$

第 i 个坐标系中的矢量 ^ip 与第 $i+1$ 个坐标框架中的矢量 ^{i+1}p 所遵循的关系为

$$^i p = {}^i A_{i+1} \, {}^{i+1} p \quad (i = 0, 1, \cdots, n\text{-}1) \tag{5.5}$$

由式(5.5)递推可得到末端坐标系中的向量在基本坐标系中的坐标为

$$^0 p = {}^0 A_n \, {}^n p \tag{5.6}$$

其中，$^n p$ 是操作臂 n 上任意一点，因此，操作臂的位姿信息都包含在齐次变换矩阵中。也就是说，齐次坐标变换本身描述了操作臂的位置和姿态信息。

下面采用 Denavit-Hartenberg 法推导齐次变换矩阵的表达式。

在用 D-H 法建立坐标系的过程中，操作臂看作由一系列连杆机构构成的。a_i 和 α_i 是连杆 i 的参数，d_i 和 θ_i 是连杆 i 与其相邻连杆之间的参数。其中，a_i 是连杆 i 的长度，α_i 是连杆 i 的扭转角，d_i 是杆件偏移量，θ_i 是两连杆法线的夹角。

将第 i 个连杆坐标系表示的点在第 $i-1$ 个坐标系表示，需要建立第 i 个坐标系和第 $i-1$ 个坐标系的齐次变换矩阵 $^{i-1} A_i$。按照下面的顺序建立 $^{i-1} A_i$：

(1) 绕 z_{i-1} 轴旋转 θ_i，使 x_{i-1} 轴转到与 x_i 同一平面内；

(2) 沿 z_{i-1} 轴平移 d_i，使 x_{i-1} 与 x_i 重合；

(3) 沿 i 轴平移 a_{i-1}，使连杆 $i-1$ 的坐标系原点与连杆 i 的坐标系原点重合；

(4) 绕 x_{i-1} 轴旋转 α_{i-1}，使 z_{i-1} 与 z_i 重合。

当各连杆的坐标系确定之后，就可得知各连杆的常量参数。对于旋转关节 i，可以得知 d_i、a_{i-1} 和 α_{i-1}。这样，$^{i-1} A_i$ 就变成了关节变量 θ_i 的函数。PC02-1 挖掘机工作装置的回转、动臂、斗杆和铲斗都为旋转关节，其 D-H 结构参数如表 5-7 所示。

表 5-7　PC02-1 挖掘机的 D-H 参数

关节	a_i /m	θ_i /(°)	d_i /m	α_i /(°)
回转	0.420	−180~180	0	90
动臂	1.130	−16~51	0	0
斗杆	0.575	211~340	0	0
铲斗	0.300	209~395	0	0

因此，$^{i-1} A_i$ 可以用以下关系式描述：

$$^{i-1} A_i = \mathrm{rot}(z, \theta_i) \, \mathrm{trans}(z, d_i) \, \mathrm{trans}(z, a_i) \, \mathrm{rot}(x, \alpha_i) \tag{5.7}$$

展开式(5.7)，$^{i-1} A_i$ 的表达式为

$$
^{i-1} A_i =
\begin{bmatrix}
\cos\theta_i & -\sin\theta_i & 0 & 0 \\
\sin\theta_i & \cos\theta_i & 0 & 0 \\
0 & 0 & 1 & 0 \\
0 & 0 & 0 & 1
\end{bmatrix}
\begin{bmatrix}
1 & 0 & 0 & 0 \\
0 & 1 & 0 & 0 \\
0 & 0 & 1 & d_i \\
0 & 0 & 0 & 1
\end{bmatrix}
\begin{bmatrix}
1 & 0 & 0 & a_i \\
0 & 1 & 0 & 0 \\
0 & 0 & 1 & 0 \\
0 & 0 & 0 & 1
\end{bmatrix}
\begin{bmatrix}
1 & 0 & 0 & 0 \\
0 & \cos\alpha_i & -\sin\alpha_i & 0 \\
0 & \sin\alpha_i & \cos\alpha_i & 0 \\
0 & 0 & 0 & 1
\end{bmatrix}
$$

$$
=
\begin{bmatrix}
\cos\theta_i & -\cos\alpha_i \sin\theta_i & \sin\alpha_i \sin\theta_i & a_i \cos\theta_i \\
\sin\theta_i & \cos\alpha_i \cos\theta_i & -\sin\alpha_i \cos\theta_i & a_i \sin\theta_i \\
0 & \sin\alpha_i & \cos\alpha_i & d_i \\
0 & 0 & 0 & 1
\end{bmatrix}
\tag{5.8}
$$

式(5.8)可以写成块矩阵的形式：

$$^{i-1}A_i = \begin{bmatrix} ^{i-1}R_i & ^{i-1}P_i \\ 0^{1\times3} & 1 \end{bmatrix}$$

(5.9)

其中，R 是姿态矩阵；P 是位置向量。

将各结构参数代入 $^{i-1}A_i$ 的表达式(5.8)中，可得到各坐标系之间的相似变换矩阵，其中

$$^{0}A_1 = \begin{bmatrix} \cos\theta_1 & 0 & \sin\theta_1 & a_1\cos\theta_1 \\ \sin\theta_1 & 0 & -\cos\theta_1 & a_1\sin\theta_1 \\ 0 & 1 & 0 & 0 \\ 0 & 0 & 0 & 1 \end{bmatrix}, \quad ^{1}A_2 = \begin{bmatrix} \cos\theta_2 & -\sin\theta_2 & 0 & a_2\cos\theta_2 \\ \sin\theta_2 & \cos\theta_2 & 0 & a_2\sin\theta_2 \\ 0 & 0 & 1 & 0 \\ 0 & 0 & 0 & 1 \end{bmatrix}$$

$$^{2}A_3 = \begin{bmatrix} \cos\theta_3 & -\sin\theta_3 & 0 & a_3\cos\theta_3 \\ \sin\theta_3 & \cos\theta_3 & 0 & a_3\sin\theta_3 \\ 0 & 0 & 1 & 0 \\ 0 & 0 & 0 & 1 \end{bmatrix}, \quad ^{3}A_4 = \begin{bmatrix} \cos\theta_4 & -\sin\theta_4 & 0 & a_4\cos\theta_4 \\ \sin\theta_4 & \cos\theta_4 & 0 & a_4\sin\theta_4 \\ 0 & 0 & 1 & 0 \\ 0 & 0 & 0 & 1 \end{bmatrix}$$

因此，可以得出

$$^{4}A_0 = \begin{bmatrix} c_1c_{234} & -c_1s_{234} & s_1 & c_1(a_4c_{234}+a_3c_{23}+a_2c_2+a_1) \\ s_1s_{234} & -s_1s_{234} & -c_1 & s_1(a_4c_{234}+a_3c_{23}+a_2c_2+a_1) \\ s_{234} & c_{234} & 0 & a_4c_{234}+a_3c_{23}+a_2c_2 \\ 0 & 0 & 0 & 1 \end{bmatrix} = \begin{bmatrix} ^{0}R_4 & ^{0}P_4 \\ 0^{1\times3} & 1 \end{bmatrix}$$

(5.10)

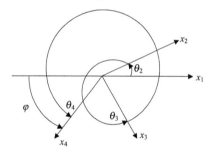

图 5-22　铲斗姿态角与各关节角的关系

其中，$c_i = \cos(\theta_i)$；$s_i = \sin(\theta_i)$；$c_{ijk} = \cos(\theta_i+\theta_j+\theta_k)$；$s_{ijk} = \sin(\theta_i+\theta_j+\theta_k)$；位置向量 $^{0}P_4$ 就是挖掘机器人铲斗末端的位置。

铲斗的姿态角 φ 定义为 O_3O_4 与水平面的夹角，并规定铲斗尖指向上为负，指向下为正，则从图 5-22 可以看出，挖掘机器人各关节转角和铲斗姿态角之间的几何关系为

$$\varphi = \theta_2 + \theta_3 + \theta_4 - 3\pi$$

(5.11)

因此，由关节空间到位姿空间的运动学正解方程为

$$\begin{cases} x = c_1(a_4c_{234}+a_3c_{23}+a_2c_2+a_1) \\ y = s_1(a_4c_{234}+a_3c_{23}+a_2c_2+a_1) \\ z = a_4s_{234}+a_3s_{23}+a_2s_2 \\ \varphi = \theta_2+\theta_3+\theta_4-3\pi \end{cases}$$

(5.12)

3. 位姿空间到关节空间的变换

运动学逆解是求解由位姿空间到关节空间和油缸驱动空间的变换，即在给出铲斗在基本坐标中的期望位姿的情况下，求解与此位姿相对应的关节角变量 θ_i 及油缸的长度 l_i，

即

$$[x, y, z, \varphi]^{\mathrm{T}} \longrightarrow [\theta_1, \theta_2, \theta_3, \theta_4]^{\mathrm{T}} \longrightarrow [l_{c1}, l_{c2}, l_{c3}]^{\mathrm{T}}$$

由图 5-18 可以根据几何转换关系得到

$$R_{O_1 O_3} = \sqrt{(x \cos\theta_1 + y \sin\theta_1 + a_4 \cos\varphi - a_1)^2 + (a_4 \sin\varphi + z)^2} \tag{5.13}$$

$$\theta_{O_3 O_1 x_1} = \arctan \frac{a_4 \sin\varphi + z}{x \cos\theta_1 + y \sin\theta_1 + a_4 \cos\varphi - a_1} \tag{5.14}$$

在三角形 $O_1 O_2 O_3$ 中，由余弦定理可得

$$\theta_{O_2 O_1 O_3} = \arccos \frac{R_{O_1 O_3}^2 + a_2^2 - a_3^2}{2 R_{O_1 O_3}^2 a_2} \tag{5.15}$$

$$\theta_{O_3 O_2 O_1} = \arccos \frac{a_2^2 + a_3^2 - R_{O_1 O_3}^2}{2 a_2 a_3} \tag{5.16}$$

根据式(5.11)和几何转换关系式(5.13)~式(5.16)，挖掘机器人工作装置位姿空间到关节空间的变换关系式为

$$\begin{cases} \theta_1 = \arctan \dfrac{y}{x} \\ \theta_2 = \theta_{O_2 O_1 O_3} + \theta_{O_3 O_1 x_1} \\ \theta_3 = \pi + \theta_{O_3 O_2 O_1} \\ \theta_4 = \varphi - \theta_2 - \theta_3 + 3\pi \end{cases} \tag{5.17}$$

4. 关节空间到油缸空间的变换

1) 动臂关节空间到油缸空间的变换

挖掘机器人动臂机构简图如图 5-19 所示。从图中可以得出

$$\theta_{C O_1 A} = \theta_2 + \theta_{C O_1 O_2} + \theta_{A O_1 x_1}$$

因此，在三角形 $O_1 C A$ 中，可以得出动臂油缸长度的表达式为

$$l_{c2} = \sqrt{R_{O_1 C}^2 + R_{O_1 A}^2 - 2 R_{O_1 C} R_{O_1 A} \cos\theta_{C O_1 A}} \tag{5.18}$$

2) 斗杆关节空间到油缸空间的变换

挖掘机器人斗杆机构简图如图 5-20 所示。从图中可以得出

$$\theta_{B O_2 D} = 3\pi - \theta_3 - \theta_{O_1 O_2 B} - \theta_{D O_2 O_3}$$

因此，在三角形 $O_2 B D$ 中，可以得出斗杆油缸长度的表达式为

$$l_{c3} = \sqrt{R_{O_2 D}^2 + R_{O_2 B}^2 - 2 R_{O_2 D} R_{O_2 B} \cos\theta_{B O_2 D}} \tag{5.19}$$

3) 铲斗关节空间到油缸空间的变换

挖掘机器人铲斗机构简图如图 5-21 所示。从图中可以得出

$$\theta_{x_3 O_3 H} = -(2\pi - \theta_{H O_3 O_4} - \theta_4)$$

$$\theta_{H O_3 G} = \pi - \theta_{x_3 O_3 H} - \theta_{O_2 O_3 D}$$

其中，$R_{GH} = \sqrt{R_{O_3G}^2 + R_{O_3H}^2 - 2R_{O_3G}R_{O_3H}\cos\theta_{HO_3G}}$ 。

在三角形 FGH 中，根据余弦定理得

$$\theta_{FGH} = \arccos\frac{R_{GH}^2 + R_{GF}^2 - R_{HF}^2}{2R_{GH}R_{GF}}$$

如果 $\theta_4 + \theta_{HO_3O_4} > 2\pi$，则有

$$\theta_{O_3GH} = \arccos\frac{R_{O_3G}^2 + R_{GH}^2 - R_{O_3H}^2}{2R_{O_3G}R_{GH}}$$

如果 $\theta_4 + \theta_{HO_3O_4} < 2\pi$，则有

$$\theta_{O_3GH} = -\arccos\frac{R_{O_3G}^2 + R_{GH}^2 - R_{O_3H}^2}{2R_{O_3G}R_{GH}}$$

由图 5-21 可以看出

$$\theta_{FGO_3} = \theta_{FGH} + \theta_{O_3GH}$$

$$\theta_{EGF} = \pi - \theta_{DGE} - \theta_{FGO_3}$$

所以铲斗油缸长度的表达式为

$$l_{c4} = \sqrt{R_{EG}^2 + R_{GF}^2 - 2R_{EG}R_{GF}\cos\theta_{EGF}} \tag{5.20}$$

5.3.2 挖掘机器人运动学的 MATLAB 仿真

挖掘机器人运动学变换是轨迹规划和控制的关键步骤，是精确位置控制的前提，如果所建立的模型存在问题，就会导致所给定信号的错误，那么即使控制算法再有优势也是徒劳。因此，有必要检验运动学变换的准确性。

在对挖掘机器人的运动学方程进行建模测试之前,首先给出 PC02-1 挖掘机的几何参数，如表 5-8 所示。

表 5-8　PC02-1 挖掘机的几何参数

动臂		斗杆	
$\theta_{CO_1O_2}$/rad	0.3275	O_2D/m	0.158
$\theta_{AO_1x_1}$/rad	1.052	O_2B/m	0.595
O_1C/m	0.615	$\theta_{O_1O_2B}$/rad	0.6452
O_1A/m	0.138	$\theta_{DO_2O_3}$/rad	2.5276
铲斗			
O_3H/m	0.083	DG/m	0.64
HF/m	0.126	θ_{DGE}/rad	0.109
O_3H/m	0.069	$\theta_{HO_3O_4}$/rad	1.5925
GF/m	0.131	$\theta_{O_2O_3D}$/rad	0.1286
EG/m	0.536		

在 MATLAB/Simulink 中建立 Kinematics_Test.mdl 对挖掘机器人的运动学方程分别

进行模块化建模，对位姿空间到关节空间、关节空间到油缸空间、油缸空间到关节空间、关节空间到位姿空间分别用"Task to Joint""Joint to Cylinder""Cylinder to Joint""Joint to Task"四个子系统表示，如图 5-23 所示。把四个子系统串行连接，运行仿真。将给定工作空间的位姿信号和经过"Task to Joint""Joint to Cylinder""Cylinder to Joint""Joint to Task"四个子系统转换之后的数据进行比较，即可验证运动学建模的正确性。

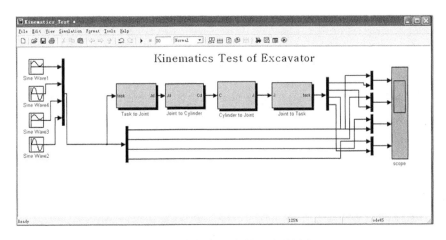

图 5-23　挖掘机器人的运动学测试

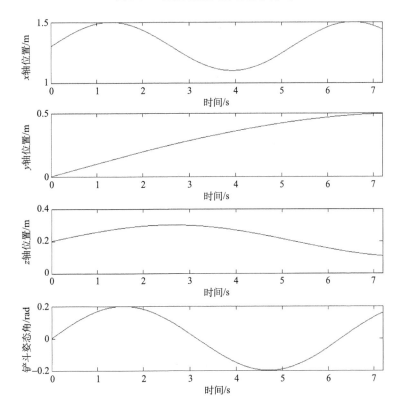

图 5-24　挖掘机器人的运动学测试曲线

对 $[x, y, z, \varphi]$ 分别给定如下信号：

$$\begin{cases} x = 0.2 \times \sin(0.12t) + 1.3 \\ y = 0.5 \times \sin(0.2t) \\ z = 0.1 \times \sin(0.6t) - 0.2 \\ \varphi = 0.2 \times \sin t \end{cases} \qquad (5.21)$$

运行 Kinematics_Test.mdl，图 5-24 为仿真结果。可以看出，位姿空间的数据在经过逆向运动学和正向运动学转换之后，与原数据完全重合。

5.4　挖掘机器人电液驱动系统的建模

挖掘机器人的电液系统作为工作装置的驱动机构，其性能直接影响控制效果的优劣。与电动控制系统相比，它具有输出刚度大、抗干扰能力强、系统频带宽、高精度、高响应等优点，但挖掘机器人在正常工作工程中，其液压缸的工作范围非常大，非线性特性比较严重，若将其在某一平衡点简化为线性系统会有较大误差，故应建立挖掘机器人电液系统的非线性模型。

5.4.1　电液系统的数学模型

液压系统的数学模型可以由阀芯的阀口压力-流量特性方程、液压缸的流量连续性方程和液压缸活塞杆的力平衡方程推导得出。假设如下：

(1) 供油压力 p_S 恒定不变；

(2) 阀的节流窗口是匹配且对称的；

(3) 阀具有理想的响应能力，即当阀芯位移和阀压降变化时，相应的流量变化能瞬间发生；

(4) 内外泄漏为层流流动。

图 5-25 为挖掘机器人工作装置的单路阀控非对称液压缸的示意图。

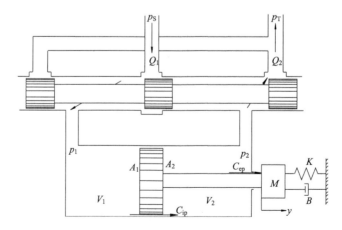

图 5-25　单路阀控非对称液压缸的示意图

1. 比例阀的流量特性方程

如图 5-25 所示，各物理量的方向以箭头方向为正。当比例阀的阀芯作图 5-25 所示的移动时，根据薄壁小孔的流量特性公式，进油腔的流量为

$$Q_1 = C_d \omega x_v \sqrt{\frac{2}{\rho}(p_S - p_1)} \tag{5.22}$$

回油腔的流量为

$$Q_2 = C_d \omega x_v \sqrt{\frac{2}{\rho}(p_2 - p_T)} \tag{5.23}$$

其中，Q_1，Q_2——液压缸无杆腔和有杆腔的流量，L/min；

C_d——比例阀与阀口形状和尺寸有关的流量系数，在液流完全收缩的情况下，对常用的液压油，流量系数可以取 $C_d=0.62$；在液流不完全收缩的情况下，因为管壁离小孔较近，管壁对液流进入小孔起导向作用，$C_d=0.7\sim0.8$；

ω——比例阀的阀口面积梯度，mm；

x_v——比例阀的阀芯位移，mm；

p_1，p_2——液压缸无杆腔和有杆腔的压力，MPa；

p_S，p_T——液压泵的供油压力和回油压力，MPa。

2. 液压缸的流量连续性方程

当比例阀的阀芯作图 5-25 所示的移动时，对于无杆腔和有杆腔来说，无杆腔和有杆腔的净流量等于活塞运动所需流量与液体压缩流量之和，即

$$Q_1 = \dot{V}_1 + \frac{V_1}{\beta_e}\frac{dp_1}{dt} \tag{5.24}$$

$$Q_2 = \dot{V}_2 + \frac{V_2}{\beta_e}\frac{dp_2}{dt} \tag{5.25}$$

其中，β_e——液压油的体积弹性模量，N/m²。

对于挖掘机器人的液压系统来说，泄漏是不可避免的。由于液压缸缸体和活塞杆之间存在间隙，所以当活塞两端存在压差时，就会发生内部泄漏。层流状态时，内泄漏可以表示为两腔压差与内泄系数的乘积。外部泄漏是从液压缸内部到外部的泄漏，可以表示为油腔压力与外泄漏系数的乘积。因此，无杆腔的净流量可以表示为

$$Q_1 = \left[C_{ip}(p_1 - p_2) + C_{ep}p_1 + \dot{V}_1 + \frac{V_1}{\beta_e}\frac{dp_1}{dt} \right] \tag{5.26}$$

采用相同的分析方法，有杆腔的净流量可以表示为

$$Q_2 = \left[C_{ip}(p_1 - p_2) - C_{ep}p_2 - \dot{V}_2 - \frac{V_2}{\beta_e}\frac{dp_2}{dt} \right] \tag{5.27}$$

其中，C_{ip}，C_{ep}——液压缸的内外泄漏系数，m⁵/(N·s)；

V_1，V_2——液压缸无杆腔和有杆腔容积，m³。

液压缸的无杆腔和有杆腔容积可以分别表示为

$$V_1 = V_{01} + A_1 y \tag{5.28}$$

$$V_2 = V_{02} + A_2(L - y) \tag{5.29}$$

其中，V_{01}——比例阀和无杆腔之间管道的容积，m^3；

V_{02}——有杆腔和比例阀之间管道的容积，m^3；

A_1，A_2——无杆腔和有杆腔的截面面积，m^2。

对 V_1 和 V_2 进行求导得

$$\dot{V}_1 = A_1 \dot{y} \tag{5.30}$$

$$\dot{V}_2 = -A_2 \dot{y} \tag{5.31}$$

把式(5.30)和式(5.31)代入无杆腔与有杆腔的净流量表达式(5.26)和式(5.27)中，则流量连续性方程可以表示为

$$Q_1 = \left[C_{ip}(p_1 - p_2) + C_{ep} p_1 + A_1 \dot{y} + \frac{V_1}{\beta_e} \dot{p}_1 \right] \tag{5.32}$$

$$Q_2 = \left[C_{ip}(p_1 - p_2) - C_{ep} p_2 + A_2 \dot{y} - \frac{V_2}{\beta_e} \dot{p}_2 \right] \tag{5.33}$$

3. 活塞杆的力平衡方程

假设活塞杆受惯性力、黏性力和负载力，忽略油液的质量，根据牛顿第二运动定律，可以得到如下方程式：

$$F = A_1 p_1 - A_2 p_2 = M\ddot{y} + B\dot{y} + Ky + F_1 \tag{5.34}$$

其中，M——活塞杆和负载的等效负载质量，kg；

B——活塞杆的总黏性阻尼系数，$N \cdot s/m$；

K——负载的弹簧刚度，N/m；

F_1——作用在活塞杆上的反向负载力，N。

4. 比例放大器和比例阀模型

比例放大器可以看作比例放大元件，定义 K_a 为比例放大器的增益，所以其输入电压和输出电流的关系可以表示为

$$I(s) = K_a U(s) \tag{5.35}$$

挖掘机器人工作装置的整个闭环控制系统一般工作在几赫兹的频率，而比例阀的响应频率为几十赫兹，极大高于液压缸-负载系统的固有频率，因此忽略比例阀的动态特性，假定阀芯位移与控制电流成正比。由于比例阀存在一定的死区，忽略它会导致较大的建模误差，因此，加入死区非线性模块。定义 K_v 为比例阀的非线性增益，因此比例阀的阀芯位移 X_v 与控制电流 I 的关系可以表示为

$$X_v(s) = K_v I(s) \tag{5.36}$$

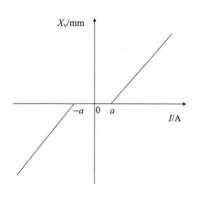

图 5-26　比例阀的输入输出关系式

其中，K_v 可以表示为图 5-26 所示的关系。

5. 电液系统的线性化模型

为得到挖掘机器人工作装置电液系统的线性化模型，在此进一步作以下假设：

(1) 阀为理想的零开口四通滑阀；

(2) 液压缸的两腔流量相等，即 $Q = Q_1 = Q_2$，并且与阀芯位移成正比；

(3) 忽略阀与液压缸之间的管路体积，即 $V_{01} = V_{02} = 0$；

(4) 忽略比例阀的死区。

定义状态向量为

$$y = [y_1, y_2, y_3, y_4]^T = [y, \dot{y}, p_1, p_2]^T$$

其中，y——活塞杆的位移，m；

$\dot{y}$——活塞杆的速度，m/s；

p_1——无杆腔的液压油压力，MPa；

p_2——有杆腔的液压油压力，MPa。

把阀芯的阀口压力-流量特性方程、液压缸的流量连续性方程和液压缸活塞杆的力平衡方程联系起来，可以得到下列方程：

$$\dot{y}_1 = y_2$$

$$\dot{y}_2 = \frac{1}{M}(-Ky_1 - By_2 + A_1 y_3 - A_2 y_4 - F_l)$$

$$\dot{y}_3 = \frac{\beta_e}{A_1 L_0}[-A_1 y_2 - C_{ip}(y_3 - y_4) - C_{ep} y_3 + Q]$$

$$\dot{y}_4 = \frac{\beta_e}{A_2(L - L_0)}[A_2 y_2 + C_{ip}(y_3 - y_4) - C_{ep} y_4 - Q] \tag{5.37}$$

将式(5.37)表示为状态方程的形式，有

$$
\begin{bmatrix} \dot{y} \\ \ddot{y} \\ \dot{p}_1 \\ \dot{p}_2 \end{bmatrix} =
\begin{bmatrix}
0 & 1 & 0 & 0 \\
-\dfrac{K}{M} & -\dfrac{B}{M} & \dfrac{A_1}{M} & -\dfrac{A_2}{M} \\
0 & -\dfrac{\beta_e}{L_0} & -\dfrac{\beta_e}{A_1 L_0}(C_{ip} + C_{ep}) & \dfrac{\beta_e}{A_1 L_0}C_{ip} \\
0 & \dfrac{\beta_e}{L - L_0} & \dfrac{\beta_e}{A_2(L - L_0)}C_{ip} & -\dfrac{\beta_e}{A_2(L - L_0)}(C_{ip} + C_{ep})
\end{bmatrix}
\begin{bmatrix} y \\ \dot{y} \\ p_1 \\ p_2 \end{bmatrix}
$$

$$
+ \begin{bmatrix}
0 & 0 \\
0 & -1 \\
\dfrac{\beta_e}{A_1 L_0} & 0 \\
-\dfrac{\beta_e}{A_2(L - L_0)} & 0
\end{bmatrix}
\begin{bmatrix} Q \\ F_l \end{bmatrix} \tag{5.38}
$$

负载压降定义为

$$p_L = p_1 - p_2 \tag{5.39}$$

供油压力可以表示为

$$p_S = p_1 + p_2 \tag{5.40}$$

把 Q 的表达式线性化，有

$$
\begin{aligned}
Q &= C_d \omega x_v \sqrt{\frac{2}{\rho}(p_S - p_1)} = C_d \omega x_v \sqrt{\frac{p_S}{\rho}} \sqrt{2\left(1 - \frac{p_1}{p_S}\right)} \\
&= C_d \omega x_v \sqrt{\frac{p_S}{\rho}} \sqrt{2\frac{p_S - p_1}{p_S}} = C_d \omega x_v \sqrt{\frac{p_S}{\rho}} \sqrt{\left(1 - \frac{p_L}{p_S}\right)} \\
&\approx C_d \omega x_v \sqrt{\frac{p_S}{\rho}}\left(1 - \frac{p_L}{2p_S}\right) = C_d \omega K_v K_a \sqrt{\frac{p_S}{\rho}}\left(1 - \frac{p_L}{2p_S}\right) u
\end{aligned} \tag{5.41}
$$

设 $K_f = C_d \omega K_v K_a \sqrt{\dfrac{p_S}{\rho}}$，则线性化的状态方程可以表示为

$$
\begin{bmatrix} \dot{y} \\ \ddot{y} \\ \dot{p}_1 \\ \dot{p}_2 \end{bmatrix} =
\begin{bmatrix}
0 & 1 & 0 & 0 \\
-\dfrac{K}{M} & -\dfrac{B}{M} & \dfrac{A_1}{M} & -\dfrac{A_2}{M} \\
0 & -\dfrac{\beta_e}{L_0} & -\dfrac{\beta_e}{A_1 L_0}(C_{ip} + C_{ep}) & \dfrac{\beta_e}{A_1 L_0}C_{ip} \\
0 & \dfrac{\beta_e}{L - L_0} & \dfrac{\beta_e}{A_2(L - L_0)}C_{ip} & -\dfrac{\beta_e}{A_2(L - L_0)}(C_{ip} + C_{ep})
\end{bmatrix}
\begin{bmatrix} y \\ \dot{y} \\ p_1 \\ p_2 \end{bmatrix}
$$

$$
+
\begin{bmatrix}
0 & 0 \\
0 & -1 \\
\dfrac{\beta_e K_f}{A_1 L_0}\left(1 - \dfrac{p_L}{2p_S}\right) & 0 \\
-\dfrac{\beta_e K_f}{A_2(L - L_0)}\left(1 - \dfrac{p_L}{2p_S}\right) & 0
\end{bmatrix}
\begin{bmatrix} u \\ F_1 \end{bmatrix} \tag{5.42}
$$

从挖掘机器人电液系统的线性化状态方程式(5.42)可以看出，它取决于液压缸线性化的位置 L_0。

表 5-9 给出了挖掘机器人电液系统的一些相关参数。

表 5-9　电液系统的参数

电液参数	参数值
无杆腔面积 A_1/mm^2	1257
有杆腔面积 A_2/mm^2	766
液压油密度 $\rho/(\text{kg/m}^3)$	900
油缸长度与无杆腔长度之差 L_2/mm	420
阀与无杆腔之间的管道容积 V_{01}/mm^3	42000
阀与有杆腔之间的管道容积 V_{02}/mm^3	42000
活塞杆行程 L/mm	320

尽管通过对挖掘机器人电液系统的建模可以建立液压元件或系统的数学模型，但是液压元件数学模型中的一些参数很难确定，如体积弹性模量 β_e、内泄漏系数 C_{ip} 等。因此，接下来将对参数体积弹性模量 β_e、内泄漏系数 C_{ip} 和电液系统的增益 K_{eh} 进行辨识，将电液系统当作一个"灰箱"问题来处理，以获取针对挖掘机器人样机的精确数学模型。

5.4.2 参数辨识模型的建立及其 MATLAB 求解

　　在 xPC 环境下对挖掘机器人工作装置的比例放大器输入电压 $u=-1.5V$ 的阶跃信号，通过压力变送器得到液压缸两腔的压力值 p_1 和 p_2，分别如图 5-27 和图 5-28 所示，通过倾角传感器的正向运动学转换可得到油缸空间的长度，如图 5-29 所示，减去液压缸的套筒长度即可得到液压缸无杆腔的位移量 y。由于系统管道压力的脉动以及电磁干扰的影响，需要对获取的压力值进行滤波处理。对压力值和位移量进行有限差分运算可以得到 $\dot{y}$、$\dot{p}_1$ 和 $\dot{p}_2$。

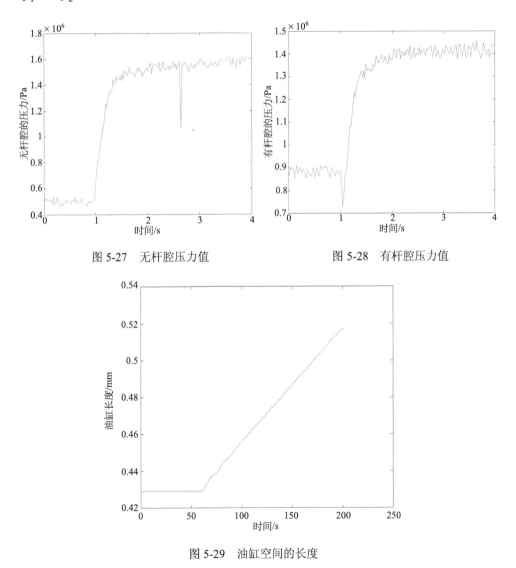

图 5-27　无杆腔压力值　　　　图 5-28　有杆腔压力值

图 5-29　油缸空间的长度

本书采用最小二乘法对所测得的输入输出数据进行参数辨识，选取采样步长为0.02s。

忽略式(5.42)中的外泄漏因素和比例阀与液压缸之间的管道容积，当液压缸处于伸长状态时，可以得到如下方程：

$$\dot{y}_3 = \frac{\beta_e}{A_1 y_1}\left[-A_1 y_2 - C_{ip}(y_3 - y_4) + C_d \omega \sqrt{\frac{2}{\rho}} K_v K_a u \sqrt{p_S - y_3}\right] \tag{5.43}$$

由于要对 β_e、C_{ip} 和 K_{eh} 三个参数进行辨识，因此把包含这三个系数的项移到同一侧，对式(5.43)进行变换可得

$$A_1 y_2 = K_{eh} u \sqrt{p_S - y_3} - \frac{A_1 y_1 \dot{y}_3}{\beta_e} - C_{ip}(y_3 - y_4) \tag{5.44}$$

将采集的 n 组输入输出数据写在一起，将式(5.44)写成矩阵形式，有

$$\begin{bmatrix} u(1)\sqrt{p_S - y_3(1)} & -A_1 y_1(1)\dot{y}_3(1) & -(y_3(1) - y_4(1)) \\ u(2)\sqrt{p_S - y_3(2)} & -A_1 y_1(2)\dot{y}_3(2) & -(y_3(2) - y_4(2)) \\ \vdots & \vdots & \vdots \\ u(n)\sqrt{p_S - y_3(n)} & -A_1 y_1(n)\dot{y}_3(n) & -(y_3(n) - y_4(n)) \end{bmatrix} \begin{bmatrix} K_{eh} \\ \beta_e^{-1} \\ C_{ip} \end{bmatrix} = \begin{bmatrix} A_1 y_2(1) \\ A_1 y_2(2) \\ \vdots \\ A_1 y_2(n) \end{bmatrix} \tag{5.45}$$

设

$$B = \begin{bmatrix} u(1)\sqrt{p_S - y_3(1)} & -A_1 y_1(1)\dot{y}_3(1) & -(y_3(1) - y_4(1)) \\ u(2)\sqrt{p_S - y_3(2)} & -A_1 y_1(2)\dot{y}_3(2) & -(y_3(2) - y_4(2)) \\ \vdots & \vdots & \vdots \\ u(n)\sqrt{p_S - y_3(n)} & -A_1 y_1(n)\dot{y}_3(n) & -(y_3(n) - y_4(n)) \end{bmatrix}, \quad x = \begin{bmatrix} K_{eh} \\ \beta_e^{-1} \\ C_{ip} \end{bmatrix}, \quad d = \begin{bmatrix} A_1 y_2(1) \\ A_1 y_2(2) \\ \vdots \\ A_1 y_2(n) \end{bmatrix}$$

则式(5.45)可以写成 $Bx=d$ 的形式，求解 x 就是求解方程组。设第 j 个方程的最小二乘格式为

$$B(j)x = d(j) - \varepsilon(j) \tag{5.46}$$

其中，ε 为残差。

采用最小二乘估计法求解非线性方程组。设计 Θ 为损耗函数，为了使损耗函数 Θ，即残差平方和最小，设计

$$\Theta = \sum_{i=1}^{n} \varepsilon(j)^2 = \sum_{i=1}^{n}[d(j) - B(j)x]^2 \tag{5.47}$$

考虑残差的影响，将式(5.45)写成

$$B_n x = d_n - \varepsilon_n \tag{5.48}$$

这样损耗函数 Θ 就可以表示为

$$\begin{aligned} \Theta &= \varepsilon_n^T \varepsilon_n = (d_n - B_n x)^T(d_n - B_n x) \\ &= d_n^T d_n - x^T B_n^T d_n - d_n^T B_n x + x^T B_n^T B_n x \end{aligned} \tag{5.49}$$

令

$$\frac{\partial \Theta}{\partial x} = 0 \tag{5.50}$$

根据矩阵求导理论可以得到

$$-2B_n^{\mathrm{T}}(d_n - B_n\hat{x}) = 0 \tag{5.51}$$

由式(5.51)可得 x 的估计值为

$$\hat{x} = (B_n^{\mathrm{T}}B_n)^{-1}B_n^{\mathrm{T}}d_n \tag{5.52}$$

根据试验得到的输入输出数据，按照上述的最小二乘法进行计算，在 MATLAB 中采用 M 程序计算体积弹性模量 β_e、内泄漏系数 C_{ip} 和电液系统的增益 K_{eh}，得到结果为：$\beta_e = 3.783 \times 10^8 \mathrm{Pa}$，$C_{ip} = 1.097 \times 10^{-10} \ \mathrm{m^3/(Pa \cdot s)}$，$K_{eh} = 2.54 \times 10^{-8} \mathrm{m^{7/2}/(kg^{1/2} \cdot V)}$。参数辨识的 MATLAB 程序如下：

```
clc;
% 首先load dp1_buck_shen_filt() dyc00_filt() p1_buck_shen_filt() p2_buck_
shou_filt() yc00_filt()
yc=yc00_filt(1:199);
dyc=dyc00_filt(1:199);
p1=p1_buck_shen_filt(1:199);
p2=p2_buck_shou_filt(1:199);
dp1=dp1_buck_shen_filt(1:199);

A1=0.0012566;%=3.1415926*(0.04^2)/4
A2=0.000766;%=3.1415926*(0.04^2)/4-3.1415926*(0.025^2)/4

col1=-1.5*10^6*A1*yc.*dp1;
col2=-1.5*10^6*(p1-p2);
ttt=0:0.02:3.96;ps=0*ttt+2*10^6;ps=ps';
col3=(ps-1.5*10^6.*p1).^0.5.*u;
H=[col1 col2 col3];

rel=A1.*dyc;

mm1=51;mm2=199;%取阶跃之后的数据
hh=H(mm1:mm2,:);
rel(mm1:mm2);
gg=hh\rel(mm1:mm2)
vpa(gg,10)
```

5.5 挖掘机器人挖掘臂的轨迹规划及模糊滑模控制

5.5.1 挖掘臂的轨迹规划插值计算及 MATLAB 求解

由于挖掘机器人的工作装置属于开链式结构，刚度不高，因此要求采样时间一般不超过 25ms(40Hz)，这样就产生了采样时间的上限值。对于本书所用的工业 PC，完成这样一次计算约需几毫秒，这样产生了采样时间的下限值。所以选择采样时间应接近或等于它的下限值，这样可保证较高的轨迹精度和平滑的运动过程。

对油缸空间进行轨迹规划，需要给定挖掘机器人在起始点、终止点甚至路径点处各油缸的位置信息。因此对油缸空间进行插值时应满足一系列的约束条件，如油缸起始点的位置和速度要求，终止点的位置和速度要求；油缸位置在整个时间间隔内速度和加速度的连续性要求，以及其极值必须在油缸长度的变化范围之内等。

1. 单自由度的三次多项式插值

对于挖掘机器人的单自由度轨迹控制，由于连杆绕绞点作圆周转动，因此只需要采用点到点的三次多项式插值即可满足实际要求，所规划轨迹的唯一区别就是不同时间点铲斗尖所在的位置和速度不同，这不会对挖掘机器人的工作产生任何影响。因此，首先可以根据挖掘机器人实际样机或者虚拟样机得到油缸的起始和终止位置。起始和终止位置的运动轨迹采用一个平滑的轨迹函数 $l(t)$ 表示。为实现工作装置的平稳运动，油缸的轨迹函数 $l(t)$ 至少需要满足四个约束条件，即两端点的位置约束和两端点的速度约束。

端点位置约束是指起始位姿和终止位姿分别所对应的油缸位置。设 $l(t)$ 在 $t=0$ 时的值是起始油缸长度 l_0，在终止时刻 t_{end} 时的值是终止长度 l_{end}，即

$$\begin{cases} l(0) = l_0 \\ l(t_{\text{end}}) = l_{\text{end}} \end{cases} \tag{5.53}$$

为满足油缸运动速度的连续性要求，起始点和终止点的油缸速度可设计为零，保证挖掘机器人在起始阶段匀加速，在终止阶段匀减速，即

$$\begin{cases} \dot{l}(0) = 0 \\ \dot{l}(t_{\text{end}}) = 0 \end{cases} \tag{5.54}$$

上面给出的四个约束条件可以唯一地确定一个三次多项式：

$$l(t) = a_0 + a_1 t + a_2 t^2 + a_3 t^3 \tag{5.55}$$

对式(5.55)进行求导，则运动过程中油缸的速度和加速度分别为

$$\begin{cases} \dot{l}(t) = a_1 + 2a_2 t + 3a_3 t^2 \\ \ddot{l}(t) = 2a_2 + 6a_3 t \end{cases} \tag{5.56}$$

为求得三次多项式的系数 a_0、a_1、a_2 和 a_3，将约束条件式(5.53)和式(5.54)代入运动过程的位置与速度表达式(5.55)和式(5.56)中，得

$$\begin{cases} l_0 = a_0 \\ l_{\text{end}} = a_0 + a_1 t_{\text{end}} + a_2 t_{\text{end}}^2 + a_3 t_{\text{end}}^3 \\ 0 = a_1 \\ 0 = a_1 + 2a_2 t_{\text{end}} + 3a_3 t_{\text{end}}^2 \end{cases} \tag{5.57}$$

求解方程组(5.57)，可得三次多项式的系数 a_0、a_1、a_2 和 a_3 为

$$\begin{cases} a_0 = l_0 \\ a_1 = 0 \\ a_2 = \dfrac{3}{t_{\text{end}}^2}(l_{\text{end}} - l_0) \\ a_3 = -\dfrac{2}{t_{\text{end}}^3}(l_{\text{end}} - l_0) \end{cases} \tag{5.58}$$

因此，对于起始速度及终止速度为零的挖掘臂运动，满足连续平稳运动要求的三次多项式插值函数为

$$l(t) = l_0 + \frac{3}{t_{\text{end}}^2}(l_{\text{end}} - l_0)t^2 - \frac{2}{t_{\text{end}}^3}(l_{\text{end}} - l_0)t^3 \tag{5.59}$$

由式(5.59)可得油缸的速度和加速度的表达式为

$$\dot{l}(t) = \frac{6}{t_{\text{end}}^2}(l_{\text{end}} - l_0)t - \frac{6}{t_{\text{end}}^3}(l_{\text{end}} - l_0)t^2 \tag{5.60}$$

$$\ddot{l}(t) = \frac{6}{t_{\text{end}}^2}(l_{\text{end}} - l_0) - \frac{12}{t_{\text{end}}^3}(l_{\text{end}} - l_0)t \tag{5.61}$$

2. 二自由度经过路径点的三次多项式插值

对于挖掘机器人的二自由度轨迹控制，由于二自由度的轨迹一般不再是圆弧轨迹，所以如果仅仅采用点到点的轨迹规划很难完成任务，还需要考虑铲斗末端所经过的路径点。如果铲斗在路径点上停留，即各路径点上的速度为 0，那么挖掘机器人二自由度轨迹规划就变成了多个三次多项式插值的连接。如果铲斗只是经过路径点，而不停留，那么就需要采用过路径点的三次多项式插值。首先根据挖掘机器人实际样机或者虚拟样机得到各油缸在起始点、经过的路径点和终止点的长度。各个油缸运动的轨迹采用平滑的轨迹函数 $l(t)$ 表示。为实现工作装置的平稳运动，每个油缸的轨迹函数 $l(t)$ 需要满足轨迹在起始点和终止点的速度要求以及各段起始点和终止点的位置、速度与加速度连续性要求。本书对二自由度的轨迹规划选择四个中间路径点，可以得到很高的拟合精度。

设在轨迹的某段路径点上，起始点的位置和速度分别为 l_0 和 $\dot{l}_0$，终止点的位置和速度分别为 l_{end} 和 $\dot{l}_{\text{end}}$。将轨迹分为 l_0 到 l_{v1}、l_{v1} 到 l_{v2}、l_{v2} 到 l_{v3}、l_{v3} 到 l_{v4}、l_{v4} 到 l_{end} 五个阶段，通过五个三次多项式组成的样条函数连接。设五个阶段的三次多项式插值函数分别为

$$l_1(t) = a_{10} + a_{11}t + a_{12}t^2 + a_{13}t^3 \qquad (t \in [0, t_{f1}])$$

$$l_2(t) = a_{20} + a_{21}t + a_{22}t^2 + a_{23}t^3 \qquad (t \in [0, t_{f2}])$$

$$l_3(t) = a_{30} + a_{31}t + a_{32}t^2 + a_{33}t^3 \qquad (t \in [0, t_{f3}])$$

$$l_4(t) = a_{40} + a_{41}t + a_{42}t^2 + a_{43}t^3 \qquad (t \in [0, t_{f4}])$$

$$l_5(t) = a_{50} + a_{51}t + a_{52}t^2 + a_{53}t^3 \qquad (t \in [0, t_{f5}])$$

对于二自由度的轨迹规划，需要分别对两个油缸进行插值。每个油缸的轨迹函数 $l(t)$ 需要满足的轨迹起始点和终止点的速度要求以及各段起始点和终止点的位置、速度与加

速度连续性要求为

$$\begin{cases} a_{10} = l_1(0) \\ a_{10} + a_{11}t_{f1} + a_{12}t_{f1}^2 + a_{13}t_{f1}^3 = l_1(t_{f1}) \\ a_{20} = l_1(t_{f1}) \\ a_{20} + a_{21}t_{f2} + a_{22}t_{f2}^2 + a_{23}t_{f2}^3 = l_2(t_{f2}) \\ a_{30} = l_2(t_{f2}) \\ a_{30} + a_{31}t_{f3} + a_{32}t_{f3}^2 + a_{33}t_{f3}^3 = l_3(t_{f3}) \\ a_{40} = l_3(t_{f3}) \\ a_{40} + a_{41}t_{f4} + a_{42}t_{f4}^2 + a_{43}t_{f4}^3 = l_4(t_{f4}) \\ a_{50} = l_4(t_{f4}) \\ a_{50} + a_{51}t_{f5} + a_{52}t_{f5}^2 + a_{53}t_{f5}^3 = l_5(t_{f5}) \end{cases} \qquad \begin{cases} a_{11} = 0 \\ a_{51} + 2a_{52}t_{f5} + 3a_{53}t_{f5}^2 = 0 \\ a_{11} + 2a_{12}t_{f1} + 3a_{13}t_{f1}^2 = a_{21} \\ a_{21} + 2a_{22}t_{f2} + 3a_{23}t_{f2}^2 = a_{31} \\ a_{31} + 2a_{32}t_{f3} + 3a_{33}t_{f3}^2 = a_{41} \\ a_{41} + 2a_{42}t_{f4} + 3a_{43}t_{f4}^2 = a_{51} \\ 2a_{12} + 6a_{13}t_{f1} = 2a_{22} \\ 2a_{22} + 6a_{23}t_{f2} = 2a_{32} \\ 2a_{32} + 6a_{33}t_{f3} = 2a_{42} \\ 2a_{42} + 6a_{43}t_{f4} = 2a_{52} \end{cases}$$

上述问题为线性代数方程组的求解，相关 MATLAB 求解程序如下：

```
clear all; clc;
%定义各种参数
syms m1 m2 m3 m4 g a1 a2 a3 a4 q1 q2 q3 q4 dq1 dq2 dq3 dq4
syms I111 I112 I113 I121 I122 I123 I131 I132 I133 I211 I212 I213 I221 I222
I223 I231 I232 I233
syms I311 I312 I313 I321 I322 I323 I331 I332 I333 I411 I412 I413 I421 I422
I423 I431 I432 I433
syms r1x r1y r1z r2x r2y r2z r3x r3y r3z r4x r4y r4z
I11=[I111 I112 I113;I121 I122 I123;I131 I132 I133];
I22=[I211 I212 I213;I221 I222 I223;I231 I232 I233];
I33=[I311 I312 I313;I321 I322 I323;I331 I332 I333];
I44=[I411 I412 I413;I421 I422 I423;I431 I432 I433];
r1o0c1=[r1x;r1y;r1z];r1o0o1=[a1;0;0];
r2o1c2=[r2x;r2y;r2z];r2o1o2=[a2;0;0];
r3o2c3=[r3x;r3y;r3z];r3o2o3=[a3;0;0];
r4o3c4=[r4x;r4y;r4z];r4o3o4=[a4;0;0];
%不同组成框架之间的旋转矩阵
Rx90=[1 0 0;0 0 -1;0 1 0];Ry1=[cos(q1) 0 sin(q1);0 1 0;-sin(q1) 0
cos(q1)];R01=Rx90*Ry1
R12=[cos(q2) -sin(q2) 0;sin(q2) cos(q2) 0;0 0 1];R02=R01*R12
R23=[cos(q3) -sin(q3) 0;sin(q3) cos(q3) 0;0 0 1];R03=R02*R23
R34=[cos(q4) -sin(q4) 0;sin(q4) cos(q4) 0;0 0 1];R04=R03*R34
r0o0c1=R01*r1o0c1;
r0o1c2=R02*r2o1c2;
r0o2c3=R03*r3o2c3;
r0o3c4=R04*r4o3c4;

z00=[0;0;1]
z11=[0;0;1];z01=R01*z11
```

```
z22=z11;z02=R02*z22
z33=z11;z03=R03*z33
%雅可比矩阵
Jv1=[cross(z00,r0o0c1) zeros(3,3)]
Jv2=[cross(z00,r0o0c1) cross(z01,r0o1c2) zeros(3,2)]
Jv3=[cross(z00,r0o0c1) cross(z01,r0o1c2) cross(z02,r0o2c3) zeros(3,1)]
Jv4=[cross(z00,r0o0c1)         cross(z01,r0o1c2)         cross(z02,r0o2c3)
cross(z03,r0o3c4)]
Jw1=[z00 zeros(3,3)]
Jw2=[z00 z01 zeros(3,2)]
Jw3=[z00 z01 z02 zeros(3,1)]
Jw4=[z00 z01 z02 z03]
J=[Jv4;Jw4]

I01=simple(R01*I11*R01.')
I02=simple(R02*I22*R02.')
I03=simple(R03*I33*R03.')
I04=simple(R04*I44*R04.')


%%%%%%%%%%%%%%%%%%%%%%% 惯性矩阵 %%%%%%%%%%%%%%%%%%%%%%%
M=(Jv1.'*m1*Jv1+Jw1.'*I01*Jw1)+(Jv2.'*m2*Jv2+Jw2.'*I02*Jw2)+...
   (Jv3.'*m3*Jv3+Jw3.'*I03*Jw3)+(Jv4.'*m4*Jv4+Jw4.'*I04*Jw4);
for i=1:4
   for j=1:4
      Mij=simple(M(i,j));
      Mij=char(Mij);
      fid=fopen(strcat(cd,['\M',num2str(i),num2str(j),'.txt']),'w');
      fwrite(fid,Mij);
      fclose(fid);
   end
end
%%%%%%%%%%%%%%%% 向心力和哥氏力矩阵 %%%%%%%%%%%%%%%%%%%
q=[q1;q2;q3;q4];qd=[dq1;dq2;dq3;dq4];
for i=1:4
   clear Vi
   Vi=class('sym');
   for j=i:4
      for k=1:4
         fid=fopen(strcat(cd,'\M',num2str(i),num2str(j),'.txt'));
         Mij=fscanf(fid,'%c');
         fclose(fid);
         fid=fopen(strcat(cd,'\M',num2str(j),num2str(k),'.txt'));
         Mjk=fscanf(fid,'%c');
```

```matlab
        fclose(fid);
        F1=diff(Mij,q(k));
        F2=diff(Mjk,q(i));
        Vi=Vi+(F1-0.5*F2)*qd(j)*qd(k);
      end
    end
    V=char(simple(Vi));
    V=strrep(V,'char','');
    %把矩阵写到数据文件
    switch i
    case 1
      V1=V;
      fid=fopen(strcat(cd,'\V1.txt'),'w');
      fwrite(fid,V1);
      fclose(fid);
    case 2
      V2=V;
      fid=fopen(strcat(cd,'\V2.txt'),'w');
      fwrite(fid,V2);
      fclose(fid);
    case 3
      V3=V;
      fid=fopen(strcat(cd,'\V3.txt'),'w');
      fwrite(fid,V3);
      fclose(fid);
    case 4
      V4=V;
      fid=fopen(strcat(cd,'\V4.txt'),'w');
      fwrite(fid,V4);
      fclose(fid);
    end
end

%%%%%%%%%%%%%%%% 重力向量 %%%%%%%%%%%%%%%%
g=sym([0;0;-g]);
m=[m1 m2 m3 m4];
for i=1:4
  clear Gi
  Gi=class('sym');
  for j=1:4
    switch j
    case 1
      Jivj=Jv1(:,i);
```

```
    case 2
       Jivj=Jv2(:,i);
    case 3
       Jivj=Jv3(:,i);
    case 4
       Jivj=Jv4(:,i);
    end
    Gi=Gi-m(j)*g.'*Jivj;
  end
  G=char(simple(Gi));
  G=strrep(G,'char','');
  %把矩阵写到数据文件
  switch i
  case 1
    G1=G;
    fid=fopen(strcat(cd,'\G1.txt'),'w');
    fwrite(fid,G1);
    fclose(fid);
  case 2
    G2=G;
    fid=fopen(strcat(cd,'\G2.txt'),'w');
    fwrite(fid,G2);
    fclose(fid);
  case 3
    G3=G;
    fid=fopen(strcat(cd,'\G3.txt'),'w');
    fwrite(fid,G3);
    fclose(fid);
  case 4
    G4=G;
    fid=fopen(strcat(cd,'\G4.txt'),'w');
    fwrite(fid,G4);
    fclose(fid);
  end
end
disp('OK')
```

5.5.2 挖掘臂的单自由度和二自由度轨迹规划

1. 铲斗单自由度的轨迹规划

将动臂与斗杆的关节角分别在 24°和 246°锁死，对于一个图 5-30 所示的铲斗单自由度运动，通过运动学转换可以得到铲斗油缸的起始长度和终止长度。对其进行多项式拟合，可得到期望铲斗液压缸位移的时间函数，通过正向运动学转换可以得到关节角的位置、速度和加速度信息。各参数的具体性能如图 5-30~图 5-36 所示。

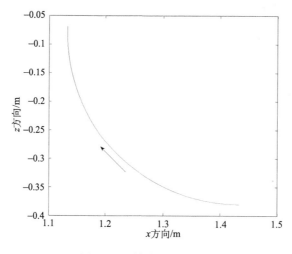

图 5-30　铲斗的末端轨迹

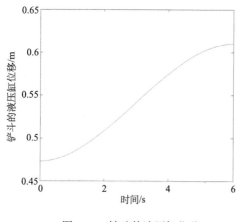

图 5-31　铲斗的液压缸位移

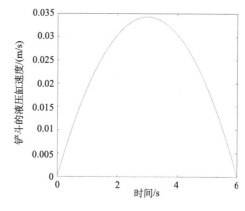

图 5-32　铲斗的液压缸速度

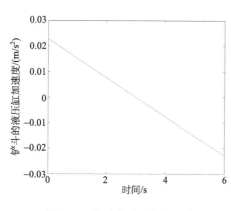

图 5-33　铲斗的液压缸加速度

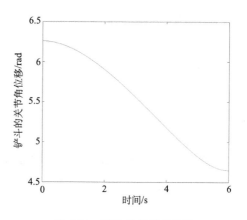

图 5-34　铲斗的关节角位移

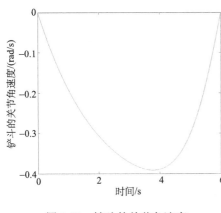

图 5-35　铲斗的关节角速度

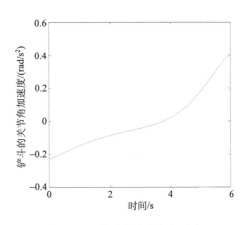

图 5-36　铲斗的关节角加速度

2.斗杆和铲斗二自由度的轨迹规划

将动臂的关节角在 24°锁死,对于一个如图 5-37 所示的斗杆和铲斗的二自由度运动,按照前述步骤,可得到其对应参数的性能如图 5-38~图 5-43 所示。

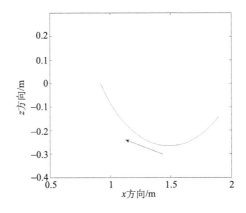

图 5-37　铲斗的末端轨迹

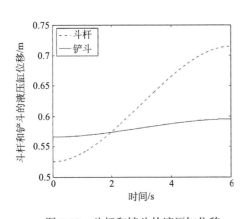

图 5-38　斗杆和铲斗的液压缸位移

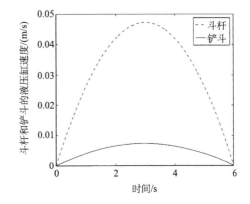

图 5-39　斗杆和铲斗的液压缸速度

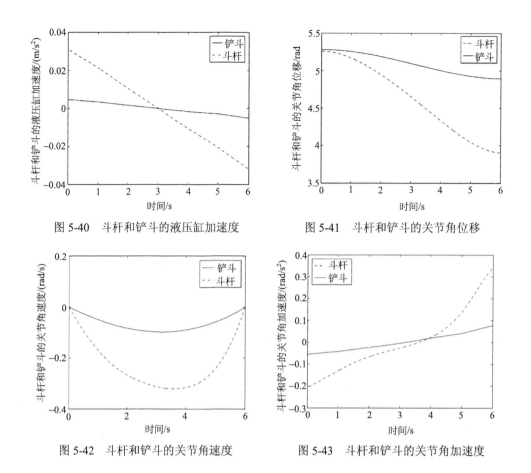

图 5-40　斗杆和铲斗的液压缸加速度　　　　图 5-41　斗杆和铲斗的关节角位移

图 5-42　斗杆和铲斗的关节角速度　　　　图 5-43　斗杆和铲斗的关节角加速度

从以上的运动学和动力学仿真可以看出，各个运动学和动力学参数在整个时间段内运行连续且平稳，没有阶跃变化，可在一定程度上增加挖掘机器人作业时的稳定性，并提高挖掘机器人液压元件的寿命。

5.5.3　挖掘臂运动轨迹模糊滑模控制的 MATLAB/Simulink 仿真及实验

1. 滑模控制器的设计

对液压缸驱动力的表达式 $F = A_1 p_1 - A_2 p_2$ 进行求导，根据挖掘机器人的电液系统模型可以得到

$$\dot{F} = A_1 \dot{p}_1 - A_2 \dot{p}_2$$

$$= \frac{A_1 \beta_e}{A_1 y + V_{01}} \left\{ -A_1 \dot{y} - C_{ip}(p_1 - p_2) + C_d \omega x_v \sqrt{\frac{2}{\rho}} \left[s(x_v)\sqrt{p_S - p_1} + s(-x_v)\sqrt{p_1 - p_T} \right] \right\}$$

$$\quad - \frac{A_2 \beta_e}{A_2(L - y) + V_{02}} \left\{ A_2 \dot{y} + C_{ip}(p_1 - p_2) - C_d \omega x_v \sqrt{\frac{2}{\rho}} \left[s(x_v)\sqrt{p_2 - p_T} + s(-x_v)\sqrt{p_S - p_2} \right] \right\}$$

$$= \frac{A_1 \beta_e}{A_1 y + V_{01}} [-A_1 \dot{y} - C_{ip}(p_1 - p_2)] - \frac{A_2 \beta_e}{A_2(L - y) + V_{02}} [A_2 \dot{y} + C_{ip}(p_1 - p_2)]$$

$$+\frac{A_1\beta_e}{A_1y+V_{01}}C_d\omega x_v\sqrt{\frac{2}{\rho}}[s(x_v)\sqrt{p_S-p_1}+s(-x_v)\sqrt{p_1-p_T}]$$

$$\quad\quad\quad\quad\quad\quad\quad\quad\quad\quad\quad\quad\quad\quad\quad\quad\quad\quad (5.62)$$

$$+\frac{A_2\beta_e}{A_2(L-y)+V_{02}}C_d\omega x_v\sqrt{\frac{2}{\rho}}\left[s(x_v)\sqrt{p_2-p_T}+s(-x_v)\sqrt{p_S-p_2}\right]$$

$$=\frac{A_1\beta_e}{A_1y+V_{01}}[-A_1\dot{y}-C_{ip}(p_1-p_2)]-\frac{A_2\beta_e}{A_2(L-y)+V_{02}}[A_2\dot{y}+C_{ip}(p_1-p_2)]$$

$$+\frac{A_1\beta_e}{A_1y+V_{01}}K_{eh}u\left[s(u)\sqrt{p_S-p_1}+s(-u)\sqrt{p_1-p_T}\right]$$

$$+\frac{A_2\beta_e}{A_2(L-y)+V_{02}}K_{eh}u\left[s(u)\sqrt{p_2-p_T}+s(-u)\sqrt{p_S-p_2}\right]$$

根据式(5.62)可以看出，A_1、A_2、p_S、p_T、L、V_{01}、V_{02} 均为可测量常量，p_1 和 p_2 可由压力传感器得到，y 可由倾角传感器的值根据挖掘机器人工作装置的运动学转换得到，K_{eh}、C_{ip} 和 β_e 可由 5.4.2 节的参数辨识得到，因此，可以得到液压驱动力 F 关于电压输入 u 的关系式。

由于液压缸驱动力导数 $\dot{F}$ 的表达式(5.62)较为复杂，因此设

$$\Gamma=\frac{A_1\beta_e}{A_1y+V_{01}}[-A_1\dot{y}-C_{ip}(p_1-p_2)]-\frac{A_2\beta_e}{A_2(L-y)+V_{02}}[A_2\dot{y}+C_{ip}(p_1-p_2)]$$

$$\Lambda=C_d\omega K_v K_a\sqrt{\frac{2}{\rho}}=K_{eh}$$

$$\Psi=\frac{A_1\beta_e}{A_1y+V_{01}}\left[s(u)\sqrt{p_S-p_1}+s(-u)\sqrt{p_1-p_T}\right]+\frac{A_2\beta_e}{A_2(L-y)+V_{02}}\left[s(u)\sqrt{p_2-p_T}+s(-u)\sqrt{p_S-p_2}\right]$$

$$\quad\quad\quad\quad\quad\quad\quad\quad\quad\quad\quad\quad\quad\quad\quad\quad\quad\quad (5.63)$$

通过选择合适的状态向量 $[\,y_1(t)\ y_2(t)\ y_3(t)\,]^T=[\,y(t)\ \dot{y}(t)\ \ddot{y}(t)\,]^T$，电液系统的状态方程式(5.37)可以表示为状态方程的标准形式：

$$\dot{y}_1=y_2$$

$$\dot{y}_2=y_3$$

$$\dot{y}_3=\frac{1}{M}(\Gamma+\Lambda\Psi u) \quad\quad\quad\quad\quad\quad (5.64)$$

由于 Γ 和 Ψ 的表达式中都含有体积弹性模量 β_e，考虑到体积弹性模量 β_e 在实际中有一定的变化范围，所以假定 Ψ 和 Γ 有界，即

$$\Psi_{\min}<\Psi<\Psi_{\max} \quad\quad\quad\quad\quad\quad (5.65)$$

$$\Gamma-\hat{\Gamma}\leqslant\delta \quad\quad\quad\quad\quad\quad (5.66)$$

其中，$\Psi_{\min}$ 和 $\Psi_{\max}$ 分别为 Ψ 的最小值和最大值；$\hat{\Gamma}$ 为 Γ 的名义值；δ 为正实数。

考虑到对参数 K_{eh} 辨识的值也不一定完全与 K_{eh} 的实际值相同，因此 Λ 的值也很难精确确定，对 Λ 的取值设计为

$$\Lambda_{\min}<\Lambda<\Lambda_{\max} \quad\quad\quad\quad\quad\quad (5.67)$$

其中，$\Lambda_{\min}$ 和 $\Lambda_{\max}$ 分别为 Λ 的最小值和最大值。

由式(5.62)可以看出，控制输入 u 以乘积形式出现在系统动态模型中，因此选择 Λ 和

Ψ 的几何平均增益作为 Λ 和 Ψ 的估计值：

$$\hat{\Lambda} = (\Lambda_{\max} \Lambda_{\min})^{1/2} \tag{5.68}$$

$$\hat{\Psi} = (\Psi_{\max} \Psi_{\min})^{1/2} \tag{5.69}$$

则式(5.65)和式(5.67)可以写成

$$\gamma^{-1} \leqslant \frac{\hat{\Psi}}{\Psi} \leqslant \gamma \tag{5.70}$$

$$\lambda^{-1} \leqslant \frac{\hat{\Lambda}}{\Lambda} \leqslant \lambda \tag{5.71}$$

其中，$\lambda = \sqrt{\Lambda_{\max} / \Lambda_{\min}} > 1$；$\gamma = \sqrt{\Psi_{\max} / \Psi_{\min}} > 1$。

要求设计的滑模控制器使系统对有界不确定式(5.70)和式(5.71)具有鲁棒性，当系统不确定性在特定范围内变化时，保证系统的性能仍然良好。

定义滑模函数为

$$s(t) = e_n + c_{n-1}e_{n-1} + \cdots + c_1 e_1 = \sum_{i=1}^{n} c_i e_i, \quad c_n = 1 \tag{5.72}$$

针对挖掘机器人电液系统的标准状态方程式(5.64)，取 $n=3$，则针对电液系统的滑模函数为

$$s(t) = e_3 + c_2 e_2 + c_1 e_1 \tag{5.73}$$

其中，e 跟踪误差，具体表达式为

$$e = \begin{bmatrix} e_1 \\ e_2 \\ e_3 \end{bmatrix} = \begin{bmatrix} y_1(t) - y_{1d}(t) \\ y_2(t) - y_{2d}(t) \\ y_3(t) - y_{3d}(t) \end{bmatrix} = \begin{bmatrix} y(t) - y_d(t) \\ \dot{y}(t) - \dot{y}_d(t) \\ \ddot{y}(t) - \ddot{y}_d(t) \end{bmatrix} \tag{5.74}$$

$c_i(i=1,2,\cdots,n)$ 为常数，根据闭环系统期望的动力学性能确定。

把式(5.74)代入式(5.73)，可得

$$s(t) = [\ddot{y}(t) - \ddot{y}_d(t)] + c_2[\dot{y}(t) - \dot{y}_d(t)] + c_1[y(t) - y_d(t)] \tag{5.75}$$

对滑模函数(5.75)进行求导，并将式(5.64)代入，则有

$$\dot{s}(t) = \frac{1}{M}(\Gamma + \Lambda \Psi u) - y_d^{(3)}(t) + c_2[\ddot{y}(t) - \ddot{y}_d(t)] + c_1[\dot{y}(t) - \dot{y}_d(t)] \tag{5.76}$$

使状态轨迹维持在滑模面($s=0$)上的必要条件是 $\dot{s}(t) = 0$，把 Γ、Ψ 和 Λ 的名义值 $\hat{\Gamma}$、$\hat{\Psi}$ 和 $\hat{\Lambda}$ 代入式(5.76)，则可以得出比例放大器的输入电压的等效控制项为

$$\bar{u} = \hat{\Lambda}^{-1}\hat{\Psi}^{-1}(M\{y_d^{(3)}(t) - c_2[\ddot{y}(t) - \ddot{y}_d(t)] - c_1[\dot{y}(t) - \dot{y}_d(t)]\} - \hat{\Gamma}) \tag{5.77}$$

辅助控制项设计为

$$\tilde{u} = -K \operatorname{sgn}(s) - Qs \tag{5.78}$$

则比例放大器输入电压的总控制律为

$$u = \bar{u} + \tilde{u} \tag{5.79}$$

可以看出，挖掘机器人的滑模控制器是一种不连续控制器。其中，$\bar{u}$ 为基于挖掘机器人电液系统名义模型的等效控制，是系统不存在不确定性时的控制，保证闭环控制系

统的控制输入基于期望的动力学特性，给定名义系统某种期望的闭环动力学性能。辅助控制 $\tilde{u}$ 包括 Q_s 和 $K\,\mathrm{sgn}(s)$，与电液系统的动力学模型无关。$K\,\mathrm{sgn}(s)$ 实现对不确定性和外加干扰的鲁棒性。切换系数 K 为一个待定的正实数，如果 K 选择过小，则不能保证滑模条件的成立。使滑模条件成立的办法是加大 K，但 K 过大将使滑模控制引起的抖振幅值增大，其取值范围由李雅普诺夫函数的稳定性证明得到。Q_s 是调节控制，由 s 的表达式可知，Q_s 包含了对跟踪误差的 PD 控制，可以加快误差跟踪速度，并预测误差变化情况，减小系统的调节时间。

2. 模糊控制

将输入输出变量划分为 NB、NS、ZE、PS 和 PB 五个模糊子集，建立一个五条规则的模糊系统。由于状态轨迹远离滑模面时，切换增益应该相应增加，反之亦然，因此模糊控制的输入输出规则如表 5-10 所示。

表 5-10　模糊控制的输入输出规则

s_i	NB	NS	ZE	PS	PB
K_i	NB	NS	ZE	PS	PB

s_i 的论域为 $[-3, 3]$，K_i 的论域为 $[-3, 3]$。图 5-44 和图 5-45 分别为 s_i 和 K_i 的隶属函数图。

第 i 个模糊系统的输出 K_i 为

$$K_i = \xi_i^{\mathrm{T}} \Theta_i(s_i)$$

其中，$\xi = [\xi_1, \xi_2, \cdots, \xi_j, \cdots, \xi_m]\,(j=1,2,\cdots,m)$ 为模糊规则向量。$\Theta(x) = [\Theta_1(x), \Theta_2(x), \cdots, \Theta_j(x), \cdots, \Theta_m(x)]\,(j=1,2,\cdots,m)$，其中

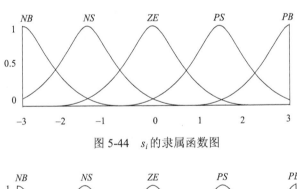

图 5-44　s_i 的隶属函数图

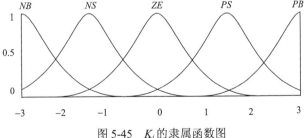

图 5-45　K_i 的隶属函数图

$$\Theta_j(x) = \frac{\prod\limits_{i=1}^{n} \exp\left[-\left(\dfrac{s_i - a_j}{b_j}\right)^2\right]}{\sum\limits_{j=1}^{m} \prod\limits_{i=1}^{n} \exp\left[-\left(\dfrac{s_i - a_j}{b_j}\right)^2\right]}$$

为模糊基函数；a_j 和 b_j 为高斯型隶属函数的设计参数；m 为模糊规则数量。采用重力中心法进行非模糊化。

改进后的模糊滑模控制律可以表示为

$$u = \hat{\Lambda}^{-1}\hat{\Psi}^{-1}(M\{y_{\rm d}^{(3)}(t) - c_2[\ddot{y}(t) - \ddot{y}_{\rm d}(t)] - c_1[\dot{y}(t) - \dot{y}_{\rm d}(t)]\} - \hat{\Gamma}) - K - Qs \tag{5.80}$$

图 5-46 是模糊滑模控制的原理图。

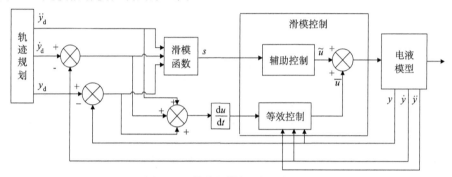

图 5-46　模糊滑模控制的原理图

3. 模糊滑模控制的 MATLAB/Simulink 仿真

1) 铲斗的单自由度仿真

在建立了控制器和电液系统模型的基础上，选择采样时间为 0.002s，用龙格-库塔法求解。

电液系统数学模型的参数参考表 5-9。为了展示滑模控制的鲁棒性，对 5.4.2 节所辨识参数的不敏感性，取 $p_{\rm S}=3\times10^6\rm Pa$，$K_{\rm eh}=3\times10^{-8}\rm m^{7/2}/(kg^{1/2}\cdot V)$，$\beta_{\rm e}=4\times10^8\rm Pa$，$C_{\rm ip}=2\times10^{-10}\ \rm m^3/(Pa\cdot s)$。在相同条件下对滑模控制和模糊滑模控制进行对比，其结果如图 5-47 和图 5-48 所示。

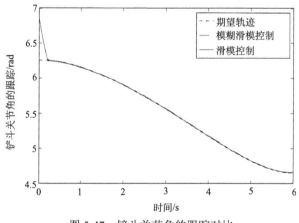

图 5-47　铲斗关节角的跟踪对比

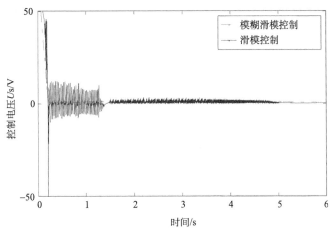

图 5-48　控制电压对比

可以看出，滑模控制的控制电压存在抖振，导致控制器的输出为高频振荡信号，而模糊滑模控制很好地削弱了抖振，保证了控制电压的平滑性。

为了保证系统处于滑模面上，滑模控制系统的特征方程由 $\dot{s}(t)=0$ 得出，即

$$\dot{s}(t)=\sum_{i=1}^{n-1}c_i\dot{e}_i(t)+\dot{e}_n(t)=0$$

对于 $n=3$ 的情况，可以得到

$$s(s^2+c_2 s+c_1)=0$$

上式中包含了两个期望的滑动特征值和一个由滑动模态 $s=0$ 产生的位于原点的特征值。c_1 和 c_2 可以由闭环系统的特征结构决定。

取阻尼比 $\zeta=1$，当系统自然频率 ω_n 分别为 300rad/s、500rad/s 和 700rad/s 时，对模糊滑模控制效果进行对比，结果如图 5-49 和图 5-50 所示。

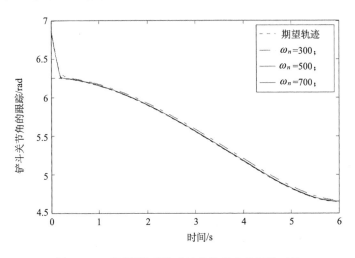

图 5-49　不同滑模系数时铲斗关节角的跟踪对比

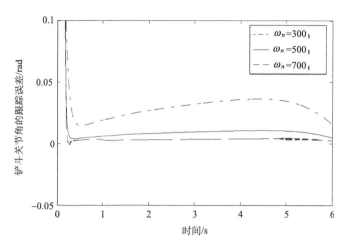

图 5-50　不同滑模系数时铲斗关节角的跟踪误差对比

可以看出，模糊滑模控制在不同自然频率时的控制精度不同。自然频率越高，跟踪精度越高，但是自然频率也不能过高，否则会产生较大超调和振荡。

调节控制项可以加快误差跟踪速度，减小调节时间。在 $Q=0.001$、$Q=0.003$ 和 $Q=0.005$ 的情况下对模糊滑模控制效果进行对比，其跟踪效果对比如图 5-51 和图 5-52 所示。

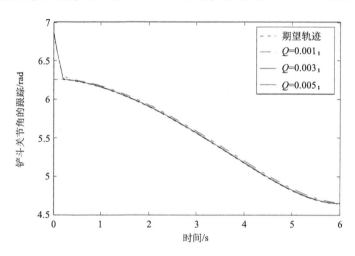

图 5-51　不同调节系数时铲斗关节角的跟踪对比

可以看出，Q 的取值越大，跟踪精度越高。但是 Q 过大会导致跟踪出现振荡，因此需要适当设置 Q 的大小。

2) 斗杆和铲斗的二自由度仿真

在建立了滑模控制器模型和电液系统模型的基础上，电液系统数学模型的参数参考表 5-9。选择定步长方式，采样时间为 0.002s，用龙格-库塔法求解。与单自由度的仿真情况一样，需要注意仿真设置等问题。取 $p_S=3\times10^6$Pa，$K_{eh}=3\times10^{-8}$m$^{7/2}$/(kg$^{1/2}\cdot$V)，$\beta_e=4\times10^8$Pa，$C_{ip}=2\times10^{-10}$ m^3/(Pa $\cdot$ s)，其跟踪结果如图 5-53 和图 5-54 所示。

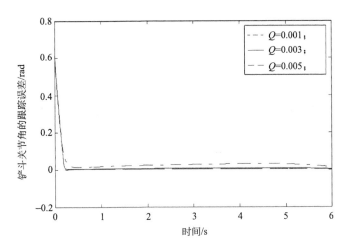

图 5-52 不同调节系数时铲斗关节角的跟踪误差对比

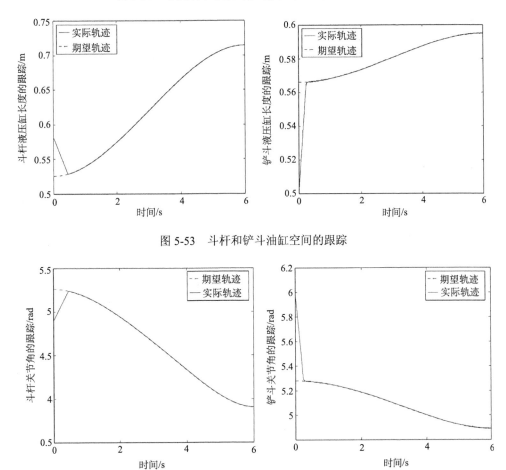

图 5-53 斗杆和铲斗油缸空间的跟踪

图 5-54 斗杆和铲斗关节空间的跟踪

可以看出，尽管关节角的实际初始量远离期望初始量，但是模糊滑模控制器仍然能保证系统快速地跟踪。

4. 模糊滑模控制实验

为了检验所设计的模糊滑模控制算法，把它用于 PC02-1 型挖掘机器人的实验中。采用 xPC Target 的外部模式进行控制。选择采样时间为 0.002s，采用龙格-库塔法求解。图5-55~图5-58 为铲斗在油缸空间、关节空间和位姿空间的实验跟踪效果。

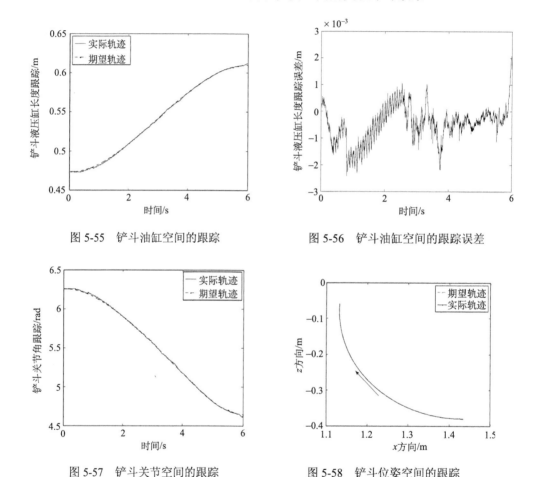

图 5-55　铲斗油缸空间的跟踪　　　　图 5-56　铲斗油缸空间的跟踪误差

图 5-57　铲斗关节空间的跟踪　　　　图 5-58　铲斗位姿空间的跟踪

选择采样时间为 0.002s，采用龙格-库塔法求解。图5-59~图5-62 为斗杆和铲斗在油缸空间、关节空间与位姿空间的实验跟踪效果。

从仿真和实验可以看出，模糊滑模控制可以获得比常规控制更好的跟踪效果，而且对系统参数变化不敏感。

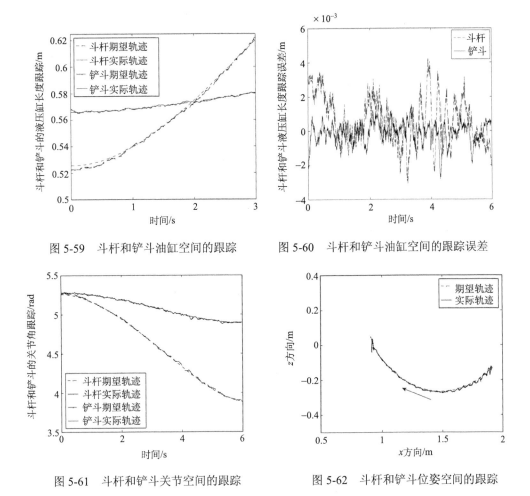

图 5-59　斗杆和铲斗油缸空间的跟踪　　　　　图 5-60　斗杆和铲斗油缸空间的跟踪误差

图 5-61　斗杆和铲斗关节空间的跟踪　　　　　图 5-62　斗杆和铲斗位姿空间的跟踪

5.6　挖掘行为和基本动作与 Stateflow 分解

　　液压挖掘机的拟人化操作属于自主操作的范畴，拟人化操作强调能够模拟操作人员应用模糊信息手动操作挖掘机工作装置铲斗的过程。

　　要完成挖掘行为的拟人化操作，首先要解决一个问题：挖掘过程中铲斗和料堆之间的相互作用。挖掘机铲斗插入料堆的过程中，斗齿上面遇到的外部载荷是无法预知的，基于微分方程或差分方程的传统数学模型很难描述铲斗和料堆之间的不确定性，不能满足实时控制的需要。

　　应用模糊逻辑理论可以在传感器的反馈信息和铲斗位姿之间建立联系。将行为控制和模糊逻辑结合起来，使挖掘机能够模仿人通过这些"不精确的""不完整的"模糊信息迅速做出判断，为拟人操作的实现奠定了基础。

　　在挖掘机的典型挖掘工况下，即挖掘机铲斗插入散装物料的料堆，料堆中埋藏有不规则石块，要求挖掘机的拟人操作系统能够模拟人的操作，铲斗斗齿沿石块的上表面移动，将散料刮去；或者铲斗斗齿沿石块的下表面移动，将这个不规则石块挖出。在这个过程中，由下位机负责数据采集，并对铲斗实现实时控制。为此，提出了基于行为的挖掘机工作装置拟人操作方法和以 Fuzzy Logic(模糊逻辑)\Simulink\Stateflow(状态流)工具箱为基础的仿真实验模型，实现了由基本动作提供触发信号，使挖掘行为的有限状态机发生状态迁移的过程。

5.6.1 行为控制与有限状态机

1. 行为控制的概念

麻省理工学院人工智能实验室 Brooks 通过对移动机器人(Mobile Robot)的研究，首先提出了基于行为的机器人控制概念。

传统的机器人控制方法是在笛卡儿空间内，对机器人运动轨迹或环境用符号进行描述，然后实施规划和控制。和传统的机器人控制方法不同，在一个动态的环境里，行为控制(Behavior Control)要求为机器人设计一系列简单行为，这些行为相互协调和协作，产生机器人的整体行为。换句话说，任何复杂的行为都可以由比较简单的行为相互组合而实现。

在基于行为的机器人学里，经常使用基本行为这一概念来表示机器人低级的简单行为。从数学的角度来说，基本行为就是通过感知信息控制执行过程的算法。

通常情况下，基本行为由一个触发单元和一个控制单元组成，如图 5-63 所示，控制单元用来将感知信息转换为机器人所要执行的命令，触发单元用来确定在什么情况下应该为机器人的执行产生指令输出。

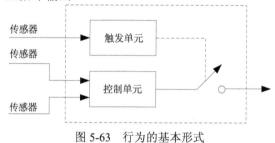

图 5-63　行为的基本形式

在基于行为的系统中，参与控制的多个行为是各异的、可能是不兼容的，这些行为之间可能产生相互冲突，因此，系统要解决多行为的协作问题，即构造有效的多行为协调机制，实现合理一致的整体行为。

行为协调机制的实现有仲裁和命令合成两类。采用仲裁方法的行为协作在同一时间允许一个或一系列行为被激活，下一时间又转向另一组行为。而命令合成关心的是如何将各个行为的结果合成为一个命令，输入执行机构。

2. 有限状态机

有限状态机(Finite State Machine，FSM)也称为顺序机，最初在开关电路理论和逻辑设计过程中被提出来，用于描述电路的顺序问题，表示系统中存在有限个状态，当某些事件发生时，系统从一个状态转变成另一个状态，故又称为事件驱动的系统。在这里，状态(States)表示过程中的某些连续集(Continua)，状态之间的转移(Transitions)是由事件

(Events)触发的，事件表示在过程中出现的某些质的改变。

有限状态机由一组状态(其中包括一个初始状态)、输入及转移条件组成。在一个有限状态机里面，输入、当前状态及转移条件决定下一个状态。

3. Stateflow

Stateflow 作为集成于 Simulink 中的图形化设计与开发工具，主要用于复杂逻辑系统的建模与仿真。Stateflow 是有限状态机的图形化实现工具，也称为状态流。Stateflow 和 Simulink 配合使用具有事件驱动控制能力。

Stateflow 允许用户建立起有限的状态，使用图形的形式绘制出状态迁移的条件。Simulink 专用于连续或离散时间的动态系统仿真，是仿真系统的核心；而 Stateflow 则专用于 Simulink 连续或离散时间动态仿真环境下，和事件驱动系统紧密结合，以状态图形式动态显示仿真状态。Simulink/Stateflow 模型程序主要由 Simulink 模块、Stateflow 模块、工具箱模块等构成。Simulink 模块与 Stateflow 模块通过 C 格式的 S-Function 函数实现无缝连接，并均能与外部交换信息。

Stateflow 编辑器包含了能够直接绘制的 FSM 图形对象，如状态、历史节点、默认转移、连接节点、真值表、图形函数、内嵌 MATLAB 函数以及图形盒，其中比较常用的是状态、默认转移以及连接节点。Stateflow 编辑器不仅能够完成 Stateflow 模型的创建，还可以在运行 Stateflow 模型的时候完成系统的调试、检测等功能。

状态是 Stateflow 状态图中最重要的元素之一，状态描述的是系统的一种模式，例如，关于开灯、关灯的例子，房间里面的电灯只有两种工作模式：一种是点亮；另一种是熄灭。如果利用 Stateflow 状态图来描述电灯的工作模式，则需要使用两个状态。在任何给定的时刻，状态要么是活动的，要么是非活动的。状态在系统中看作记忆元件。它本身能够保持系统的当前模式，一旦被激活，状态就保持激活的模式，直到系统改变其模式，状态才变为非活动的。同理，如果状态是非活动的，则状态会一直保持非活动的状态，直到系统改变其工作模式为止。

和 Simulink 的模型类似，Stateflow 的框图也可以具有层次，在同一级层次中，所有的状态要么是互斥的，要么是并行的。所谓状态之间是互斥的，是指在任何给定的时刻，只有一个状态是活动的，不可能同时出现两个状态同时活动；所谓状态之间是并行的，是指在同一时刻，该层次的所有状态都是活动的。在同一级里面不可能既有互斥的又有并行的状态存在，即状态要么是互斥的，要么是并行的。

连接节点作为转移通路的判决点或汇合点，也是状态图中常用的图形元素之一，特别是在流程图中，由于流程图中不能包含任何状态，因此，只有依靠连接节点完成通路之间的连接和判断分支。需要强调的是，连接节点不是记忆元件，因此，在状态图中任何转移的执行都不能停留在节点上，转移必须到达某个状态才能停止。

无论是在包含状态的状态图中还是在没有状态的流程图中，几乎都存在转移，转移描述的是有限状态机系统内的逻辑流。转移管理了当系统中的当前状态改变时，这个系统可能发生的模式改变。当转移发生时，源状态变为非活动的状态，目标状态变为活动的状态。

一个完整的转移标签由四个部分组成，分别为事件、条件、条件动作和转移动作，也可以包含相应的注释。事件是 Stateflow 非图形对象的一种。

在 FSM 中，只有在事件发生时才可能去执行相应的转移，因此，Stateflow 的模型又称为事件驱动系统。条件是用于转移决策的逻辑判断。只有在相应的事件发生且条件也满足时，相应的转移才可能执行。一般地，条件是由逻辑运算或者是关系运算组成的，也就是说，运算结果为布尔类型变量的函数、表达式都可以作为条件表达式。在 Stateflow 的条件中，条件表达式不能调用图形函数等 Stateflow 的图形对象，更不能用于触发状态的改变。如果在转移上没有定义事件和条件，则意味着该转移在任何事件发生时都会执行。其中，条件动作是在条件满足时就立即执行某些表达式，转移动作只有在整个转移通路都有效时才能够执行。Stateflow 的结构图如图 5-64 所示。

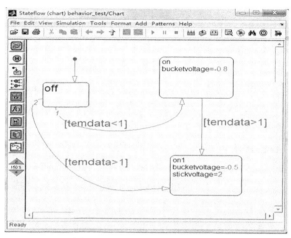

图 5-64　Stateflow 的结构图

5.6.2　从挖掘目标到基本动作

按照行为控制的要求，任何复杂的工作行为总可以分解成可执行的、简单的行为或者行为序列，这些行为相互协调和协作，产生挖掘机的整体行为。换句话说，任何复杂的行为都可以由比较简单的行为相互组合而实现。

基于这种思想，结合挖掘机工作的实际情况，将一个挖掘目标(Goal)分解成若干挖掘任务(Task)；每个挖掘任务进一步分解成一组挖掘行为(Behavior)；每个挖掘行为最终通过一组铲斗的基本动作(Action)来实现。其中，挖掘任务和挖掘行为的分解与选择是通过有限状态机来完成的。装载目标分解原理如图 5-65 所示。

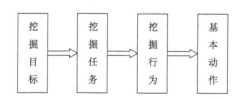

图 5-65　装载目标分解原理

5.6.3　挖掘目标与挖掘任务

根据行为控制理论，一个挖掘目标分解为几个挖掘任务，挖掘任务又通过一系列挖掘行为来完成。

在目标到任务的状态分解中，每个任务都作为一个状态；在任务到行为的状态分解中，每个行为又作为一个状态，可以应用 Stateflow 工具箱来完成这些分解工作。系统开始运行后，当感知系统的数据满足下一个行为的执行条件时，转而执行下一个行为。所有行为都结束之后，再去执行下一个子任务，直到挖掘目标完成。

行为控制要求每个挖掘目标通过一个或者一组挖掘任务来实现。挖掘目标分解成一系列挖掘任务，分解出来的任务形成一个相互关联的挖掘任务链，根据外部传感信息来选择当前应该执行的挖掘任务。

一个任务(Tasks)的有限状态机表示为

$$T_i = (s_i^0, \boldsymbol{S}_i, S_i^f, \boldsymbol{H}_i, \delta_j) \tag{5.81}$$

其中，s_i^0 为初始状态，$s_i^0 \subset \boldsymbol{S}_i$；$\boldsymbol{S}_i$ 为任务(Tasks)状态的集合；S_i^f 表示该任务完成的状态，$S_i^f \in \boldsymbol{S}_i$；$\boldsymbol{H}_i$ 表示适合该任务的挖掘行为的集合，$\boldsymbol{H}_i = \left\{ B_i^1, \cdots, B_i^{m_i} \right\}$；$\delta_i$ 表示状态转移条件，在当前状态 S_j 下，若执行挖掘行为 $B \in \boldsymbol{H}_i$，则下一个状态为 S_k。

例如，挖掘目标为从料堆中开挖一条槽沟，长度是 x，高度是 y，料堆中夹杂有石块。根据行为控制理论，将此任务分解如图 5-66 所示。

挖掘任务 1(T_1)：按指定高度向前移动铲斗距离 x，遇到的石块将被挖出，将挖出的物料放到指定的位置。

挖掘任务 2(T_2)：移去大石块上表面的物料。

挖掘任务 3(T_3)：挖出并且移去大石块。

挖掘任务 4(T_4)：把一个大石块推到一个指定的位置。

挖掘任务 5(T_5)：沿着石块底部挖一个沟槽。

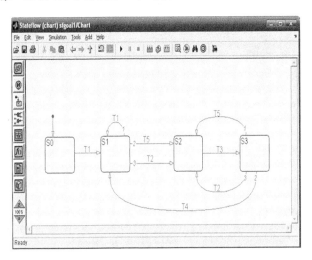

图 5-66　挖掘目标(goal)分解为一系列挖掘任务(tasks)

图 5-66 中：S^0 为目标初始状态；S^1 为挖掘过程中没有大的石块，即使有大石块也不准备挖掘出来，或者目标完成；S^2 为遇到大石块，并且准备将其挖掘出来；S^3 为大石块已经挖掘出来，再次遇到的障碍物不准备挖掘出来，或者目标已经完成。

5.6.4　挖掘任务与挖掘行为

每个挖掘任务都可以分解为若干挖掘行为，在执行每一个选中的挖掘任务时，要先把选中的挖掘任务分解成为挖掘行为或挖掘行为序列。

一个行为(Behaviors)的有限状态机表示为

$$\boldsymbol{B}_i = (s_i^0, \boldsymbol{S}_i, S_i^f, \boldsymbol{A}_i, \delta_i) \tag{5.82}$$

其中，s_i^0 为初始状态，$s_i^0 \subset \boldsymbol{S}_i$；$\boldsymbol{S}_i$ 表示挖掘行为(Behaviors)状态的集合；S_i^f 表示该挖掘行为的完成状态，$S_i^f \subset \boldsymbol{S}_i$；$\boldsymbol{A}_i$ 表示组成该挖掘行为的基本动作的集合，$\boldsymbol{A}_i = \{a_i^1, \cdots, a_i^{m_j}\}$；$\delta_i$ 表示状态转移条件；在当前状态 S_j 下，如果执行基本动作 $\boldsymbol{A}_i \subset H_i$，则下一个状态为 S_k。

根据行为控制理论，挖掘任务 2(T_2)的分解如图 5-67 所示，该挖掘任务将石块表面的物料刮走。

图 5-67 中：S^0 为初始状态；S^1 为遇到大石块；S^2 为铲斗刃在预定的高度；S^3 为铲斗已经装满，不能继续向前运动；S^f 为铲斗清理干净物料，准备移向堆料处或者进入点。

如图 5-67 所示，PC02 挖掘机工作装置铲斗的挖掘行为表示为 $\{B_1, B_2, B_3, B_4, B_5, B_6\}$，其中，$B_1$ 为选择插入位置；B_2 为铲斗平行于地面前进；B_3 为向下挖；B_4 为收斗；B_5 为铲斗抬起；B_6 为铲斗张开。

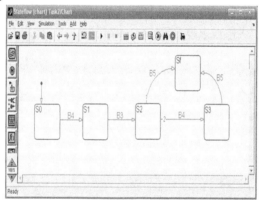

图 5-67　挖掘任务 2 分解成一系列挖掘行为

5.6.5　挖掘行为与基本动作

每个挖掘行为再次分解为一个或者一系列挖掘动作。

在执行每一个选中的挖掘行为时，根据行为控制的理论，要先把选中的挖掘行分解成基本动作或挖掘动作序列。对于 PC02 液压挖掘机，铲斗的基本动作如表 5-11 所示。

挖掘行为 2(沿着大石块上表面移动)的有限状态机模型如图 5-68 所示；挖掘行为 3(沿着大石块下表面移动)的有限状态机模型如图 5-69 所示。

图 5-68 和图 5-69 中：S^0 为初始状态；S^1 为铲斗与大石块脱离接触；S^2 为铲斗被旋转。

表 5-11　铲斗的基本动作

基本动作	基本动作说明
	A_1=动臂收回+斗杆收回+铲斗收回
	A_2=动臂收回+斗杆收回+铲斗张开
	A_3=动臂收回+斗杆张开+铲斗收回
	A_4=动臂收回+斗杆张开+铲斗张开
	A_5=动臂张开+斗杆收回+铲斗收回
	A_6=动臂张开+斗杆收回+铲斗张开
	A_7=动臂张开+斗杆张开+铲斗收回
	A_8=动臂张开+斗杆张开+铲斗张开

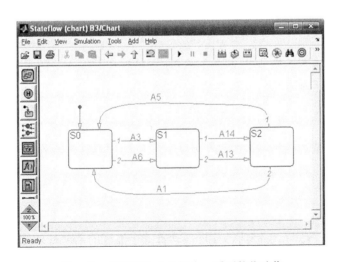

图 5-68　挖掘行为 2 分解为一系列装载动作

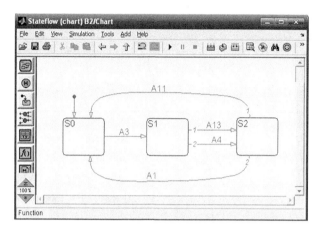

图 5-69 挖掘行为 3 分解为一系列装载动作

5.6.6 基本动作与模糊逻辑

生活中，人手持铁铲插入料堆的过程给予我们启示。铁铲插入料堆之前，人类的视觉反馈到大脑，帮助大脑做出决策，来指挥手臂确定铁铲头部在料堆的哪个位置插入是较合适的，这是第一个阶段。铁铲插入料堆之后，人的眼睛看不见料堆的内部，尤其是含有不规则石块的料堆，铁铲头部和料堆之间的相互作用是无法预先知道的，铁铲头部的运动轨迹无法预先规划，例如，铁铲头部在料堆内部碰到较大的石块，铁铲头部所遇到的阻力和速度会发生变化。根据铁铲头部和料堆之间的相互作用，人的思维可以进行判断。若阻力突然变大，且速度为零，则采取如下的措施：让铁铲退回；或者让铁铲头部的刀刃向上转动，沿着石块的上表面前移，以求在铁铲内装满散料；或者让铁铲头部的刀刃向下转动，沿着石块的下表面前移，以求把石块挖出。

常规意义下的自动控制系统不具备这个功能，必须在插入料堆前进行路径规划，当遇见意外情况时，如遇见石块，刀头不会自动做出调整。

1. 基本动作的定义

挖掘机工作装置拟人操作的基础是铲斗基本动作和挖掘行为的实现。任何复杂的任务、行为总是由若干基本动作或基本动作序列组成的。

液压挖掘机工作装置上铲斗的运动是通过协调和控制动臂、斗杆、铲斗三个油缸的伸缩来实现的。

将操作人员的驾驶经验输入推理机，力、位移传感器作为输入，铲斗的基本动作作为输出，通过模糊逻辑在输入、输出之间建立映射关系。

铲斗的运动控制矢量 $\boldsymbol{Z}$ 为

$$\boldsymbol{Z} = \left(\varDelta_{\mathrm{bk}}, \varDelta_{\mathrm{am}}, \varDelta_{\mathrm{bm}} \right)$$

其中，$\varDelta_{\mathrm{bk}}, \varDelta_{\mathrm{am}}, \varDelta_{\mathrm{bm}}$ 分别表示铲斗、斗杆、动臂三个油缸的活塞杆伸缩位移量。

铲挖过程中，传感器的反馈力矢量 $\boldsymbol{F}$ 为

$$\boldsymbol{F} = \left(F_{\mathrm{bk}}, F_{\mathrm{am}}, F_{\mathrm{bm}} \right)$$

其中，F_{bk}，F_{am}，F_{bm} 分别表示作用在铲斗、斗杆、动臂三个油缸的活塞杆上的合力。

位移传感器的反馈数据经过预处理，表示三个油缸活塞杆伸缩的速度矢量

$$V = (V_{bk}, V_{am}, V_{bm})$$

用来推断铲斗与物料之间的碰撞。

2. 基本动作的模糊定义

用模糊逻辑，结合驾驶员的操作经验，在反馈力矢量 F、速度矢量 V 和运动控制矢量 Z 之间建立映射关系是有效的。基本动作包括铲斗收进、铲斗展开、斗杆收进、斗杆展开、动臂张开、动臂收进，$A_i = (a_1, a_2, \cdots, a_6)$。

基本动作 a_1 的模糊定义为如下一组模糊规则：

$$
\begin{aligned}
&\text{Rule1：}\\
&\text{IF } F_y \text{ is PL，THEN } \varDelta Y \text{ is PL and } \varDelta Z \text{ and } BV \text{ is PL，}\\
&\text{Rule2：}\\
&\text{IF } F_y \text{ is PL，THEN } \varDelta Y \text{ is PL and } \varDelta Z \text{ and } BV \text{ is PL，}\\
&\text{Rule3：}\\
&\text{IF } F_y \text{ is PL，THEN } \varDelta Y \text{ is PL and } \varDelta Z \text{ and } BV \text{ is PL，}\\
&\text{Rule4：}\\
&\text{IF } F_y \text{ is PL，THEN } \varDelta Y \text{ is PL and } \varDelta Z \text{ and } BV \text{ is PL，}
\end{aligned}
\tag{5.83}
$$

其中，PL，PS，ZR，NS，NL 分别表示正大、正小、零、负小、负大。

基本动作 a_1 的激活域值为所有规则的模糊平均值，如式(5.84)所示：

$$\beta_i = \frac{\alpha_{i1} + \cdots + \alpha_{in_j}}{n_i} \tag{5.84}$$

其中

$$\alpha_{i1} = \mu_{Q_{i1}}(F) \wedge \mu_{\varDelta Q_{i1}}(\varDelta F); \cdots; \alpha_{in_j} = \mu_{Q_{in_j}}(F) \wedge \mu_{\varDelta Q_{in_j}}(\varDelta F).$$

当 β_i 大于某个阈值时，该动作激活；当 β_i 小于某个阈值时，该动作取消。

3. 模糊基本动作的 I-FORMA-O 方法

下面说明当论域为离散时，基于 MATLAB 语言的离散论域模糊控制器的设计方法 I-FORMA-O 如下。

(1) I——输入阶段(Input)。

输入阶段包括论域变换和论域离散化两个环节。

论域变换就是通过尺度变换，将实际的输入量变换到要求的论域。假设实际的输入量为 $[x^*_{\min}, x^*_{\max}]$，要求的论域为 $[x_{\min}, x_{\max}]$，则比例因子 $k = (x_{\max} - x_{\min}) / (x^*_{\max} - x^*_{\min})$。

论域离散化是为了提高运算速度，满足实时控制的需要，将连续论域均匀离散化，经四舍五入变为整数量，如表 5-12 所示。

表 5-12　论域均匀离散化

量化等级	−5	−4	−3	−2	−1	0	1	2	3	4	5
对应范围	−2.5~ −1.5	−2.0~ −1.0	−1.7~ −0.7	−1.5~ −0.5	−1.3~ −0.3	−0.5~ 0.5	0.3~ 1.3	0.5~ 1.5	0.7~ 1.7	1.0~ 2.0	1.5~ 2.5

(2) F——模糊化(Fuzzification)。

部分模糊集合隶属度函数如表 5-13 所示。

表 5-13　模糊集合的向量表示

隶属度函数	−6	−5	−4	−3	−2	−1	0	1	2	3	4	5	6
NB	1.0	0.7	0.3	0.0	0.0	0.0	0.0	0.0	0.0	0.0	0.0	0.0	0.0
NM	0.3	0.7	1.0	0.7	0.3	0.0	0.0	0.0	0.0	0.0	0.0	0.0	0.0

(3) O——模糊集合的运算(Operation)。

IF-THEN 规则中,前件和后件均为模糊集合。在多个输入变量的情况下,通常用"and"连接起来。如"x 是 A and y 是 B",则运算的结果仍是模糊集合,记为 $A \times B$。在这里,$A \times B$ 采用求交运算。

(4) R——模糊蕴涵最小运算(Reasoning)。

IF-THEN 规则的模糊蕴涵关系表示为 $R_i = (A_i \text{ and } B_i) \rightarrow C_i$($i$ 为模糊规则总数)。

(5) M——确定所有规则的模糊关系矩阵(Matrix)。

若规则总数为 n,则总模糊关系矩阵 $M = \bigcup\limits_{i-1}^{n} R_i$

(6) A——模糊求解(Acquisition)。

在总模糊关系矩阵 M 确定的情况下,若输入为"x 是 A' and y 是 B'",则输出的模糊集合表示为 $C' = (A' \times B') \circ M$。

(7) O——输出阶段(Output)。

输出阶段包括基本动作 A_i 激活函数的计算、反模糊化以及输出论域的变换三个环节。

4. 挖掘行为的状态图实现

如前所述,一个挖掘行为包括一个初始状态、一个终止状态、若干中间状态和若干基本动作。若某个基本动作被激活,作为触发事件发生并发出信号时,挖掘行为完成相应的从当前状态到下一状态的迁移。

例如,挖掘行为 B_8(Bucket Filler),表示在给定的平面上将物料装入铲斗,其 Stateflow 如图 5-70 所示。从图中可见,在初始状态 S^0 和终止状态 S^1 之间的基本动作集合为 $\{A_9, A_{11}\}$。

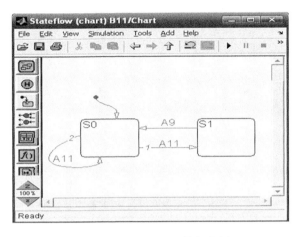

图 5-70　挖掘行为 B_8 的状态图

下面以基本动作 A_9 被激活为例，说明触发事件的设置步骤。从 Stateflow 编辑界面的 Add 菜单中，选择 Event，并在其下拉菜单中选择 Input from Simulink，打开事件对话框，将事件对话框中的 Name 改为 A_9，Trigger 选择为 Falling(下降沿触发)，单击 OK 按钮。

5. 算法说明

工作装置上每根油缸均安装了压力传感器和位移传感器，油缸的压力变化和伸缩速度决定铲斗的运动，这是一个多输入多输出(MIMO)系统。

人的逻辑思维很难对这样复杂的系统直接提取控制规则。为便于实现，首先将 MIMO 系统解耦转变为 MISO 系统。在 I-FORMA-O 里面主要解决 SISO 问题和 MISO 问题。

应用模糊逻辑并结合驾驶员的操作经验，在传感器的反馈数据和铲斗的位姿之间建立映射关系，可应用 Fuzzy Logic 工具箱自带的函数库或图形化界面来完成。为满足实时控制的需要，以及提高效率，I-FORMA-O 方法做到了以下两点：①连续地输入变量论域离散化，隶属度函数用向量表示，映射过程通过矩阵运算实现；②定义了基本动作的激活函数，使每个基本动作的激活或取消，不必经过模糊蕴涵和清晰化以及其他后续步骤。

5.7　基于模糊行为的石块上表面挖掘操作

如图 5-71 所示，在散装的料堆里，会有各种不规则的石块，大小、形状预先都不知道，铲斗的运动路径不能预先规划。根据前面的定义，铲斗斗齿沿石块的上表面挖掘，刮去上表面的散料，即挖掘行为 B_4；铲斗斗齿沿石块的下表面挖掘，将石块从料堆中挖出，即挖掘行为 B_5。

PC02 挖掘机工作装置铲斗的石块挖掘行为表示为 $\{a_1, a_2, a_3\}$，其中，a_1 为铲斗前移收回；a_2 为铲斗沿原路径返回；a_3 为铲斗随动臂向下移动，如表 5-14 所示。

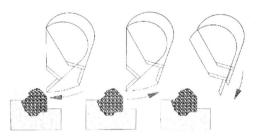

(a)铲斗收进　　(b)铲斗展开　　(c)铲斗下降

图 5-71　典型石块挖掘行为序列

表 5-14　石块下表面挖掘行为 B_5 的基本动作示例

基本动作模式	基本动作符号	说明
1.铲斗收进	a_1	铲斗收进
2.铲斗展开	a_2	铲斗展开
3.铲斗下降	a_3	铲斗下降

石块挖掘行为的状态流如图 5-72 所示。

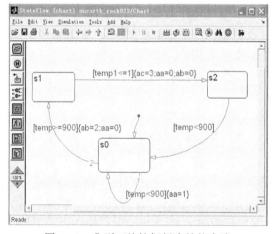

图 5-72　典型石块挖掘行为的状态流

1. 模糊基本动作

在挖掘过程中,根据实验结果,铲斗与料堆,尤其是含有不规则石块的料堆之间的相互作用，从压力传感器的反馈数据中体现出来，如铲斗装满、铲斗遇到石块、铲斗被卡住。

因为料堆的软、硬程度不同，内含石块的形状、大小不同，所以与应用微分方程数学模型来描述铲斗和料堆间的相互作用相比，模糊逻辑的方法更为简捷有效。

如图 5-71 所示，铲斗在插入软土阶段，压力没有明显的变化；遇到硬障碍物(在实验室里用水泥块代替)时，压力产生突变上升；越过障碍物时，铲斗挖空，压力产生突变下降。从工程应用的角度来讲，在整个范围内，可分为正大、正小、零，隶属度函数全部为三角形。

将驾驶员的操作经验以模糊规则的形式表示铲斗的运动状态时，因为只有三个传感器，所以铲斗的基本动作设计为 8 个。可以为每个基本动作设置阈值，当压力传感器的压力突变超过该阈值时，该动作被激活。

基本动作 a_1 的模糊定义如下：

如果 F_{bk} 为零，则 Δ_{bk} 为正大且 Δ_{am} 为正小；

如果 F_{bk} 为正小，则 Δ_{bk} 为正小且 Δ_{am} 为正小；

如果 F_{bk} 为正大，则 Δ_{bk} 为零且 Δ_{am} 为零。

对于给定的电压值来说，若给定的电压输入值为正值，则活塞杆是收回的，伴随着活塞杆的收回，铲斗张开，倾角传感器反馈值的代数值是逐渐减少的；若给定的电压输入值为负值，则活塞杆是伸长的，伴随着活塞杆的伸长，铲斗收斗，倾角传感器反馈值的代数值是逐渐增加的。

通过安装角度传感器构成闭环系统，关节角的变化表现为反馈电压值的变化，将此电压值与比例阀的输入电压值相比较，得到比例阀的输入电压值与关节角的稳态映射关系以及铲斗斗齿位姿坐标的稳态关系。

应用 Stateflow 工具箱和 Fuzzy Logic 工具箱，结合 Simulink 平台和实时工具箱(RTW) 建立实验模型，如图 5-73 所示，其中，状态流图如图 5-72 所示。

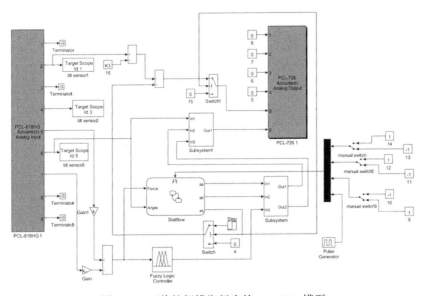

图 5-73　石块挖掘模糊行为的 Simulink 模型

2. 实验与讨论

从驾驶员的操作角度来说，驾驶员是根据各个手柄的"力感"和料堆的松软或坚硬程度，来决定铲斗的位姿的。为便于测量，工作装置的动臂、斗杆和铲斗三个油缸上都安装了压力传感器与角度传感器。角度传感器的水平轴线右端在水平线以下时，其反馈值为正值，顺时针转动其值是增加的；角度传感器的水平轴线右端在水平线以上时，其反馈值为负值，逆时针转动，其值的绝对值是增加的。也就是说在整个过程中，顺时针运动时，其反馈角度的代数值是一直增加的。

5.8 基于 BP 神经网络控制的自主挖掘系统

通过对挖掘机器人进行机器人化改造、系统建模以及控制系统的设计，实现了对挖掘机器人的轨迹控制。但是要达到挖掘机器人自主挖掘的最终目的，仅对其进行轨迹控制是不够的。考虑到作为实验设备的挖掘机器人仅安装了倾角传感器和压力传感器，而没有视觉传感系统和 GPS 定位系统，无法实现对环境信息的获取和挖掘机器人的定位。因此这里只给出针对挖掘目标的具体实现方法。

5.8.1 挖掘机器人的体系结构

所设计的挖掘机器人的体系结构如图 5-74 所示。挖掘机器人基于行为的控制遵循工作分解的方向，将一个挖掘目标(Goal)分解为几个挖掘任务(Task)，挖掘任务又通过一系

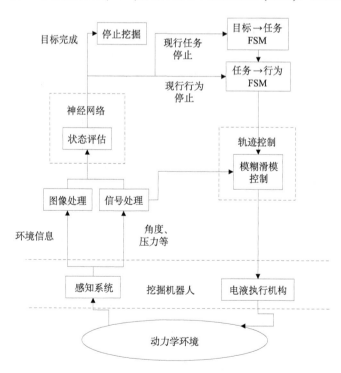

图 5-74 挖掘机器人的控制结构图

列挖掘行为(Behavior)来完成。在目标到任务的状态分解中，每个任务都作为一个状态；在任务到行为的状态分解中，每个行为又作为一个状态。系统开始运行后，挖掘机器人开始执行初始行为，当感知系统的数据满足下一个行为的执行条件时，转而执行下一个行为。子任务的所有行为都结束之后，再去执行下一个子任务，直到挖掘目标完成。

对当前挖掘状态的评估对有效完成挖掘目标很关键。但是如果每次执行一个行为之后，都进行全局状态评估，则计算量很大，不可能用于实时控制。行为在执行时不会对任务的有效性进行检查和判断。当一个任务的所有行为完成后，系统才会根据感知信息决定进入下一个任务或者循环当前任务。如果现行任务仍然有效，系统将循环当前任务。然而，如果环境发生了变化导致现行的任务无效，那么程序将跳出现行任务，负责分解目标到任务的有限状态机被激活，基于现在的挖掘状态选择下一个任务。如果仍然无效，则使用感知数据检查现行挖掘状态是否达到了目标。当目标完成时，挖掘过程就完成了。

由于行为的转换完全由感知信息决定，对感知信息的依赖性很大，并且挖掘过程中的状态转化并不总是很清晰的，因此，对感知信息的融合以及决策就显得非常重要。通过与挖掘机熟练操作工的多次接触并进行总结分析，得到了各种行为的响应条件。为了更多地体现人工智能、知识和策略，采用 BP 神经网络对行为的输入和输出进行离线训练，训练好的神经网络既可以用于行为的激发，也可以用于挖掘环境的评估和仲裁决策。

5.8.2 BP 神经网络的建立

为了克服传统 BP 网络的缺点，提高 BP 网络的收敛速度并减少振荡，不陷入局部极小点，对 BP 网络做如下改进。

1. 权值的修正

根据梯度下降原则，应使 V_{jh} 的调整量 ΔV_{jh} 与 $-\partial E / \partial V$ 的负值成正比，所以

$$
\begin{aligned}
\Delta V_{jh}^k &= -\alpha \cdot \frac{\partial E_k}{\partial V_{jh}} \\
&= -\alpha \cdot \frac{\partial E_k}{\partial y_h^k} \cdot \frac{\partial y_h^k}{\partial V_{jh}} \\
&= -\alpha \cdot (y_h^k - r_h^k) \cdot \frac{\partial y_h^k}{\partial f_h^k} \cdot \frac{\partial f_h^k}{\partial V_{jh}} \\
&= -\alpha \cdot (y_h^k - r_h^k) y_h^k (1 - y_h^k) b_j^k
\end{aligned}
\tag{5.85}
$$

其中，α——学习因子，$0 < \alpha < 1$；

y_h^k——第 k 个输入模式下输出层的实际输出；

r_h^k——第 k 个输入模式下输出层的期望输出；

b_j^k——中间层各单元的输出向量。

设 d_h^k 为 E_k 对输出层的输入 f_h^k 的负偏导，则有

$$
d_h^k = -\frac{\partial E_k}{\partial f_h^k} = -\frac{\partial E_k}{\partial y_h^k} \cdot \frac{\partial y_h^k}{\partial f_h^k} = \delta_h^k \cdot y_h^k (1 - y_h^k)
\tag{5.86}
$$

其中，δ_h^k 为 BP 网络的期望输出和实际输出的偏差。

由此可得

$$\Delta V_{jh}^k = \alpha \cdot d_h^k \cdot b_j^k$$
$$V_{jh}^k(N+1) = V_{jh}^k(N) + \alpha \cdot d_h^k \cdot b_j^k \tag{5.87}$$

同理，输入层和中间层之间的连接权修正量为

$$\Delta W_{ij}^k = \beta \cdot e_j^k \cdot a_i^k$$
$$W_{ij}^k(N+1) = W_{ij}^k(N) + \beta \cdot e_j^k \cdot a_i^k \tag{5.88}$$

其中，β——学习因子，$0 < \beta < 1$；

e_j^k——中间层各单元的校正误差；

a_i^k——中间层的输入。

算法中学习因子在于控制误差的下降速度。在传统 BP 算法中，学习因子是一个常数，实际计算中很难找出一个自始至终都很合适的最佳学习速率。根据误差的变化情况，平坦区学习因子太小会使训练次数增加；误差变化剧烈的区域，学习因子太大会产生过调现象，使训练出现振荡，反而使迭代次数增加。为使收敛加快，最好使学习因子能自适应调整，该大则大，该小则小。这里，学习因子根据网络总误差来调整。如果网络经过一次调整后，E_k 上升，则 $\alpha = \gamma \cdot \alpha$（$0 < \gamma < 1$）；如果网络经过一次调整后，$E_k$ 下降，则 $\alpha = \gamma \cdot \alpha$（$\gamma > 1$）。$\gamma$ 最大不能超过 $2 / \gamma_{\max}$，$\gamma_{\max}$ 为输入向量 P 的自相关阵的最大特征值。

在实际应用中，考虑到学习过程需要收敛，通常为了使学习因子 α 和 β 足够大并且不致产生振荡，给权值修正公式加一个势态项：

$$V_{jh}^k(N+1) = V_{jh}^k(N) + \alpha \cdot d_h^k \cdot b_j^k + \eta[V_{jh}^k(N) - V_{jh}^k(N-1)]$$
$$W_{ij}^k(N+1) = W_{ij}^k(N) + \beta \cdot e_j^k \cdot a_i^k + \eta[W_{ij}^k(N) - W_{ij}^k(N-1)] \tag{5.89}$$

其中，η 为平滑因子，$0 < \eta < 1$。

对式(5.89)进行 Z 变换，设 $Y(k) = d_h^k \cdot b_j^k$，并设 $Y(k)$ 的 Z 变换 $Y(Z)$ 为输入，$\Delta V_{jh}^k = V_{jh}^k(N+1) - V_{jh}^k(N)$ 的 Z 变换 $\Delta V(Z)$ 为输出，可得

$$\frac{\Delta V(Z)}{Y(Z)} = \frac{\alpha}{1 - \eta z^{-1}} \tag{5.90}$$

这实际是一个 II R 数字低通滤波器，能有效地抑制迭代时收敛点附近的振荡。平滑因子 η 越大，抑制效果越明显，但 η 不能太大。首先，如果 $\eta > 1$，则此滤波器的极点处于单位圆外，系统将失去稳定性，因此必须保证 $\eta < 1$。其次，η 越接近于 1，系统的惯性越大，过调越严重。为避免过调现象，需要限制 η 的取值范围，如在 0.5~0.9。当然，η 值也不能太小，否则就没有作用了。

当学习过程在目标函数曲面的平稳区域进行时，相邻两步的负梯度 $-\partial E / \partial V$ 近似相同，这时，

$$\Delta V_{jh}^k(N) = -\alpha \cdot \frac{\partial E_k}{\partial V_{jh}} + \eta \Delta V_{jh}^k(N-1) \tag{5.91}$$

可以写成

$$\Delta V_{jh}^k(N) \approx -\frac{\alpha}{1-\eta} \cdot \frac{\partial E_k}{\partial V_{jh}} \tag{5.92}$$

由此可见，有效学习速率增加到 $\alpha/(1-\eta)$，而且没有加剧寄生振荡。

2. 改进 S 函数

由误差梯度表达式可知，y_h^k 充分接近于 0 或 1 都可能导致误差梯度小，使网络对权值变化不敏感，y_h^k 趋近于 0 或 1 是 S 函数具有饱和特性造成的。BP 算法是严格按误差梯度下降的原则调整权值的，训练进入平坦区后，尽管 $r_h^k - y_h^k$ 仍然很大，但误差还是会下降缓慢，因此，调整时间长，迭代次数多，影响收敛速度。

如果在网络训练进入平坦区后，压缩神经元的净输入，使其输出逃离 S 函数的饱和区，就可改变误差函数的形状，从而使调整脱离平坦区。实现这一思路的具体做法是在 S 函数中加入一个陡峭因子 λ，使 $f(x) = 1/(1+\mathrm{e}^{-net/\lambda})$，当 ΔE 趋近于 0，而 $r_h^k - y_h^k$ 仍然较大时，可知网络进入了平坦区，此时令 $\lambda>1$；当退出平坦区后，再令 $\lambda=1$，使 S 函数还原。

3. 累积误差逆传播

一般的 BP 网络算法称为标准误差逆传播算法，每向网络提供一个模式对，就计算一次各神经元的误差，并调整连接权值和阈值。这种算法的梯度下降方向实际上偏离了全局代价函数 E 曲面上真正的梯度下降方向。

由于全局误差函数 E 定义在整个训练集上，要实现 E 曲面上的梯度下降，需要在模式训练集输入给网络期间每个模式对都保持权值不变，求出 E 对连接权值的负梯度，即

$$\Delta V_{jh} = -\alpha \cdot \frac{\partial E_k}{\partial V_{jh}} = \sum_{k=1}^{s}\left(-\alpha \frac{\partial E_k}{\partial V_{jh}}\right)$$

$$\Delta W_{ij} = -\beta \cdot \frac{\partial E_k}{\partial W_{ij}} = \sum_{k=1}^{s}\left(-\beta \frac{\partial E_k}{\partial W_{ij}}\right) \tag{5.93}$$

可以看出，累积误差逆传播算法的连接权值的修正量与整个模式集上各模式所对应的负梯度之和成正比。

累积误差逆传播算法的校正次数会明显减少，每次学习减少(M-1)次校正，所以通常比标准误差逆传播算法学习速度更快。

5.8.3 基于 BP 神经网络的挖掘机器人挖沟目标的实现

现在针对一个挖掘沟渠的工作，说明基于行为控制挖掘机器人的实际工作过程。

目标：挖掘一条沟渠。

任务：各个挖掘、卸料过程。

行为：各个子挖掘动作。

对于一个挖掘沟渠的目标，需要通过一系列的挖掘循环(任务)来完成。在每个挖掘循环完成之后，感知部分采集的信息都会被处理，以决定挖掘机器人是否需要后退一些，这需要视觉系统检查地表环境和 GPS 系统定位来辅助完成。如果被挖掘的地况不需要挖

掘机器人后退，则循环当前的挖掘任务；如果被挖掘的地况表明沟渠的深度已经达到，则挖掘机器人后退一定距离之后，再进行下一个挖掘任务。在一个正常的完整挖掘任务中，降臂、插入土壤、拉曳、铲斗卷曲、提升、回转、卸料、转回和铲斗复位等行为通过采集的位置等信息被顺序激活而完成一个挖掘卸料循环，但是被挖掘的土壤可能包含一些大块物料，如石块等，下面以挖掘机器人在拉曳行为中遇到大块物料来说明基于行为控制的挖掘机器人的工作原理。

挖掘机器人遇到大块物料时会产生力过载，可通过压力传感器检测到。挖掘机器人首先将铲斗回退一些并向下挖掘，如果可以挖得动(没有产生力过载)，则挖掘机器人继续挖掘循环；如果挖不动(仍然力过载)，则挖掘机器人将铲斗回退一些并向上挖掘，以先清除大块物料上面的散碎物料，并继续挖掘循环。清除大块物料之上的散碎物料之后，对其进行挖掘就会非常简单了。这里只是展示了基于行为控制的挖掘机器人处理问题的方式，所说的大块物料也不会太大，否则即使是人工操作也很难处理。

图 5-75 是挖掘沟渠目标的状态流程图。

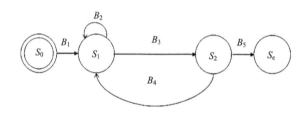

图 5-75　挖掘沟渠目标的状态流程图

图 5-75 中，S_0 为初始状态；S_1 为一个挖掘循环；S_2 表示挖掘机器人后退；S_e 为终止状态；B_1 为初始激活数据，也可以没有，即默认系统从初始状态 S_0 转而执行 S_1；B_2 表示当前挖掘深度未达到；B_3 表示当前挖掘深度已达到；B_4 表示挖掘机器人移动到下一个挖掘位置；B_5 表示挖掘沟渠的长度已达到。从状态图 5-75 可以看出，当前挖掘深度未达到，挖掘机器人不需要移动而是继续执行挖掘任务；如果挖掘深度已达到，则后退一定距离后，重新继续挖掘任务。

图 5-76 是一个挖掘任务的状态流程图。

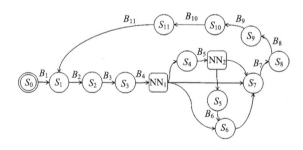

图 5-76　一个挖掘任务的状态流程图

当挖掘机器人接受到初始激活数据时，挖掘机器人降臂到地表高度，插入土壤并开始拉曳铲斗，在拉曳过程中，如果没有遇到特殊情况，即没有发生力过载，那么铲斗到达指定位置时会自动卷曲以装载土壤。如果在拉曳过程中发生力过载,如碰到大块物料,那么挖掘机器人会根据压力和位置信息自行决定是向上挖掘还是向下挖掘大块物料。如果在向下挖掘时仍然力过载,那么铲斗将会调整位置转而向上挖掘,以便首先清除大块物料上面的散碎物料,当铲斗到达指定位置时铲斗会卷曲以装载土壤,继而提升动臂,回转并卸料,并转回到沟渠方向,重新开始挖掘循环。

表 5-15 和表 5-16 分别为一个挖掘任务 FSM 的状态集和神经网络输入输出的具体说明。

表 5-15 挖掘任务 FSM 的状态集

状态名称	状态说明
S_0	初始状态
S_1	降臂到地表高度
S_2	插入土壤
S_3	拉曳铲斗
S_4	选用向下挖掘的方式处理大块物料
S_5	遇到大块物料但向下挖掘无效
S_6	选用向上挖掘的方式处理大块物料
S_7	铲斗卷曲以装载土壤
S_8	提升动臂
S_9	挖掘机器人工作装置回转一定角度
S_{10}	卸料
S_{11}	挖掘机器人工作装置转回到沟渠方向

表 5-16 挖掘任务 FSM 的神经网络的输入输出

神经网络	输入	输出
NN_1	压力 位置	水平拉曳; 铲斗后移并向下挖; 铲斗后移并向上挖
NN_2	压力 位置	可以挖动并卷曲铲斗; 无法挖动并转而向下挖

表 5-17 为一个挖掘任务 FSM 的转移条件集的具体说明。

表 5-17 挖掘任务 FSM 的转移条件

转移条件	转移条件说明
B_1	初始激活数据(也可以没有)
B_2	铲斗达到地表高度
B_3	铲斗插入深度达到设定值
B_4	铲斗尖的位姿以及与土壤的作用力

转移条件	转移条件说明
B_5	铲斗尖的位姿以及与土壤的作用力
B_6	铲斗尖的位姿达到向上挖掘位置
B_7	卷曲角度达到设定值
B_8	动臂提升高度达到设定值
B_9	回转角度达到设定值
B_{10}	卸料时间达到
B_{11}	转回角度达到设定值

虽然通过一个完整挖掘轨迹的跟踪控制也可以实现挖掘任务，但是在这种情况下，挖掘机器人没有任何处理特殊情况的能力，只能用于挖掘松散物料的工作。而基于行为控制的挖掘机器人则可以处理一些特殊问题，具有很大的灵活性。

针对挖掘机挖沟目标控制的 BP 神经网络 MATLAB 程序如下：

```
clear all;
clc
n='输入层神经元个数：2';
disp(n);
p='中间层神经元个数：8';
disp(p);
q='输出层神经元个数：1';
disp(q);n=2;p=8;q=1;
%前面是压力
X1=[-1.00;0]; %压力过载，向上挖
X2=[-0.98;0];
X3=[-0.96;0];
X4=[-0.94;0];
X5=[-0.92;0];
X6=[-0.90;0];
X7=[-0.88;0];
X8=[-0.86;0];
X9=[-0.84;0];
X10=[-0.82;0];

X11=[1.00;0]; %压力过载，向下挖
X12=[0.98;0];
X13=[0.96;0];
X14=[0.94;0];
X15=[0.92;0];
X16=[0.90;0];
```

```matlab
X17=[0.88;0];
X18=[0.86;0];
X19=[0.84;0];
X20=[0.82;0];

X21=[0.0;1];%压力不过载
X22=[0.1;1];
X23=[0.2;1];
X24=[0.3;1];
X25=[0.4;1];
X26=[0.5;1];
X27=[0.6;1];
X28=[0.7;1];

X=[X1 X2 X3 X4 X5 X6 X7 X8 X9 X10 X11 X12 X13 X14 X15 X16 X17 X18 X19 X20
X21 X22 X23 X24 X25 X26 X27 X28];
Yo=[1 1 1 1 1 1 1 1 1 1 -1 -1 -1 -1 -1 -1 -1 -1 -1 -1 0 0 0 0 0 0 0 0];

k1=0.2;k2=0.3;z1=5;z2=5;errc=1;%用于动态调整学习率

bi=zeros(p,1);%中间层输出
ct=zeros(q,1);%输出层实际输出
dt=zeros(q,1);%输出层校正误差
ei=zeros(p,1);%中间层校正误差
cntmax=1000;%最大训练次数

a1=0.5;%学习系数 可修改
b1=0.5;%学习系数 可修改
h=0.2;%平滑因子 可修改
r=0.2;%平滑因子 可修改
lamda=0.98;%变学习速率因子1
gama=1.05;%变学习速率因子2

err=1.5;%设定初始误差
err_last=0.12;%设定初始误差的上一次计算的值
err_last2=0.1;
emax=0.000001;%最大误差

w=abs(rand(p,n)-0.5);%初始化w(i,j),rand()得出的是0~1的数，rands得出的是-1~1
的数
S='初始化连接权为';
disp(S);disp(w);
v=abs(rand(q,p)-0.5);%初始化v(j,t)
```

```matlab
t1=abs(rand(p,1)-0.5);%初始化中间层的阈值t1
t2=abs(rand(q,1)-0.5);%初始化输出层的阈值t2

f=abs(rand(q,p)-0.5);%初始化v(i,j)的上一次计算的值
g=abs(rand(p,n)-0.5);%初始化w(i,j)的上一次计算的值
tt1=abs(rand(p,1)-0.5);%初始化t1的上一次计算的值
tt2=abs(rand(q,1)-0.5);%初始化t2的上一次计算的值

%循环识别计算:
for cnt=1:cntmax
if(err>emax)
for cp=1:28 %输入向量的组数
X0=X(:,cp);%输入下一模式
Y0=Yo(:,cp);%1*1

%计算中间层的输出bi:
Y=w*X0;%计算中间层的输入Y(j),8*1
Y=Y-t1;%中间层输入减去阈值,8*1
for j=1:p
if(Y(j)>4) %大于4加入陡度因子
    bi(j)=1/(1+exp(-Y(j)/1.05));%中间层的输出f(sj),8*1
elseif (Y(j)<-4) %小于-4加入陡度因子
    bi(j)=1/(1+exp(-Y(j)/1.05));
else bi(j)=1/(1+exp(-Y(j)));
end
end

%计算输出层输出:
xy=v*bi;%输出层的输入,(1*8)*(8*1)=1*1
Y=xy;
Y=Y-t2;%输出层输入减去阈值,1*1
for t=1:q
if(Y(t)>4) %大于4加入陡度因子
  ct(t)=1/(1+exp(-Y(t)/1.05));%输出层的输出,1*1
elseif(Y(t)<-4) %小于-4加入陡度因子
  ct(t)=1/(1+exp(-Y(t)/1.05));
else ct(t)=1/(1+exp(-Y(t)));
end
end

%按均方误差计算E
err=(Y0-ct)*(Y0-ct)/2;%1*1 按均方误差(mse)进行计算,与MATLAB中的传统算法一致以
```
进行对比。因为就一个输出(1*1的矩阵),因此只一个,没有平方和相加

```matlab
%用于动态调整学习率
ff1=k1*(1-exp(-(err^2/z1^2)));
ff2=k2*exp(-(errc^2/z2^2));
a1=ff1+ff2;
b1=ff1+ff2;


%计算输出层校正误差dt：
for t=1:q
dt(t)=(Y0(t)-ct(t))*ct(t)*(1-ct(t));%3*1
end
%计算中间层校正误差ei：
for j=1:p
for t=1:q
    xy(j)=v(t,j)'*dt(t);%8*1??
  end
    ei(j)=xy(j)*bi(j)'*(1-bi(j));%8*1
end


%计算下一次的中间层和输出层之间新的连接权v(t,j)，阈值t2(t)：
for t=1:q
  for j=1:p
      v(t,j)=v(t,j)+a1*dt(t,1)*bi(j)'+h*(v(t,j)-f(t,j));
end
      t2(t)=t2(t)+a1*dt(t)+h*(t2(t)-tt2(t));%3*1
end
%计算下一次的输入层和中间层之间新的连接权w(j,k)，阈值t1(j)：
for j=1:p
  for k=1:n
w(j,k)=w(j,k)+b1*ei(j)*X0(k)'+r*(w(j,k)-g(j,k));
  end
    t1(j)=t1(j)+b1*ei(j)+r*(t1(t)-tt1(t));
end


f=v;g=w;%存储本次v和w的值到f和g中
tt1=t1;tt2=t2;%存储本次t1和t2的值到tt1和tt2中
err_last=err;
errc=err-err_last;%用于动态调整学习率
end %对应for cp=1:28
    else break;end %if(err>emax)
    plot(cnt,err,'-*');hold on;
end
%显示结果：
```

```
S='训练次数cnt';
disp(S);disp(cnt);
S='输出层权值v';
disp(S);disp(v);
S='全局误差err';
disp(S);disp(err);
```

挖掘机挖沟目标用 BP 神经网络训练结果如图 5-77 所示。

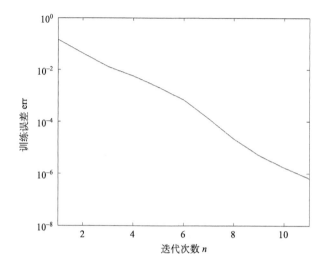

图 5-77　挖掘机挖沟目标用 BP 神经网络训练结果

参 考 文 献

白桦, 陆念力, 吕广明. 2000. 液压挖掘机工作装置运动轨迹的智能化模糊控制[J]. 建筑机械, 1: 39-41.

蔡自兴. 2013. 智能控制导论 [M]. 北京: 中国水利水电出版社.

曹善华, 徐志新, 1998. 液压挖掘机工作装置运动轨迹的微机控制[J]. 同济大学学报(自然科学版), 16(1): 1-9.

常绿, 王国强, 韩云武. 2007. 液压挖掘机自动控制系统的设计和实现[J]. 农业工程学报, 23(6): 140-144.

党建武. 2000. 神经网络技术及应用[M]. 北京: 中国铁道出版社.

丁希仑, 周乐来, 周军. 2009. 机器人的空间位姿误差分析方法[J]. 北京航空航天大学学报, 35(2): 241-245.

丁学恭. 2006. 机器人控制研究[M]. 杭州: 浙江大学出版社.

冯国平, 周建鹏, 谌勇, 等. 2008. 机械式挖掘机建模及动力学分析[J]. 机械设计与研究, 24(5): 92-99.

付永领, 王岩, 逄波. 2007. 滑模模糊控制算法在液压机器人控制中的应用[J]. 中国机械工程, 18(10): 1168-1170.

郭广颂. 2014. 智能控制技术[M]. 北京: 北京航空航天大学出版社.

海金. 2011. 神经网络与机器学习[M]. 北京: 机械工业出版社.

何清华, 张大庆, 黄志雄, 等. 2007. 液压挖掘机工作装置的自适应控制[J]. 同济大学学报(自然科学版), 35(9): 1259-1263.

胡守仁. 1993. 神经网络应用技术[M]. 长沙: 国防科学技术大学出版社.

黄卫华. 2012. 模糊控制系统及应用[M]. 北京: 电子工业出版社.

季士勇. 2015. 工程模糊数学及应用[M]. 哈尔滨: 哈尔滨工业大学出版社.

蒋凯凯. 2013. 转盘式立体车库实验模型的研究与开发[D]. 沈阳: 东北大学硕士学位论文.

李人厚. 2013. 智能控制理论与方法[M]. 西安: 西安电子科技大学出版社.

李士勇. 1998. 模糊控制、神经控制和智能控制论[M]. 哈尔滨: 哈尔滨工业大学出版社.

刘阔. 2009. 挖掘机器人工作装置电液控制技术研究[D]. 沈阳: 东北大学博士学位论文.

刘金琨. 2005. 智能控制[M]. 北京: 电子工业出版社.

刘金琨. 2012. 智能控制[M]. 2 版. 北京: 电子工业出版社.

刘金琨. 2015. 滑模变结构控制 MATLAB 仿真[M]. 北京: 清华大学出版社.

路甬祥, 胡大纮. 1988. 电液比例控制技术[M]. 北京: 机械工业出版社.

吕广明, 陆念力, 姜鹏鹏. 2005. 基于 BP 网络的挖掘机动臂轨迹的仿真技术[J]. 中国工程机械学报, 3(2): 127-130.

吕广明, 孙立宁, 薛渊. 2005. 神经网络在液压挖掘机工装轨迹控制中的应用[J]. 机械工程学报, 41(5): 119-122.

罗兵, 甘俊英, 张建民. 2011. 智能控制技术[M]. 北京: 清华大学出版社.

孙昌星. 2014. 防抱死制动系统与半主动悬架系统联合控制研究[D]. 沈阳: 东北大学硕士学位论文.

孙增昕. 1997. 智能控制理论与技术[M]. 北京: 清华大学出版社.

田敏, 李江全, 邓红涛, 等. 2010. 案例解说 MATLAB 典型控制应用[M]. 北京: 电子工业出版社.

韦巍. 2016. 智能控制技术[M]. 北京: 机械工业出版社.

谢季坚, 刘承平. 2013. 模糊数学方法及其应用[M]. 武汉: 华中科技大学出版社.

徐秉铮. 1994. 神经网络理论与应用[M]. 广州: 华南理工大学出版社.

薛定宇. 1996. 控制系统计算机辅助设计[M]. 北京: 清华大学出版社.

薛定宇, 陈阳泉. 2002. 基于 MATLAB/Simulink 的系统仿真技术与应用[M]. 北京: 清华大学出版社.

杨婕, 王鲁. 2013. 现代智能控制技术[M]. 天津: 天津大学出版社.

杨克石. 2011. 液压挖掘机工作装置拟人操作控制技术研究[D]. 沈阳: 东北大学博士学位论文.

易继凯, 侯媛彬. 1999. 智能控制技术 [M]. 北京: 北京工业大学出版社.

喻宗泉. 2009. 神经网络控制[M]. 西安: 西安电子科技大学出版社.

张大庆, 何清华, 郝鹏, 等. 2006. 液压挖掘机铲斗轨迹跟踪的鲁棒控制[J]. 吉林大学学报(工学版),
    36(6): 934-938.

张吉礼. 2004. 模糊–神经网络控制原理与工程应用[M]. 哈尔滨: 哈尔滨工业大学出版社.

张铭钧. 2008. 智能控制技术[M]. 哈尔滨: 哈尔滨工业大学出版社.